人文地理学译丛

周尚意◎主编

# 自然

[英] 诺埃尔·卡斯特利 著
Noel Castree

相欣奕 译

U0347964

北京师范大学出版集团
BEIJING NORMAL UNIVERSITY PUBLISHING GROUP
北京师范大学出版社

# 译丛总序

## 引介：学术交流之必须

人文地理学为何？由于当代中学地理教育的普及，中国人普遍知道地理学分为自然地理学和人文地理学。但是许多人并不了解，现代意义上的人文地理学发展历史并不长，它是在 19 世纪近代地理学出现之后，方出现的一个学科领域或学科分支。人文地理学主要分析地球上人类活动的空间特征、空间过程及其规律性。例如，分析某个地方可以发展何种农业类型，哪里的村庄可以变为大城市，历史文化保护区范围要划多大，一些国家为何要建立联盟等。世界上不只是地理学家关注空间和区域问题。例如，著名历史学家 I. 沃勒斯坦在其巨著《现代世界体系》中，就提到了不同时期区域发展的空间格局；著名社会学家 A. 吉登斯也强调空间和地理这两个概念的重要性。

早期，一批中国学者将西方人文地理学引入中国。在国家图书馆藏书目录中能查到的最早的、汉语的人文地理学著作是张其昀先生编写的《人生地理教科书》，由商务印书馆在 1926 年出版；最早的汉译人文地理学著作大概是法国 Jean Brunhes 的《人生地理学》。Jean

Brunhes 最早有多种译法，如白吕纳、布留诺、白菱汉，今天中国学者多采用第一种译法。白吕纳是法国维达尔学派的核心人物。《人生地理学》由世界书局在 1933 年出版，译者是国立北平师范大学（北京师范大学前身）地理系的谌亚达先生。

20 世纪前半叶，人文地理学的研究中心在欧洲大陆，德国和法国是重要的学术基地。自第二次世界大战后，人文地理学的研究中心逐渐转移到英美。西方人文地理学在质疑和自我反思中不断前行，发展出丰富的学术概念和彼此补充的学术流派。不过，自 20 世纪 50 年代初到 20 世纪 70 年代末，中国大陆的人文地理学发展只有“经济地理学一花独放”。这是因为有些学者意识到，世界上没有客观的人文地理学知识和理论，而西方人文地理学大多是为帝国主义殖民扩张服务的，因此不必学习之。中国大陆当时的意识形态也没有为人文地理学提供相应的发展空间。许多留学归来的人文地理学者不是转行，就是缄默。感谢改革开放，它给了人文地理学新的发展机遇。李旭旦先生 1978 年率先倡导复兴人文地理学，使其在中国大陆获得了为社会主义中国，为人类命运共同体服务的机会。多年后人们发现，李旭旦先生在“文化大革命”时期默默关注着国外人文地理学的进展。1976 年人文主义地理学的开山之篇《人文主义地理学》（*Humanistic Geography*）在美国发表后，李旭旦先生就积极学习并把它翻译了出来。2005 年，南京师范大学的汤茂林教授整理、补译了李旭旦先生的译稿，并加以发表。

人文主义地理学与经验—实证主义地理学、结构主义地理学等，同属于人文地理学的流派。人文主义地理学的观点是：尽管人们为了不同的目的，各持立场，但是人文地理学研究者可以把握的是，人类作为一个群体具有相互理解和沟通的共同本性。

启动“人文地理学译丛”是北京师范大学出版社对中国大陆地理学

发展的重要贡献。国内目前尚未有相似的译丛，只有商务印书馆的“汉译世界学术名著丛书”“当代地理科学译丛”包含一些人文地理学译作。其中一些译作对中国人文地理学的发展起到了极大的推动作用。2014年的春天，北师大出版社的胡廷兰编辑找到我，商议启动这套译丛。她为了节省我的时间，约好在我上课的教八楼门口见面。教八楼前有北师大校园中最精巧的花园。那天早上，她从东边步入花园，青春的身影映在逆光中，格外美丽。一年后，她因病去世。我对她生病的事情竟毫不知情，以致没能与她最后告别。后来，出版社的谭徐锋先生、宋旭景女士、尹卫霞女士先后接替此译丛的工作。本套丛书的译者多为我的同仁、学生，他们认真的工作态度，令我敬佩。

译丛最早的名字是“人文主义地理学译丛”，仅仅囊括人文主义地理学代表人物的代表性著作。当初，我联系了国际上人文主义地理学的代表人物段义孚（Yi-Fu Tuan）、布蒂默（Anne Buttimer）、莱（David Ley）、赛明思（Marwyn S. Samuels)、雷尔夫（Edward C. Relph)、西蒙（David Seamon) 等，这些学者都推荐了自己的代表作。后来，为了能持续出版，译丛更名为“人文地理学译丛”。本译丛包括的著作观点纷呈，读者可以细细品读，从中感受人文地理学观点的碰撞。人文地理学正是在这样的学术碰撞中，不断发展着。

周尚意

2019 年深秋

如果我问你世界是什么，你可能会在一个或者多个参照系之中为我做出解释。但是，如果我让你告诉我，置身于这些参照系之外，世界到底是什么，你该如何作答呢？

（Nelson Goodman，1978：13）

# 引　言

我们当今所处的时代呈现出诸多激动人心、令人震惊的重大进展，自然（人类的和非人类的）方面的进展也毫无疑问位列其中。异种移植、气候变化乃至人类基因组计划，凡此种种皆囊括在内。地理学家很早以前就把自然列为主要分析对象。实际上，可以说，作为一门学科的地理学的本质，与地理学者研究的自然之间存在密切联系。

本书对地理学者所研究的自然提供了精辟的介绍，当然，也对地理学的学科本质进行了分析，目标读者为研究学者、在校学生及教师。本书首次尝试把地理学者所研究自然的诸多方面，及其所采用的不同研究方法包罗于同一个分析框架之中。本书把地理学当作关于自然之社会理解的积极生产者。鉴于其真实性无法以任何绝对的方式加以确认，《自然》一书把这些知识都看作有关自然的观点。这些观点必须决一胜负，以赢得学生、出资方、政府以及所有对地理学者生产的知识感兴趣的其他组织和机构的认同。在某种意义上，地理学正是经由这些观点创造出了其所描述和解释的“现实”。因此，地理学者生产的关于自然的知识，必须被视为有关如何理解我们所谓“自然”的万事万物以及如何对其采取行动的高风险的竞争之一部分。无论对于人类自身，还是对于非人类世界而言，这样的竞争都寓意深远。《自然》一书对此话题进行了细致剖析。对学生读者而言，本书旨在引导他们思考自然并非其看上去的那样。对地理教师和研究者而言，《自然》一书融汇了迄今为止地理学三个主要部分（人文地理学、自然地理学和环境地理学）的观点和态度。这样就针对地理学科中为人熟知却又最难于把握的对象之一提供了崭新的见解，对于就此开展分析、制定政策和提供道德关怀而言大有裨益。

# 致　谢

撰写此书，既是一项艰巨的任务，又是一项充满惊喜且颇有成就感的工作。在本书所属丛书涵盖的所有重要概念之中，自然或许是最难理解的。自然的含义及其指称对象无比繁杂，我很快意识到，为了对地理学者所研究的“自然”开展讨论，必须把“地理的本质”作为一个学科（而并非仅仅看作其构成部分）加以讨论。为了简洁明确地执行这项艰巨的双重任务，我需要找到一种凝练的方式，用以呈现来自地理学众多研究群体的观点、见解和理念。为了能够就此提供深入的介绍，我必须确保合理覆盖地理话语中自然的多种表现形式，同时避免因为覆盖内容过广而流于肤浅。经过很长时间的思考和权衡，我才最终确定本书的结构：共六章。鉴于本书写作主题的难度和复杂性，我非常希望借助这样的结构，把难以驾驭的大量信息组织到连贯一致的分析之中。 *xiii*

感谢萨拉·霍洛维（Sarah Holloway）和吉尔·瓦伦丁（Gill Valentine）两位教授的盛情邀请，使我有机会撰写此书。在他们 2003 年初次与我联系时，我觉得关于自然很难写出新意。毕竟，自然的概念已经由雷蒙·威廉斯（Raymond Williams）提供了众所周知的分析，又由凯特·索珀（Kate Soper）提供了最新的解释。不仅如此，在签订了本书的著作合同一周后，我读到了约翰·哈布古德（John Habgood）的《自然的概念》（*The Concept of Nature*）。哈布古德的简练之作极富洞见，出版于 2002 年年底，而之前我却对其一无所知。这仅仅是关于自然的著述清单之中最新的一本。已有的关于自然的著作有不少出自大名鼎鼎的作者，包括 R. G. 柯林伍德（R.G. Collingwood）、C.S. 刘易斯（C. S. Lewis）和阿弗烈·诺夫·怀海德（Alfred North Whitehead）。这就更加证实了我最初的犹疑，即我是在浪费时间重复他人已经做过的工作，
xiv 而且绝无可能做得比他们更好。但一转念，我想到了我被要求写的并非泛泛而论的自然，而是地理学科如何理解自然。地理学自从 19 世纪末正式成为一门研究与教学的学科以来，就在以其独特的方式影响着对自然的广泛理解（同时也在持续受其影响）。

这让一切都不一样了。虽然威廉斯、索珀、哈布古德和其他学者在他们的著述中对自然的概念进行了如解剖般精准的条分缕析，然而他们的缺失之处在于，未能把这一概念固定在不同的地点、情况和制度中，从而也未能让自然的含义和所指得以"固定"或者对其提出异议。关于自然（以及关于世上万物）之观点，并非站在针尖之上①，也绝非穿越时间与空间的恒定不变的抽象之物。自然之观点是由多种类型知识群体生产的，有时他们对于自然持有大致相同的观点，有时则不然。我们所谓的对于自然之"社会"理解，实际上指的是从其生产地点溢出的"局部"理解，这就让很多人认可和接受了它们。这些地点包括大学。专业的地理学者也属上述诸多知识群体中的一类，他们用去且仍在花费大量时间产生并传播关于自然的知识。然而，尚无人就地理学者作为一个整体去

① 借用"一个针尖上能站立几个天使"这一中世纪哲学命题。——译者注

理解自然的特定方式加以分析。相反，大家通常所读到的文字只是全景之一斑。例如，我本人参与主编的《社会自然》一书，只就批判人文地理学者对自然的理解提供了阐述（Castree and Braun，2001）。

本书的撰写离不开我的朋友、同事和与我交流讨论之人的帮助。如果没有布鲁斯·布劳恩（Bruce Braun）、大卫·德梅瑞特（David Demeritt）和阿利·罗杰斯（Ali Rogers）的帮助,《自然》一书无法完成构思并最终完稿。他们以不同的方式影响了本书，我无比珍视与他们的友谊。特别感谢大卫和阿利，他们认真阅读了书稿，并提供了详细且富于智慧的评论，具有难以估量之价值。他们的付出让《自然》一书变得更好。阿利为第一章的标题提供了建议，萨拉·霍洛维的细致编辑则帮我避免了若干错误。同时，我必须对本书出版计划的两位匿名审阅人致以谢意。他们提出的建议有助于本书内容和结构的改进。同样，在读博士文尼·帕蒂森（Vinny Pattison）就本书的初稿提供了极具建设性的意见。目前就职于曼彻斯特大学的克里夫·阿格纽（Clive Agnew）、迈克·布拉德福（Mike Bradford）、尼尔·科（Neil Coe）、彼得·迪肯 xv
（Peter Dicken）、克里斯·海莱特（Chris Haylett）、约翰·摩尔（John Moore）、布瑞恩·罗布森（Brian Robson）、菲奥娜·史密斯（Fiona Smyth）、凯文·沃德（Kevin Ward）和杰米·伍德沃德（Jamie Woodward）都以各自不同的方式，让我在地理学院（现改名为环境与发展学院）的工作成为乐事。学校的科研与研究生委员会在 2004 年批准了我的公休假，这让《自然》一书得以快速完成，对此我深表感激。我还要向 GE3070 班级的学生致谢，或许他们并未意识到这一点，但感谢他们对于我在本书写作期间的授课状态的忍耐。当然，我现在的讲课方式已经与当时大不相同了。

有时候，事过多年，我们才能充分体会到友谊和关系的重要意义。尽管在这些日子里，我和他们的轨迹只是偶有交会，然而德雷克·葛利高里（Derek Gregory）和特里沃・巴尼斯（Trevor Barnes）为我的博士论文提供的建议，仍在本书的撰写过程中持续产生影响。《自然》一书试图详细剖析每一个主题，同时努力避免枯燥乏味或者遗漏。如果这个目标有幸得以实现，那很大程度归功于特里沃和德雷克为我带来的启发和影响。我还要对尼克・斯卡利（Nick Scarle）表达感激，他对本书的数据和图表进行了娴熟的处理。最后，我要向劳特利奇的编辑与出版团队致以诚挚感激。在过去的一年里，他们总是在恰当的时间给予我恰当的帮助。

尽管我并不情愿以任何肤浅或直截了当的方式讨论自然，但我必须承认，自然之奇迹确实会发生。2004 年 2 月底，我当了父亲。当然，我知道是生物复杂性让这一切成为可能，但我仍沉浸于赞叹、感激与惊喜之中，因为如此美妙之事竟然真的发生了。我把此书献给玛丽 - 诺埃尔（Marie-Noel）和托马斯（Thomas）。毫无疑问，他们是我生命中之挚爱。

作者与出版方对以下各方允许本书引用其材料深表感谢：布莱克维尔出版社，图 1-3 和图 4-6 均援引自《英国地理学家学会会刊》（*Transactions of the Institute of British Geographers*），图 3-2 援引自 N. 卡斯特利和 B. 布莱恩（B.Braun）的《社会自然》；杰克・克洛彭伯格（Jack Kloppenburg），图 3-1 援引自《种子最重要》（*First the Seed*，1988）；剑桥大学出版社，图 4-3 和图 4-4 分别援引自 S. 舒姆（S.Schumm）的《解读地球》（*To Interpret the Earth*，1991）以及冯・恩格尔哈特（von Engelhardt）等人的《地球科学理论》（*Theory of Earth Science*，1988）；《美国科学杂志》（*American Journal of Science*），表 4.1；哈佛大学出版社，图 4-1 援引自 B. 拉图尔（B.Latour）《我们并未进入现代》（*We Have Never Been Modern*，1993）。

# 前 言

自然是人们最为广泛讨论与探究之对象。今时今日， xvii
人们屡屡听闻关于“自然之终结”的世界末日宣言，“保护”自然的宏大命令，或者自然可以改善、自然的“缺陷”可被消除之开创勇敢新世界的宣言。这些言论暗示，自然在现下被前所未有地“列入议事日程之中”。然而，这种解读并不符合事实。从全世界范围来看，自然对所有社会而言都是重大事宜。真正发生变化的，是我们对惯常被称为“自然”的对象进行讨论与展开行动的方式。常理云，“事实永远无法自明”。自然即对这一常理的生动见证。从历史上看，自然之观念发生了巨大变化。曾经关于自然之“真理”，在今天看来常常是荒谬的。人们持续以多种方式去理解自然，但很多方式相互矛盾。实际上，在每一个时代，人们都在努力获取关于自然的“恰当”理解。

有若干学科对自然的社会理解产生了影响，地理位居其列。自 19 世纪末地理成为一门大学课程以来，地理教学和研究就塑造了无数人对于自然之想象。与物理学、医学和工程科学相同，地理学也是能够产生关于自然现象的“专业知识”的学科。同样，学术专业仅仅是产生自然知识的领域之一，其他领域包括大众传媒（电视、报纸和杂志），娱乐业［想想《侏罗纪公园》（*Jurassic Park*）或者《绿巨人》（*The Hulk*），这是关于基因工程的两个具有道德意味的故事］，旅游业（把“自然景观”加以
xviii 包装，连同其他呈现给冒险旅游者），国家（管控与自然的互动以及对自然的利用，人类自然和非人类的自然都包含在内），企业（如生物技术公司）以及非政府领域（包括慈善机构，如“Gene Watch”“Earth First!”等非政府组织）。这些能够产生自然知识的领域，共同决定了我们对于自然的集体理解。其中某些领域所产生的关于自然之知识，是心照不宣、不言而喻且看起来毫无争议的；而另一些领域所产生的关于自然之知识，却是复杂、技术性且充满挑战的。这些知识在不同的受众之中传播，产生着不同的效果。它们的影响无法基于先前的经验推测与读取。

本书分析了过去和现在由地理学者产出的对于自然的理解，重点关注的是英语地区的地理学（English-speaking geography）。因为相比较而言，我对欧陆和非西方世界的地理学的了解并不深入。书中把西方地理学家所产生的关于自然的知识视为积极的干预，而非对自然事实的被动映像。关于自然之知识，与其意图呈现的关于“自然世界”之知识并不能画等号。尽管这些知识是关于世界的，但知识与世界并不能等同。如果你愿意，那么这些知识就是一个必不可少的滤镜，会介入所谓“自然”的事物以及我们作为地理学者和公民对于自然的理解和行动之间。这一滤镜让我们关注事物的某些方面，而使另外一些方面隐没于暗处。它还为我们与自然之间的实践互动提供指引，对特定的行动做出允许或禁止的判断。正如哲学家路德维希·维特根斯坦（Ludwig Wittgenstein，1922：148）的名言：“语言的边界就是我的世界的边际。”（参见图 0-1）

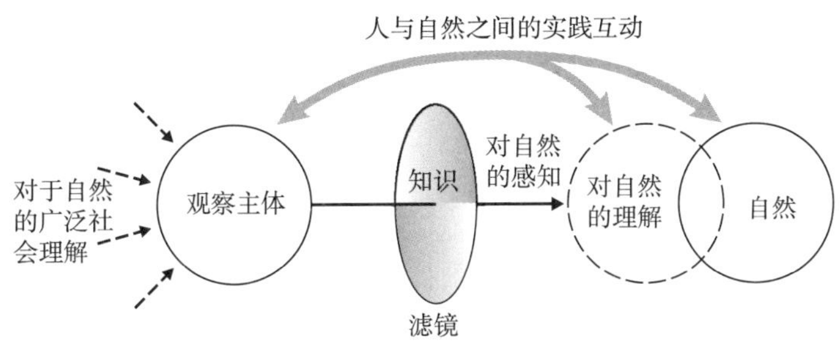


图 0-1　知识作为滤镜，决定了我们对于自然的理解

《自然》一书对西方地理学家过去和现在所产生的自然知识的特定组合加以考虑，这是前所未有的。

地理与现今大部分大学学科相同，其专业人士往往对其实际思考和 xix
从事的专业领域之外的东西所知甚少。然而，自然的概念并无边界（非常感性化的表述），所以撰写本书不得不对人文地理、自然地理以及被所谓“环境地理学者”占据的“中间地带”加以讨论。毕竟，从洪水到植物群落，再到按照所谓的“自然”特征对人进行分类的思想（比如种族主义者经常做的），地理学者的研究范围涵盖万事万物。简而言之，这样一本书不得不把地理学的一切都纳入考虑之中。上述讨论所揭示出的，正是地理学的共性与断层，它们让这一学科具有结构连贯性，同时也会对地理学所声称的整体性带来威胁。这也正好解释了为什么在对地理学如何理解自然开展分析时，必须对地理学的本质加以分析。

我之所以撰写《自然》一书，也是因为我认为，承认地理塑造了我们对生活中最重要的主题之一（即自然）的理解，这一点非常重要。地理学者总是对他们的思想所产生的广泛影响具有一种自卑情结（inferiority complex）。我不想赘述其原因，只是要在这里提醒大家，我们低估了地理教学和研究的影响力。地理学对于塑造关于自然的广泛理解而言有多么重要尚无定论，但我相信，这一学科的角色绝非“龙套”。[1]

一代又一代的学生对于自然的理解都是被包括我在内的地理教师和地理学者所塑造的。我们这些人就是这一领域中所谓的“权威”。我们在阶梯教室、在研讨室，以及在为学生指定的阅读文献之中所采用的描述自然（或者未加描述）的特定方式，必定对学生作为公民、作为消费者以及在未来生活中作为工作者如何看待自然产生重要影响。事实上，我正是出于这样的信仰，才有动力撰写此书的。同样，众多专业的地理学者也已经把他们对自然开展的研究传播给大学校园之外多种多样的用户群体，并将持续推进。在那些地理学作为一门大学学科的国家中，这一点尤为显著，如英国。

## 一、本书观点

那么，本书的观点是什么？《自然》这部著作的书名并不能提供足够的信息。本书并不能为部分读者提供乍一看到这本书时所希望获得的
*xx* 两样东西。首先，本书并未对“自然”一词给出定义，随后按照定义所列自然各个部分开展的研究分门别类加以介绍。如果这样写的话，这会是一本极为冗长（且特别枯燥）的书。实际上，本书是把整个世界当作一部词典，只做一件有趣的事，就是为恰当的事物加注恰当的词汇。其次，本书解释了地理学者开展自然研究的不同方式，但目的却并非选出最好的或最准确的研究模式。学生读者的感受会格外明显，他们会困惑不安。很多人会认为，因为自然地理学是（或者努力成为）一门“科学”，所以自然地理学为理解自然提供了最佳途径。我在本书各章节中所展示的是，地理学所有研究领域的学者都提出了对于自然的理解，并且他们都认为自己的理解非常重要。

这就导致了进退两难的状态。这些研究者的研究方法具有天壤之别，他们全都正确吗？如果并非全部正确，我们如何进行判定并消除虚假的或者错误的认识呢？这些问题把我们带到所谓“实在论”和“相对主义”的古老哲学辩论之中。后者认为，绝对的真理是不可能获得的，因为人不免拘囿于特定的知觉或者认知模板（templates）去理解现实。因为模板因人而异，因群体而不同，所以相对主义者认为，真理是偶然的，而非注定如此。以这样的视角观之，即便是科学，也只是众多世界观中的一种，我们无法对科学与宗教孰优孰劣做出判断。实在论者则反驳说，相对主义者荒谬地否认在人类之外的能够被准确理解的物质世界的存在。实在论者认为，就理解世界而言，某些方式比其他方式更为客观。简而言之，他们认为相对主义者把我们带到了“一切皆有可能发生”的深渊。处于这样一种境地，我们不得不接受关于现实的所有视角，并视之为同等有效。实在论—相对主义之间的争辩，很多时候更像是非常严酷的战争。例如，20 世纪 90 年代中期，美国出现了所谓的“科学战争”。一群职业科学家（practising scientists）把一些来自若干社会学家和文化批评者的观点视为无稽之谈，予以还击。后者认为，科学家建构了关于自然的知识，但知识并非对自然真相的准确反映。科学家们无疑对此非常惊愕，他们认为，科学始终是理解客观世界的最为可靠的途径（Gross and Levitt，1994；Holton，1993；Ross，1996）。这两者之间的僵持，正可表明在实在论—相对主义争论之中岌岌可危的是什么。社会中那些断言自己关于自然的知识很“客观”的群体，或者以其他方式让自己的知识合法化的群体，拥有巨大的权力和影响力。同样， *xxi* 那些认定客观性是虚构的，掩盖了所有视角都具有的偏颇的人，会对来自所有方面的关于世界的真理主张提出无可非议的质疑。解决实在论—相对主义之间的争辩，这委实超出了我的能力。一些评论者试图超越这二者前行，而我将在本书第五章对他们各自的观点进行分析。我采用的方法是，以同样的方式对待所有地理学者对自然做出的知识主张，即认为所有知识主张都在相互争夺，努力得到学生、其他专业地理学者以及大学之外各类支持者的关注。我对这些主张的真实性或者虚假性依然保持不可知论。实际上，我或许应该把本书的名称改为“一个概念的冒险之旅”或“一个观点的变迁”。这些观点是由地理学不同的研究学者和不同的研究学派生产出来的。其定义不仅来自其所包含的内容，也来自其并不包含的内容。即便是那些与自然并不直接相关的思想，也因列明了哪些被视为“非自然”，而能帮助我们理解什么是自然。本书所论及的自然的概念，显而易见指的是由植物、动物、昆虫、人类、生态系统以及其他众多事物构成的“真实世界”。但是，因为难以判定这些观点孰优孰劣，所以我在本书各章节中平等地对待它们。要透过现象看本质，读者不应当依此认定我是相对主义者。我这样做的目的在于，让读者知晓可以通过不同的方式得到关于自然的不同观点，从而对我们称之为自然的事物采取不同的行动。其中包括我在第六章中分析的“后自然”观点，这一观点否认了所谓“自然”的存在，这是关于自然是什么以及应当如何与自然相处（或者如何对待自然）持续进行的角力中的一部分。我在本书中所呈现和分析的观点的优劣，留待读者自行判断。我的目标是尽我所能对这些观点提供清晰的解释，并呈现出因接受或弃用这些观点而导致的现实的和道德的后果。如果本书提供了贯穿始终的信息，那么这个信息就是，因为自然的知识并不等同于其所描述的“真实”自然，所以我们必须探究这些知识从何处得到了授权，以及它们旨在产生何种类型的现实。

# 二、读　者

看到这里，一些学生读者可能不想再继续读下去了。他们可能很失望，因为本书关注的是关于自然的思想，而非自然本身。拿起这本书时，xxii
他们本希望看到的是从地理学者的视角对自然如何运作进行的“不废话连篇的介绍”。如果你恰好是这样的读者，那么我强烈要求你不要刚刚遇到阻力就放弃。本书必定会对你思考自然的方式提出挑战，这一点我确信无疑。这样的挑战，在一定程度上来自必须承认关于自然的思想与其旨在描述和解释的现实同样重要。如果不借助特定的滤镜和模板，我们根本无从理解自然。而这样的滤镜和模板，已经由现代社会中生产知识的组织赠送给我们了。我们对于自然的经验难以直接达成，而是全部是通过媒介达成的。构成我们体验自然的媒介的滤镜和模板，绝无可能是中立的。对于其所指之物而言，它们也绝对不是消极和被动的。告诉我们自然是这样的而不是那样的，实际上正控制了我们对于自然世界的理解，以及我们面对自然世界时的行为方式。援引一位批评者的话，自然的思想“不仅是产品，还是生产者，能够让导致它们出现的力量发生根本性的改变”（Greenblatt，1991：6）。在一定意义上，我的目的在于颠覆下面这句老歌词：“棍棒和石头能打断我的骨头，但是称呼（names）却丝毫不能伤害我。”我认为，关于自然的思想具有与这些思想所表达的一切有生命和无生命的事物相同的物质性。

持怀疑态度的学生读者可能会回应，包括地理学在内的各学科的作用，在于揭露社会中流传的关于自然的错误观点，并用正确的观点加以替换。按照这种观点，地理学是超然世外的，其职责是生产出关于自然的审慎的、基于细致研究得到的理解，确保其中不存在任何偏见、扭曲或歧视。我个人的观点是，与其他学科相同，地理学并不能置身事外，它一直都是持续进行的对自然的讨论、争辩、使用、改变和破坏过程的一部分。尽管涉及他们所研究的自然的特定部分时，地理学者通常宣称对其“最为清楚”，但我仍然希望本书的读者能够考虑另外一种可能性，即地理学者关于自然的观点是激烈比赛中的一部分，大学内部和外界众多知识生产者都致力于让自己关于自然的观点为人知晓。实际上，学科生产出特别值得信任的知识这种常见的观点，在某种程度上可以被视为一种策略，用以让社会其他人群相信学术界是值得信任的。

我不想让自己听起来愤世嫉俗。简而言之，我的观点就是，学生读者不应当把学科放置于圣坛之上。地理学的特征在于，这个学科关于自然的理解通常存在分歧。在理解这些观点时，我们必须把其自身因素考虑在内，而并非将其当作单纯而绝对的意义输导。对于这些观点，我希
*xxiii* 望提出的问题是：这些观点到底是谁提出的？它们如何表达自然？它们把什么排除在外？以及，它们会带来何种结果？在一定意义上，我是在鼓励那些持有怀疑态度的学生读者，希望他们把这本关于自然思想的书当作关于自然的书，因为正是这些思想框定了我们对“真实事物”的理解。这些思想并不能够等同于其所指之现象。在某种意义上，它们具有自己的生命。

前面我已经对目标读者（学生）说了这么多，接下来是我想对另一种类型的读者（专业地理学者以及相关领域的学者）说的话。这类读者对于本书中大部分材料具有深入的理解。为学生写些新东西容易，但是为这样的读者讲点新鲜东西，难度可要大很多。我尽力在《自然》一书中注入些许创新。本书的创新性（如果有的话）并非仅仅来自我所论及的材料的广度，同样还来自我对材料加以组织和阐释的方式。通常，相关研究者并不会考虑在同一个知识空间中综合起大量的地理学研究。所以，我相信这本书会对地理学者所研究的自然以及地理学的本质提供若

干崭新见解。

实际上，为了让这本书同时面对两种不同的读者，我能采用的唯一方式是对第一种类型的读者清晰明确地讲述，而对第二种类型的读者含蓄地表达。我希望学术型读者能够很轻易地辨识出我在本书中努力就地理学者研究自然的方式，及其如何对地理学的本质产生影响的当前理解所“补充的价值”。但是，无论是行文风格还是选择材料的角度，《自然》一书都直接面向学生。本书隶属丛书，是一本高级导论。我相信学生们能够从本书中发现诸多意外之喜。它们既让人兴奋，又让人不安。我同样相信，教师一方面会乐于把本书用作关于自然和环境课程模块的教材，另一方面也会乐于把它选为关于地理学本质的课程模块的教材。

所有这一切说明，《自然》堪为非常分裂的地理学的一个明证：本书涵盖了这一学科的整个跨度，但并不能够很好地对应到众多地理学者的教学大纲中去。在此，我要再做强调，我所讨论的，并非在“自然”的名称之下人们通常所虑及的素材。例如，我讨论了关于社会身份和人的身体的人文地理学研究，这样的研究与自然地理学者开展的研究相去甚远。可能会有人问，为何我涉猎如此之广。原因有二。其一，我认为自然的思想在地理学中无处不在，远超出地理学者愿意承认或能够理解的程度。本书所讲述的绝不仅仅是环境（或者非人类世界）。其二，我 *xxiv*
要重申前文已列明的一点：显而易见，人文地理学开展的关于“哪些并非自然”的大量研究，对于地理学科“何为自然”的理解非常重要。一些读者可能会觉得我把网撒得太广了，但是，我希望本书能够向他们讲明，为何他们关于地理学本质的当前思考，以及关于地理学者所研究的自然的当前思考，可能比他们自己所认识的更加有限。

## 三、如何使用这本书

我希望读者能够使用这本书，而非仅读完了事。我撰写《自然》一书的方式，是希望它能够成为地理学位教育相关课程的核心著作。对于学生和他们的教师而言，我纳入本书的各个环节能够支持开展以自然和地理学学科为主题的课程教学。首先，本书每一章（第二章除外）都包含“活动”（Activities）一栏。其用意在于让学生读者能够对书中呈现的材料进行积极思考。其次，每章结尾都为学生提供了一系列实践练习。这些练习的设计，是为了巩固书中提出的论点，并鼓励学生自由思考。再次，每章结尾的“延伸阅读”部分是精心编撰而成的。它们实际上是一系列阅读材料推荐清单，以供学生对各章论点进行深入学习。最后，在本书结尾部分，我提供了一组问答题，可供考试使用，也可在教师布置学期论文时使用。至于在回答这些问题时应当阅读哪些资料，学生将需要教师的指导，后者可以从本书所列的参考书目以及推荐的阅读材料中选择。

《自然》的每一章几乎都很长，我建议，如果希望把本书作为核心教材使用，可以视情况把每章分为两部分或三部分。例如，可以把第三章分为三个主要部分，分别阅读，并与其中所提及的参考文献及延伸阅读相结合。以下信息可能对教师有所帮助：我围绕着这本书为三年级本科生设置了一门课程，共包含 32 个授课课时以及一堂复习课。课前，我会要求学生先行阅读各章中的一部分（序言部分除外，这是要求在绪论课之前全文阅读的，最后两章也要求全文阅读）。其中，第一章分为两部分阅读，第二章和第三章分为三部分阅读，第四章分为两部分阅读。

# 四、结 构

最后，是关于本书结构的说明。在如此短小的篇幅中，我无法详尽 xxv
列出诸多观点或知无不言。同样，我也不希望过分强调地理学的过去，以至于忽略今时今日人们关于自然的思考。《自然》一书共五章（第六章是简短总结），提供了贯穿始终的框架，大量材料都可以嵌入其中，可供嵌入的素材的量远超我实际所列。书中的素材意在为学生提供关于地理学者如何理解自然的具有代表性的观点。第一章的作用是交代背景，第二章则简述了地理学者开展自然研究的历史，及其研究方式如何对地理学的本质产生影响。本书的其他部分聚焦于关于自然的当前地理学思考。在第三章中，我审视了人文地理学开展的工作，因为在过去十年里，自然又“回归于”人文地理学的研究和教学。对自然的重新发现，经由把关于自然的理解加以“去自然化”的方式实现，这是如此自相矛盾。因此，在第三章中，我对自然是一种社会建构的观点进行了解释。在第四章中，我分析了与之截然不同的立场，即认为所谓的“自然”是真实的，并且是可以被准确知晓的。我认为，大部分人文地理学者当前对于自然的理解与自然地理学者和诸多环境地理学者相去甚远。特别是自然地理学者，他们为自己加的标签是实在论者。因此，在第四章中，我从认识论和本体论两个方面对自然地理学者所信奉的实在论的基础进行了剖析。人文—自然地理存在的差异，与地理学是否为一个“分裂的学科”的问题相互碰撞，我在这一章里也对此进行了分析。在第五章中，我把关注点放在了令人振奋的崭新的“后自然”思想（大部分都是由人文地理学者提出的）上。这种思想挑战了长期以来对自然的地理学理解加以组织的社会—自然二元论。在结论（第六章）中，我归纳了全书所有论点，并建议学生对其所接受的教育进行批判性反思，与自然相关的或者与其他主题相关的教育都包括在内。

主题如此宏大，书却如此单薄，因此，它必然反映出我个人的知识偏好。例如，我是人文地理学者，而自然地理学研究同仁肯定会觉得第四章有待改进。在正文开始之前，我先就文中观点的有失偏颇、简单化和疏漏表达歉意。如果有幸撰写《自然》的第二版，我会对其加以修订。

# 目 录 Contents

# 第一章

# 奇怪的自然

> 下定义，就是在行使权力。
>
> （Livingstone，1992：312）

## 一、关于自然的七个故事

本书并非关于自然的开篇之作，也绝非最后一部。在某种意义上， 1
撰写这样一本书，意味着写作对象囊括一切。毕竟，自然为人们熟知的一个定义是“整个物质世界”（Habgood，2002：4）。自然在我们生活之中无处不在，包罗万象。事实上，难有其他事物如同本书要研究的“自然”那样纷然杂陈于我们的思考、语言和行动之中。关于自然的哲学讨论，现有著作已罗列众多，因而本书不做赘述。我们就从日常所体验和讨论的自然的具体形式入手。以下所列故事，仅供提示自然对人的日常思考与行动所产生的重要影响——无论我们是谁，无论我们身处何方。

### （一）血缘关系[1]

2003 年，一名 13 岁的英国男孩将他的父亲告上法庭。“丹尼尔”

（化名，出于法律原因，该儿童的真实姓名不可透露）质疑他与他所谓的父亲的生物学关联。他出生于 1988 年，是母亲以体外受精（in-vitro fertilisation，IVF）的方式得到的孩子。自 3 岁时父母离婚之后，他每
2 隔一周就会与父亲共度周末。法庭要求对丹尼尔进行生物遗传学检测，结果表明他的母亲最初接受的体外受精治疗出现了失误。被视为其生物学父亲的男人，其实与丹尼尔并无任何相同的染色体。让丹尼尔母亲的卵子受精的精子，来自另外一个男人。基于此，法官判定丹尼尔无须再与他 13 年来一直当作父亲的男人共度周末。这与自然有什么关系？在丹尼尔的案例中，父亲和儿子之间生物学关联的缺失断绝了一个男孩和一个男人持续 13 年的社会关系。丹尼尔的母亲做了如下解释：“孩子在慢慢长大，但外貌和举止却越来越不像他所谓的爸爸，这对孩子造成的伤害实在太大了。”（《卫报》2003 年 8 月 23 日）吊诡的是，她认定自然关联（也就是生物学关联）的缺失会严重伤害丹尼尔的幸福。也就是说，丹尼尔的母亲认为，这样的生物学关联比多年来其前夫在她的儿子身上投入的时间、爱和情感更重要。

### （二）英国的雨林[2]

自然可能会在最出人意料的地点显现出来。谁曾想到，一座废弃的油码头会成为西欧生物多样性最高的地点之一？2003 年 5 月，人们发现英格兰南部肯维岛（Canvey Island）上一个西方石油公司（Occidental）的废弃设施，成为多种植物与昆虫的栖身之所。这些植物和昆虫很多是濒危物种，甚至有一些曾被认为已经灭绝，如熊蜂①、翡翠豆

---

① 熊蜂，shrill carder bee，在维持生物多样性方面发挥着重要作用。近几十年来，欧洲境内熊蜂数量持续下降。英国现有 25 种熊蜂，其中四五种较为常见，但集约型农业的兴起威胁到大多数种类的熊蜂，目前已有两种熊蜂灭绝。——译者注

娘[1]以及象鼻虫寄生蜂[2]。这里也有一些较为常见的动物，如獾和云雀。西方石油公司的废弃场地面积为 100 公顷，已经成为大约 1300 个生物物种的栖息地。然而，因为英国政府所做的泰晤士门户扩展规划，拟对伦敦周边地区进行再开发，这一地块将面临威胁。有意思的是，正是在人为影响之下，而非把人力排除在外，自然在这一曾经的工业场地中重现。若干年前，西方石油公司从泰晤士河口挖掘了数千吨淤泥，并把这些淤泥堆积到从前的场地和沼泽之上。这样做是为了给油码头扩建工程奠基，但是实际上扩建并未实施。20 世纪 70 年代初期，在这一场地被废弃之后，孩子们（在这里玩耍和点火）和自行车骑行者（探寻新骑行
路径）频频到访，后果是持续干扰在这块肥沃土壤中生长的植物。这导 3
致树木无法扎根，取而代之的是蓬勃生长的野草、野花和灌木。相应地，混杂的低层植被形成的生境，让 1000 余种动物与昆虫物种栖息繁衍。马特·沙德罗（Matt Shadlow）运营着一项名为“昆虫的生命”（Buglife）的无脊椎动物保护信托基金，正如他所言：“这就是自然的心狠手辣（委婉从之）[3]之处。”英国政府所面对的两难境地是，应该重新开发这一场地（为人满为患的伦敦城提供扩张之地），还是应该保护这里独特的生态特性。

## （三）性、暴力与生物学[3]

强奸是公认的滔天罪行。这一罪行几乎都是由男性向女性实施。然而，在进化心理学家兰迪·桑希尔（Randy Thornhill）和人类学家克雷

---

① 翡翠豆娘，emerald damsel fly，一种颜色鲜艳的食肉昆虫，体态优美、颜色鲜艳，且其翅膀颜色多变，故国内外很多爱好者喜爱观赏。——译者注

② 象鼻虫寄生蜂，weevil hunting wasp，以象鼻虫为寄主繁殖的寄生蜂。——译者注

③ 原文为“down and dirty”，一则表达自然条件受到干扰，树木无法生长的残酷；二则表达自然生机勃勃，野草与灌木丛生亦可孕生丰富多样的生命。——译者注

格·帕尔默（Craig Palmer）看来，这是一种自然行为。在他们颇具争议的《强奸的自然史》（*A Natural History of Rape*，2000）中，桑希尔和帕尔默提出，男性强奸女性是为了传播自己的基因。作者把强奸视作一种进化适应行为，即便到了今日也仍有留存。据他们所言，这种自然冲动作为一种繁殖策略为男性所掌握。因此，他们把书的副标题确定为“胁迫的生物学基础”。他们认为，强奸犯通常情况下不会滥用这种强力，因为这将降低其受害者怀孕的概率。毫无疑问，《强奸的自然史》招致了不绝于耳的批评与声讨。例如，左翼评论员柯南·马里克（Kenan Malik）严重质疑了把强奸视作生物本性的观点。他认为，这一观点是在暗示，对于强奸犯罪率可被降低到何种程度存在颇多限制。毕竟，如果这是一种“自然行为”，人们为阻止它所能做的努力是有限的。更加令人不安的是，认为强奸行为属于生物学的男性冲动，相当于对这种犯罪行为持宽容态度，其依据是“这是自然秩序的一部分”。马里克坚持认为，尽管强奸可能会由身体的冲动导致，但却绝不可简单地仅仅归咎于此。他认为，强奸犯选择侵犯受害者，这并非出于无法控制的生理冲动，而是因为其人生经历决定了他们对于女性和性的态度。

### （四）生物技术带来的“新”“旧”自然[4]

4 现代生物技术的争议之一在于能够克隆生物，甚至可以让灭绝物种“起死回生”，因而产生了“超自然现象”。请看下面的例子：一个意大利科研团队最近向世人展示了普米亚（Promethea），这是人类克隆出的第一匹马。这匹哈福林格小马驹预示着新一代冠军赛马和马术表演马的到来。普米亚由提取自一匹母马（也就是普米亚的母亲）的细胞克隆而来，它向人们证明，冠军赛马完全可以复制——无需种马，无需交配，甚至无需人工授精。纯种马的主人对自己的马匹与何种对象交配有着严格控制，而诸如普米亚这样的“非自然”马则向人们表明，现在无须通过一代一代繁衍来产生基因相似的动物。与此同时，另有一些生物科技人员正试图做到“起死回生”。普米亚借助克隆技术产生，而这一技术还有待用于让濒危甚至灭绝物种复活，如长毛象、渡渡鸟、比利牛斯野山羊。前文提及的野山羊发现于比利牛斯山，最后一只因自然原因于2000年1月死亡。先进细胞技术公司（Advanced Cell Technology，ACT）是一家总部在马萨诸塞州的公司，它计划利用克隆技术复活比利牛斯野山羊。此公司的长期目标则是为冷冻的遗传物质创建“诺亚方舟”，这样就可在需要时让任何一种甚至所有濒危物种重生。显然，很多人对于取代和复现自然的企图不以为然。他们的质疑在于：生物技术人员“扮演上帝的角色”，难道不会有道德问题吗？按照普米亚的创造者以及ACT所希望的方式去“篡改”自然，这是否恰当？

## （五）鱼类是否拥有权利？[5]

2001年春季，美国得克萨斯州钓鱼协会成为一个蕴含道德意味的笑柄。善待动物组织（People for the Ethical Treatment of Animals，PETA）声称要在淡水鱼钓鱼圣地巴勒斯坦湖投放镇静剂。他们为什么要这么做？是为了让湖中的鱼沉睡，从而躲避在红人牛仔体育部钓鱼锦标赛（Red Man Cowboy Sporting Division Angling Tournament）中被钓起的厄运！钓鱼锦标赛在愚人节进行，并安排一组人员在公园巡回，阻止善待动物组织向湖中投放镇静剂。当然，这件事让巡防人员和钓鱼
者看上去都像愚人。钓鱼锦标赛如期举行，道理显而易见。区区几升镇 5
静剂，即便是强效镇静剂，对于生活着成千上万条鱼儿的400亿加仑①

① 1英制加仑约等于4.55升，1美制加仑约等于3.79升。——译者注

湖水而言完全是杯水车薪。但是，善待动物组织引发的这场闹剧却堪称严肃事件。它挑战了人们的成见。人们普遍认为，当尖锐的鱼钩刺穿鱼嘴，当鱼被收线钓起时，鱼并不会承受任何痛苦。简而言之，这一事件对把钓鱼视为人畜无害的“休闲运动”的美好图景提出了质疑。当然，对于一些人而言，认为包括鱼在内的动物应当拥有权利的观点无比荒唐。但是，坚持动物也拥有权利这一立场的绝非只有善待动物组织。在巴勒斯坦湖事件发生前一年，著名的哈佛大学法律教授、波士顿律师斯蒂芬·怀斯（Stephen Wise）出版了《无事生非》（*Rattling the Cage*）一书。这部渊博且经过严谨论证的著作向人们证明，仅仅把法律权利赋予人类自身的做法是多么霸道和不公。实际上，怀斯为善待动物组织和其他动物权利组织的理想和目标提供了法律依据，也为彼得·辛格（Peter Singer）等著名动物权利哲学家的观点提供了法律支持。他撰写此书的目的，就在于改变西方思维中针对人类之外物种的成见。就如同中世纪人们会烧死女巫，而时至今日，我们认为这样的做法既野蛮又残忍。怀斯和相同观点持有者希望能够劝服人们，让人们知晓仅从人类自身利益出发来对待动物的做法是错误的。

## （六）危机，何种危机？[6]

南极鳕鱼的寿命长达 50 年，需要生长 10 年才可达到性成熟状态。在美国、日本和其他国家的餐馆中，它们的定价极高。它们现在处于严重的过度捕捞状态，且大部分都属于非法捕捞。2003 年，一个与之相关的事件在全世界范围内传播开来。新闻频道都在报道“南方支持者号”① 追捕“维尔萨号”（一艘乌拉圭渔船）达两周之久。“维尔萨号”未

---

① 南方支持者号，英文名“Southern Supporter”，一艘澳大利亚海关船。——译者注

经许可就把鳕鱼从澳大利亚领海带走，违背了法律。来看另外一个例子。在北半球，咸海的面积和水量已经不足 20 世纪 50 年代的一半。苏联所推广的灌溉措施攫取了汇入咸海的河流中的水。咸海当前的状态与盐渍荒漠相差无几。哈萨克斯坦提出在咸海北部建设一个水坝，这会让情况更加糟糕，导致咸海南部区域每年仅有极少量的水流入，完全不能达到为保持原有岸线所需的 1000 立方千米的年进水量。继续向北。一艘属于加拿大皇家骑警的破冰船“圣洛奇号”于 2001 年 9 月成为第一艘
从西向东驶过传说中“北部通道”全程的船只。北极的浮冰变得如此单 *6*
薄破碎，这使“圣洛奇号”得以从白令海经由班克斯岛，一路破冰前行，到达格陵兰。今时今日，全球众多国家都普遍意识到，曾经被视为野草或者毫无价值的植物，实际上可能蕴含巨大的价值。也正是因为它们曾经被视为一无是处，所以其中许多如今濒临灭绝。睡菜、黄龙胆和人参就是典型例子，人们发掘出它们曾经被忽视的药用价值。因此，很多人正在竭尽全力对其加以保护，希望不会为时太晚。

这四个案例有什么共同之处？其共性在于，都与破坏自然有关。某些环境保护主义者认为，我们身处一个“环境危机”时代，在这个时代里，人人都在见证着“自然的终结”（McKibben，1990）。实际上，关于人类当前对自然资源的利用，“危机”一词被屡屡提及，已成老生常谈。然而，并非所有人都认同“人类正处于危机之中”的表述。例如，2001 年，丹麦统计学家比约恩 · 隆伯格（Bjorn Lomborg）出版了一部颇具争议的书——《令人生疑的环境保护主义者》（*The Skeptical Environmentalist*）。隆伯格罗列了大量证据，试图从他的角度证明，环境经由人类治理后逐步得到了改善。此外，他还对环境保护主义者提出了批评，认为他们危言耸听，夸大了环境问题的严重程度。当然，环保人士

也进行了无情的回击，并指出书中使用的大量证据都是捏造的。

## （七）拥有较少基因数量于你有益[7]

人类基因组计划是一项得到国际资助的研究计划，试图对人类基因构成进行解析。研究发现，智人拥有的基因数量并不如预想的那样多。2001年，针对人类基因开展的初步分析表明，我们有30000～40000个基因，仅比果蝇的基因数多三分之二。这就引出了一个问题：人类额外拥有的基因数如此之少，为什么却能发展到远超其他物种的高度？一些人相信，基因并不足以对人类的体能和智能做出充分解释。他们认为，人类进化到如此高度的原因，是遗传能力在其中得以充分表达的社会与文化氛围。有人相信，与“先天遗传”相比较，“后天培养”对人类行为的影响更为重大。他们坚持，人类的生物能力在极大程度上受控于社会因素。此观点对右翼美国作家约翰·安亭（John Entine）等人
7 坚持的“基因决定论”提出了挑战。约翰·安亭撰写了打破常规的《禁忌：为何黑人运动员称霸体坛而我们却惮于就此讨论》（*Taboo：Why Black Athletes Dominate Sports and Why We're Afraid to Talk About It*，2000）。该书认为，非裔美国人在美国职业体育运动中展示出的显著优势，可完全归结于DNA。对此持反对态度的人，则从社会因素角度寻找答案。他们认为，对非裔美国人而言，职业体育是极为稀少的能够让他们脱离贫困状态的途径。

以上七个关于自然的故事，饶有趣味且引人深思。如果大部分故事都让你感觉异乎寻常，那原因在于，大多数人几乎从未尝试停下来，去静思自然对我们思想与行动的影响是如何深远绵长。这些故事仅仅讲述了自然在全世界无数生命之中以无穷无尽的方式呈现的几个细微的例

子。那么，就本书主题而言，这些点滴小事到底能给我们何种启示？换言之，通过前面所列七个不同的故事，我们可以汲取哪些与自然有关的教训？

## 活动 1.1

读上述七个关于自然的故事，回答下列问题：

· 何为自然？

· 自然在何处？

不要急于作答。你需要多用点时间。请慢慢重新阅读这些故事，并认真思考上面两个问题。努力摆脱故事中所列的细节，尽力发掘故事之间的相同之处与不同之处，它们能为你提供回答这两个问题的线索。认真回答问题，有助于对本书主题有更好的理解。

希望以上两个问题，能引导你对当下生活中无所不在的自然进行思考。略做思索，“自然”这一话题似乎立即能在不同背景之下以各种方式呈现。无论是对人类基因的讨论，还是对鱼和克隆哺乳动物的讨论，自然都将其包含在内。而本书之所以在此处提出这样两个问题，无疑另
有目的。结合上述七个故事，这样的题目设计挑战了我们思考自然的惯 8
有方式。下面，我来进行解释。

自然的一个常见定义是“非人类”的世界。根据这一定义，“自然”与“环境”一词有或多或少的相近之处。在我们的七个故事中，从鳕鱼到野山羊，再到熊蜂，自然的定义包罗万物。即使这些事物并未被正式描述为“自然”，但毋庸置疑，按照惯例它们归属于“自然”这一宏大概念。故事还给予我们另外的提示，即自然也意味着“事物的本质”。使用第二个广义的定义，我们就会发现，人类自身也归属于自然。无论

是非裔美国运动员的基因特质，还是父母和孩子之间的血缘关系，都属于自然的范畴。因此，当我们说出“这是他们的本性”[1]时，就是在说，某人拥有特定的心理或者生理素质，这使其成为他所属于的那一类人。这就让自然具有了更为宽泛的内涵，即自然是保持人类和非人类井然有序[2]的固有力。我们的故事中有一个例子，即生物技术的批评者认为，制造出诸如克隆马和比利牛斯野山羊之类的生物，是“反自然的”。同样，当某些环境保护主义者把“非人类”的世界说成一个自调节系统时（如著名的“盖娅假说”[3]），他们所使用的正是超自然的“如神般伟力”这一观点。在第三个定义中，我们可能要考虑把“自然”（nature）的首字母大写为“N”，使之超然于构成自然的数不胜数的人和非人世界的各个部分。表 1.1 对自然的三个重要定义进行了归纳。

同样，在思考“自然在何处”这一问题时，上述故事也在不断提醒我们，惯常的理解方式何其狭隘与局限。常规的理解通常以两种形式呈
9 现。一种是认为自然主要存在于郊野、乡村与蛮荒地带。另一种则更为具体，按照外观类型去辨识自然（森林、山地、水体、沙漠等）。无论哪种形式，自然的第一个定义（非人类世界或者非人类环境）都是依地理特征进行划分，把自然设定在人类聚落范围之外。然而，我们所看到的七个关于自然的故事，对“自然在何处”的惯常思考方式提出了挑战。例如，肯维岛上西方石油公司的废弃工业场地提醒我们，我们所称之“自然”，也会出现在每个人的生活场所之中，即便我们生活在人口密集的大都市。此外，关于《强奸的自然史》《禁忌》两书的讨论，列明了一个无法规避的事实，即人类同样是自然的动物。在某种程度上，人类

① 原文为“nature”，即本书主题词“自然”。——译者注
② 原文为“ordering”。——译者注
③ 盖娅假说，核心思想是认为地球是一个生命有机体，具有自我调节能力。盖娅乃希腊神话中的“大地之母”。——译者注

拥有的生物能力决定了其在人生的不同阶段能够有何种作为。就此而言，自然自在①。自然是人类密不可分的部分，绝非存在于别处，或者置身于人类之外。

表 1.1　自然的含义

| | 非人类的世界 | 事物的本性 | 固有力 |
|---|---|---|---|
| 环境 / 外在自然 | √ | √ | √ |
| 人类 | | √ | √ |

总而言之，自然无边界，这是不言而喻的。人们所感知的云云总总之现象，虽千差万别，却都被归为“自然”。从生物技术实验室到棕地，自然之事物呈现出不同形态，存在于万事万物之中。从人类身体到鱼和小马驹，自然还包含万事万物。有鉴于此，这本小书何以对如此庞大之自然主题开展合理讨论，着实令人生疑。我的回答是，这并非关于自然的书，而是关于地理学者如何理解自然的书。正如我们所见，这并未如同读者所期待的那样让本书范围大幅收缩。但是，这却让《自然》一书具有了独特的焦点。在下文中，我会解释我为何选择以及我如何做到从地理学者的视角对自然展开讨论。

## 二、自然的知识

地理学是研究自然现象的数个学科之一。当然，自然并非地理学者研究的唯一对象，但它早就成为地理学科研究的首要对象。这可追溯到 19 世纪晚期西方地理学奠基，成为欧洲与北美的大学科目之时。当时，如今为人熟知的自然科学、社会科学与人文学科的学术分科刚开始

① 原文为“nature is always already *here*”，译为“自然自在”。——译者注

成形。生物学、社会学等新学科创立，其共性在于，它们是科研与教学
10 相对专业的领域。在这一背景之下，地理学最初的支持者们认为它是独一无二的综合性（或者“复合型”）学科，可对分析型学科产出的分散知识进行合成。“地理学的尝试”在于努力把自然与社会“置于同一个大概念之下”（Livingstone，1992：177）。因此，从其基础来看，地理学并不是对自然本身开展研究的学科，而是研究社会与自然之关系的学科。地理学致力于成为沟通学术专业化所导致的巨大隔阂的桥梁学科。

一个世纪过去了，地理学已经成为全世界的大学（及学院）都会设立的学科。尽管在不同国家之中，地理学的地位有所差异，但为人共知的是，地理学者研究的是人类对自然所产生的影响（反之亦然）。自地理学科以综合性学科奠基以来，其所发生的变化是（非常讽刺地），地理学内部出现了专门化的区分。对于西方地理学而言，这一点是毋庸置疑的。除了人文地理学和自然地理学的“分异”之外，还出现了若干更细化的分支，如经济地理学和地貌学。处于学科“中间部分”的地理学者目前人数较少，他们的关注重点是自然灾害、自然资源管理等（参见图 1-1）。“环境地理学者”（人们经常使用这一称呼）现在与环境科学、地球科学及环境管理学的研究者们一起，共同对社会—自然的关系开展研究。以上所列三个学科领域日益普及，前两个学科构建起环境的自然科学不同视角之间的桥梁，第三个学科则构建起自然和社会科学视角之间的桥梁。

在接下来的章节中，我会对自然地理学者研究的特定方面提供更多解释。在此处，我想提醒读者，地理学只是产出关于自然的知识的若干学科之一——它只是拥挤的赛场上众多选手中的一个。请不妨自问，其
11 他学科到底是哪些。如果仔细思考，你就会发现，这并不仅限于化学、冶金学等一般的单纯的自然科学，也不止于单纯的工程技术和材料科

学，也并非仅限于关注人体生物学的医学或者运动科学。对自然开展研究，也是社会科学和人文科学的一部分。例如，人类学家早就对原住民族如何利用本地环境开展了研究。同样，环境历史学家研究了数十年前和数百年前人类对自然世界产生的影响（反之亦然）。换言之，所有学科共同产出着关于自然的知识（参见框图 1.1）。

图 1–1 地理学的主要分支①

## 框图 1.1　学术界和自然研究

感知学术界对于自然所持有的广泛兴趣的简单有效的方式之一，就是罗列不同专业出版的图书的名称。在以下所列的书名中，你能大致猜到其对应的学科专业，还可粗略理解不同情况下“自然”的含义。

·《人性思想：历史导读》（*Ideas of Human Nature：An Historical Introduction*；Trigg，1988）

·《基本言说：女权主义、自然以及差异》（*Essentially Speaking: Feminism, Nature and Difference*；Fuss，1989）

·《自然的权利：环境伦理学史》（*The Rights of Nature：A History of Environmental Ethics*；Nash，1989）

·《自然地理学：本质与方法》（*Physical Geography：Its Nature and Methods*；Haines-Young and Petch，1984）

① 越趋近中部，人文地理和自然地理就变得越不“纯粹”。

·《反自然：历史、性别及身份论文集》(*Against Nature: Essays on History, Sexuality and Identity*；Weeks，1991)

·《并非基因注定：生物学意识形态与人类本性》(*Not in Our Genes: Biology, Ideology and Human Nature*；Rose and Lewontin，1990)

·《环境的本质：高级自然地理学》(*The Nature of the Environment: An Advanced Physical Geography*；Goudie，1984)

·《何为自然？》(*What is Nature?*；Soper，1995)

·《地貌学的科学性》(*The Scientific Nature of Geomorphology*；Rhoads and Thorn，1996)

·《风化的本质》(*The Nature of Weathering*；Yatsu，1988)

12 并非仅止于此。学科只是能够产出关于自然之知识的若干领域之一。回顾本章开头的七个小故事，我们就不难体会多种组织、机构和行业对于自然都有话要说。正如我在序言中所提及的，这些组织、机构和行业包括报纸、电影、电视节目、畅销书、商业、政府、法庭、慈善机构以及独立智库。除了学术界，专家权威、新闻工作者、自由撰稿人、环保人士和律师（以及其他方面人员）在其讨论之中也屡屡涉及自然。他们共同产出持续不断的信息，其中既有何为自然的信息，又有如何恰当使用、控制或者改变自然的信息。每一周的每一天，关于自然的浩如烟海的知识都在全球不同社会内部及其相互之间沟通、交流和传播。作为个体，我们在一生之中必然会接触到特定的关于自然的混合知识。显而易见，我们对于自然的理解，会受到以上诸多知识产出者为我们提供的关于自然的“事实”和“标准”的巨大影响（参见框图 1.2）。

## 框图 1.2　自然的知识

在某种层面上，我们全都是自然知识的产生者与使用者。然而，“知识”的含义是什么？某些时候，知识的定义有别于“观点”，但在本书中，我采用了较为宽泛的视野。知识指的是可以通过口头、书面或者绘画表述的所有形式的理解。换言之，知识关乎我们如何向自己和他人呈现我们生活于其中的世界。我们通过观察、与他人互动以及参与物质世界来获取知识。知识会随时间和空间的变化而变化，或快或慢，因环境而定。通常来看，知识或多或少以建立的知识体系的形式存在，为不同人群共同拥有。采用这一广义的定义，我们得以做出若干有用的区分，可以帮助我们更好地把握知识的特征。首先，所有知识都具有起始点（一个或多 13
个）、所指对象（一个或多个）以及受众（一个或多个）这三个要素。第一个要素，指的是对特定的知识体系或者知识主张加以传播的机构、组织或者个人。知识的所指对象指的是知识主张或者知识体系中所指称的特定事物。所指对象可以是具体事物，也可以是其他知识体系。知识的受众指的是关于世界的特定表述的目标接受者。事实上，他们是知识的“消费者”。起始点、所指对象和受众这三个要素，帮助我们区分知识体系。其次，我们能够区分默认的（或者想当然的）知识与正规的（或者外显的）知识。前者指的是深植于内的知识，即“常识”。尽管这类知识能够以正式的方式提供清楚的表述，但却罕有必要明确讲出。后者指的是被清晰明确地表述的全部知识，具有复杂性、新颖性、专业性。默认知识和正规知识所存在的分野，与外行（或者地方）知识及专家（或者技术）知识之间的差异，二者紧密相关。后者是供特定目的使用的高水平的知识，具有特定的目标受众。技术性知识通常具有知识的产生者与消费者的排他性。

我之所以提及上述种种，出于两个原因。第一个原因在于，非常重要的一点是，应明确地理学者所产生的对于自然的理解，以及其他专业学者对于自然的理解，两者必定存在某种意义上的竞争，并与多种多样非学术组织产出的关于自然的知识存在竞争（参见图 1-2）。乍一看，这是一个奇怪的主张，可能会让学生读者大吃一惊。归根结底，你可能会认为关于自然的学术知识相对客观，其他机构所产生的自然知识则比之不及。事实上，某些非学术知识显然是虚构的幻想，如电影《侏罗纪公园》中展现的超自然的世界。

14

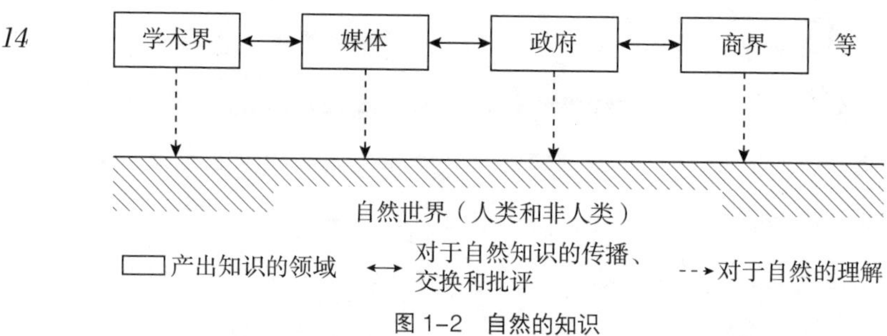


图 1-2　自然的知识

基于此，人们可能会认为，对于自然的学术理解是“特别的”，因为它们着眼于客观性，并努力实现客观性，而非学术组织通常仅仅使用和报道学术研究者所公布的有关自然的“事实”或者“真相”。意即，这些组织不过是“转述者”，要在学术界对于自然世界之理解的圣坛前躬身。

但是，生活绝非如此简单。来自相同或者不同学科专业的研究者，可能对被视为完全或者部分自然现象的分析存在根本性差异。全球变暖是当今研究的焦点。一些大气科学家仍然坚持认为，未经管控的大气污染物排放会加重自然存在的“温室效应”。另一些则完全不同意全球变暖是由类似的效应所导致的。学术争议搁置一边，非学术组织往往具有自己的计划，或者通常必须对学术研究者产出的复杂信息加以简化。一个广为人知的例子是阿帕德·普兹泰（Arpad Pusztai）所开展的研究。普兹泰因为研究转基因（GM）食品的影响而在 1998 年成为新闻头条人物。正是在这一年，英国时事节目《世界动态》（*World in Action*）爆出，普兹泰未经发表的研究结果表明，以转基因马铃薯为食的小白鼠出现了非同寻常的生理变化。意料之中的是，反对转基因食物的多个环保组织揪住普兹泰的研究结果不放，而支持转基因技术的游说者则试图贬低他的研究方法甚至人品（参见框图 1.3）。简而言之，普兹泰的研究成为一个战场，不同的利益群体对他的研究发现有选择地加以利用和描述。而且，我要提醒大家，“专家知识”的合法性近年来受到了公开质疑。

### 框图 1.3　“普兹泰事件” 15

1998 年，因为阿帕德·普兹泰所开展的研究，转基因食品的安全性成为英国全国瞩目的问题。普兹泰的研究团队隶属于苏格兰罗威特研究所（Rowett Institute），他们喂实验小白鼠转基因马铃薯，希望能够确定与以非转基因马铃薯为食的小白鼠相比，转基因马铃薯会对其产生何种生理影响。当实验结果最终在 1999 年发表于知名医学杂志《柳叶刀》（*Lancet*）上时，该团队向读者展示出两组不同的实验小鼠在肠道内部黏膜和器官大小上存在差异。对于某些人来讲，这些差异意味着转基因食品会导致健康问题。关于上述健康顾虑，普兹泰本人实际上已经在 1998 年以相当正式的方式加以表达：先是在新闻节目《新闻之夜》（*Newsnight*）的访谈中（在 BBC 二台播放），后来是在时事节目《世界动态》中。在这些电视节目中露面时，普兹泰表达了他的顾虑。他指出，人类食用转基因食品可能并不安全，并推测生物技术公司把人们当成了未经验证的食品的试验品。这导致普兹泰的雇主解聘了他：一是出于生物技术公司的强烈抗议，二是由于英国科研机构的成员 [ 如政府首席科学家罗伯特・梅爵士（Sir Robert May）] 对普兹泰的诚实与正直提出了质疑。争议集中于普兹泰所开展的研究的质量，以及能否基于这一项针对转基因食品开展的研究得到可以推而广之的结论。转基因食品的既得利益者极力贬低普兹泰的发现的真实性；而对转基因食品持怀疑态度者，则支持与捍卫普兹泰的研究。因为"普兹泰事件"得到媒体广泛关注，英国公众对转基因食品的安全性开始变得顾虑重重。英国政府最终被迫告知公众，需要对转基因食品的健康和环境影响开展更为适当的科学研究。与此同时，普兹泰作为科学家的声誉也在 1998—1999 年事件中受损。但是，他之所以值得被人们记住，不是因为他开展研究的质量，而是作为揭发者所拥有的勇气，这对英国公众对待转基因食品的态度产生了巨大影响。

16 再以英国为例。20 世纪 90 年代初期，疯牛病（BSE）爆发。这是一种感染性的神经退行性疾病，也可导致人类感染克雅氏病（CJD）。1993 年之前，大约有 10 万头农场动物发病。在大学工作以及为英国政府工作的动物生物学家对这两种疾病的发病原因及治疗方式相当自信。他们同样自信地认为，被疯牛病感染的肉类不会导致公共健康风险，尽管政府已经采取了措施把这类肉从食物供应中撤除。基于科学的权威性，英国政府制定了疯牛病管理与消除的政策。到了 1996 年，人们发现这一政策可能建立在错误的观念之上。截至当时，那些被忽视的或者边缘化的科学研究指出，已有多达 50 万人因食用被感染的牛肉而患上了克雅氏病。英国政府试图通过把科学知识描述成“可信的”和“真实的”来使其制定的政策合法化。但这带来了适得其反的结果，不仅导致英国肉牛产业的崩溃，而且公众也对专业科研人员的能力失去了信心，认为科研人员无法提供确定无疑的科学真相，仅能提供假设和猜想。[8]

接下来，我来解释对生产自然知识的多个领域加以强调的第二个原因。**避免把自然知识与这些知识所涉及的“自然”事物相互混淆，这一点至关重要**。知识与知识所描述的世界之间的关系，是数代哲学家所努力揭示的。在此，我们只需要明确，如果没有关于自然的知识，我们永远无从真正知晓这些知识所描述的自然。并不是说，我们只能通过对自然的正规叙述和精神理解去领会自然，触觉、声音和气味同样无比重要。然而，实际情况依然是，我们运用隐性知识和显性知识来组织我们自身对于被归类为“自然”的现象的参与。简而言之，并不存在任何脱离理解框架的对于自然世界的非媒介方式进入。这些框架组织起个人以及群体看待自然的方式，并划定自然（世界）在何处终止，反自然、非自然或者人工（世界）从何处开始。

某些读者可能会反对，并认为若干对自然世界的理解是相对直接且没有任何中介的，意即并未受到任何既定的理解框架的干扰。例如，他们可能会指出，农民最初关于土地和作物的知识完全来自经年累月的躬身劳作。同样，他们还会指出，孩童对于自己的身体能够做什么的渐增的认知，一部分是来自在花园和公园中的玩耍嬉戏。尽管这些例子看上 17
去很有说服力，但我还是要用两个观点来反驳。其一，即便是辛苦劳作的农民和渐渐长大的孩子，也是在一定程度上通过家庭、父母或者其他人所传递给他们的知识来认知自然的。其二，我们所认为的对于自然的认识，实际上大部分并不是通过亲眼见、亲手触碰或者亲身经历得来的。更多时候，我们是被前文提及的所有产生知识的机构和专业人员告知自然“实际上是什么样子”的。例如，我本人并未亲自到过任何一条冰川。但是，我是否知晓冰川是什么以及冰川如何运动？答案是，我只是通过自己所接受的地理教育以及偶尔看到的电视纪录片为我传递的知识来理解冰川的。出于信任，我接受了这些知识，认为传递给我的知识就是对“真正的冰川是什么样子”的清晰呈现。换言之，我对于冰川的理解来自“二手的非经验”。

广义上看，知识是经由传承、同化和学习获取的，并成为我们自己与自然之间的滤镜，不管所论及的自然是非人类世界，还是人类自身之自然（参见图 0-1）。必须提醒大家注意，关于自然的知识（以及全部知识）呈现出三种形式。认知型知识就何为自然（非自然）提出主张，它们寻求对人们所谓“自然”之事物加以描述并做出解释。道德型（或者伦理型）知识，正如其名称所表达的，涉及就人们对所谓“自然”的事物的所作所为（以及无所作为）的正当性进行价值判断。审美型知识则试图就所谓“自然”中的那些美丽的、令人振奋或者愉悦的事物为人们提供引导。审美型知识较少涉及何为“好”“正确”和“公正”（这是道德型知识的三要素），更多关乎陶冶性情以及令人得到感官满足之事物。还需要指出，道德和审美的知识呈现出两种形式，即描述性知识和规范性知识。前者是当前已有的道德与审美知识，在社会上已经取得了一定的认可；后者则就未来我们应遵循的道德与审美知识的类型提出建议。规范性知识通常是批判性、描述性的知识，以及它们所许可的做法。我们也应注意，道德型知识（以及某些审美型知识）有时候是由人从认知主张中所“读取”（read-off）的。例如，在丹尼尔的故事中，丹尼尔和他的妈妈认为其父亲对于父子关系的主张是不合法的，因为缺少血缘关系。表 1.2 对上述内容进行了归纳。

表 1.2　知识的类型 18

| | 认知型 | 道德型 | 审美型 |
|---|---|---|---|
| 描述性 | √ | √ | √ |
| 规范性 | | √ | √ |

最后，在分析上述种种与地理学的特定关系之前，我想谈谈何为所谓的“知识的物质性”。人们对于知识持有一个普遍的观点，即与这个世界上诸如砖头和砂浆等具体的物品相比较，知识并不那么“实实在在”。与通常被认为更加“真实”和有形的物质世界相比较，知识通常被视为“无形的（非物质的）”。对此，我并不能苟同。我认为，知识与它所涉及的事物一样，都是有形的。这并不是说知识与知识所涉及之事物完全等同。如果这样，知识就会失去其相对的自主性。对于特定的知识，只要人们相信它是合法、真实、有效的，它就会产生有形的影响。你只需回顾一下思想史，就可知晓这一点不言而喻。例如，在查尔斯·达尔文（Charles Darwin）的《物种起源》（*The Origin of Species*）一书出版之前，人们普遍相信地球上的生命是由神创造的。差不多 150 年之后，进化论就或多或少取代了神学视角。我特别提到“或多或少”，是因为即便在今天，仍有人坚信上帝创造万物（creationist）。例如，美国的进化论者与数个宗教团体在过去 10 年中展开了激烈的辩论，后者宣称所有生物都具有神圣的起源。这样的辩论甚至被提交到了法庭，双方都寻求自身合法权利的保护，要求停止在学校教学大纲中使用对方的观点开展教学。诸如此类的法律冲突，揭示了如果特定的知识寻求公共领域的合法性，会把我们置于危险境地。关于自然之知识，其来源、含义、所指对象与受众千差万别。这些知识共同且实质性地界定了我们对于无数被视为自然之事物的理解、态度及加诸其上的实践。简而言之，一些

特定的知识在某个社会（或者其中一部分）里受到追捧，另外一些知识则被边缘化，这样的竞争本来就是高风险的。有人认为，这样的竞争让知识具有了霸权（参见框图 1.4）。

19 **框图 1.4 霸 权**

根据《牛津英语词典》的定义，“霸权”组织、机构或者个人指的是“凌驾于人的发号施令者”（rules supreme）。然而，这一定义并未准确把握“霸权”一词之含义。这个词与名为安东尼奥·葛兰西（Antonio Gramsci）的意大利马克思主义者的著作具有最为密切的关联。1928—1935 年，葛兰西被意大利法西斯政府监禁。被关押在牢狱期间，他反思了公民是如何同意组建了这样一个政府的：后者不但剥夺了他们的自由，而且对其生活中的许多方面产生了不良影响。他开始相信，在一个社会中，强权的组织并非通过强制或者胁迫站稳脚跟，而是通过说服与同意。对于葛兰西而言，霸权描述的是一个过程，即社会中的主要派系把他们的信念和价值表述成有益于整个社会的存在。随着时间的推移，这些霸权的思想不再仅仅凭借无休止的重复（在媒体上、在学校里、在政治性发言中等）立足，同样还通过政策与机构展现。葛兰西认为，霸权观念最终成为普罗大众的“常识”，霸权也因此成为有效的控制工具。继葛兰西撰写《狱中札记》之后若干年，马克思主义文化批评家雷蒙·威廉斯观察到，霸权是“由意义和价值构成的有生命的系统（lived system）。它是由不同部分组成的（constitutive），又是其他系统的组成部分（constituting），在实际经历的时候，就如同在往复不断地加以巩固和确认”（William，1977：110）。这与自然的知识有何关联呢？一方面，答案是“关联并不很多”。众多关于自然的知识根本不能够被指称为对人甚或对非人类世界进行控制的工具。另一方面，因为自然是我们集体的思想与实践之中如此兼容并包的所在，对自然加以理解的方式显然就无比重要。关于自然的霸权思想，指的是那些在一切社会之中被或多或少视为“理所当然”的关于人类本性和非人类世界的普遍理解。这些思想拥有自身的历史学、地理学与社会学。换言之，这些霸权思想始自某人或者某组织，随后蔓延传播，影响到更多的人，并且 20
在一定程度上反映了传播这些观念的人的目的。例如，对种族主义者而言，他们坚持与白种人相比较，有色人种“天生智力低下”。如果借助某些权威对上述观点加以确认，这些信仰又会取得更多的佐证。举个例子，20 世纪 90 年代中期，美国颇具争议的《钟形曲线》（*The Bell Curve*）一书，试图为智力商数（IQ）随着人的种类（即“人种”）的不同而变化这一观点提供科学证据（Hernstein and Murray，1996）。当然，在当今的西方国家中，白人比非白种人更加聪明这一观念不再是霸权思想，然而，毫无疑问，它曾经的确就是。现在之所以只有少数人重视这一观念，是因为它被曾经的反霸权思想成功地挑战了。一旦足够多的人信服它们的正确性，这些反霸权思想（比如，非白种人之所以在 IQ 测试中的表现不如白人良好，是因为他们受教育程度偏低）就开始占据主导地位。然而，如果相信反霸权思想总是比其所反对的霸权思想更为客观以及更少“偏见”，那也是错误的。毋庸置疑，所有霸权思想都反映出阐释这些思想的人的目的、目标和宗旨。

来源：Gramsci，1995；Johnston et al.，2000；Williams，1977。

## 三、自然与地理

在前文中，我已经就关于自然的知识有所阐述。接下来，我想阐明的是，自然的含义绝非仅仅是“物理环境”。现在，我们就来讨论由专业的地理学者所产生的特定知识。讨论的起点在于，把对不同类型知识的讨论运用于地理学。解决这一问题后，我们就可把关注点放在地理学者关于自然的知识上，而非泛泛谈论其知识之本质。

21 **活动 1.2**

请阅读框图 1.2 以及前面的内容，其中有对认知型、道德型、审美型知识和描述性、规范性知识的定义。读后请回答以下问题：地理学者在其研究之中产生并通过教学和外部活动传播的是哪种类型的知识？

你的答案是什么？很可能在阅读了框图 1.2 之后，你会认为地理学者是为包括学生、其他学者以及政府部门等外界组织在内的受众所提供的正式和专业知识的生产者。倘若如此，那你可能得改改了。例如，人文地理学者的非均衡发展理论，并不算是隐性知识，而自然地理学者开展的卵石河流研究，并不打算供公众消费。前文所讨论的五种知识类型的情况又是如何呢？你极可能会准确地判断出地理学所产生的大部分是认知型知识。但是，你是否知道，地理学者同样会提出道德和美学主张，并且它们通常是以规范性知识的形式呈现的？例如，一些人文地理学者就空间不公（与同一国家的其他地方相比，人们在某一地区获得的卫生保健条件较差）撰写著述，还有一些学者研究了我们对于特定景观的情感依恋。总之，专业的地理学者产出了多种类型的较高水平的正规化知识（formalised knowledge）。简而言之，我们可以说，地理这个学科所生产的大部分知识是认知型知识，但人文和环境地理学者同样会生产出相当数量的道德型知识，人文地理学者也会生产出不容忽略的审美型知识。对于普遍而论的知识的讨论，到此为止。关于地理学以及自然的知识情况如何？我在前面提及了地理学的学术起源，认为地理学是在导致对世界的专业理解出现分异的“马其诺防线”上架起桥梁的学科。我同样观察到，随着时间的变化，英语国家的地理学越发分为两半，“中间部分”则日趋衰微。后文中我将对这两半再做解释，现在我要谈谈“中间部分”。它的确可能出现收缩，但绝对不会消失。环境地理学者所探究之“自然”，已经通过其名称得到了准确表达，即物质环境（我们 22
对于自然的第一个定义）。但是，如果环境地理学者对自然开展研究时面面俱到，那他们与其他环境研究者和教师也并无不同。因此，关于环境地理学者如何审视环境，还需补充的要点是：（i）与人对自然特定的解释和使用相关联；（ii）以一种综合的且相互联系的方式。他们并非在开展“纯环境研究”，通常而言，他们也并非表面意义上的专家。相反，他们对一切事物（从人对环境公害的认知到土地利用实践，再到龙卷风等）如何在特定的时间和特定的地点结合，并产生灾难性或者良好的后果开展研究。这种类型的“人—环境”研究可追溯至乔治·帕金斯·马什（George Perkins Marsh）的著作《人与自然》（*Man and Nature*，1864），而且被比尔·亚当斯（Bill Adams，一位英国地理学家）和比利·李·特纳二世（Billie Lee Turner II，一位美国地理学家）等学者延续至今。某些环境地理学者在研究事物时，更倾向于从物质方面出发[如安德鲁·古迪（Andrew Goudie），著名的干旱地区研究专家]，另一些则更倾向于人的方面[如蒂姆·奥里奥丹（Tim O'Riordan）和苏珊·卡特（Susan Cutter），他们都对环境管理感兴趣]。然而，其共同担负的使命在于揭示人类社会与环境之间的相互关系。如果说环境地理学者是“专家”，那他们要么是区域性的专家（就其所开展研究的区域而言），要么是关于特定自然灾害或者自然资源的专家。大部分情况下，这些地理学者把他们所接受的广泛的知识培训与对社会和自然过程如何相互作用的细致把握结合在一起。尽管大部分环境地理学者研究的是当前的问题，却也有相当多的人把视野放到了更为长远的历史背景之中。

也有一些地理学者倾向于在当代或者历史的背景之下，就自然世界和人类世界独立开展研究。西方地理学成为一个“分裂的学科”，其原因我将在第二章进行分析。这样做的优势在于，环境地理学者能够由此成为专家，而非屡屡被人们所认为的那种“万金油”。目前，自然地理学包括以下分支：地貌学、水文学、气候学（包括气象学）以及生物地理学（包括土壤学）。第四纪研究逐渐被视为自然地理学的第五个分支（参见图 1-3）。总体而言，自然地理学是一门“实地研究学科”或者“地球科学”，通常开展的是“纯粹的环境研究”以及若干应用研究。

23

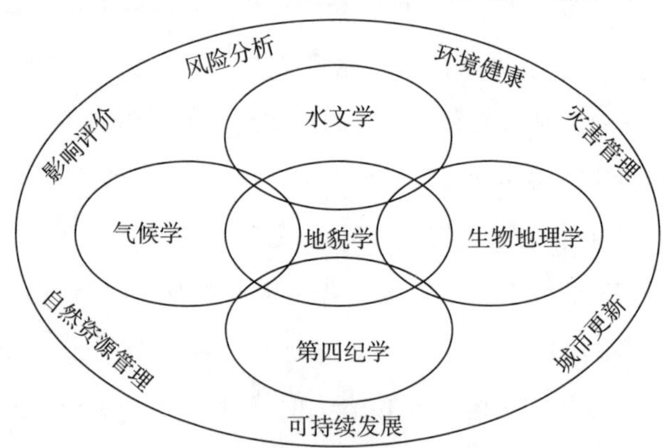


图 1-3 多学科和问题导向性主题的语境中自然地理学的五个相互重叠的分支学科[①]

换言之，自然地理学的研究对象是过去和现在的“真实环境”。它把人的要素排除在外，并经常寻求适宜的方法去管理或者改变这些环

① 援引自 Gregory et al.（2002）。

境。相反，人文地理学把绝对的焦点放在人类世界上，主要的分支包括经济地理学、社会地理学、文化地理学、发展地理学和政治地理学；从空间上看，则包含城市与乡村这两大领域（后者又包含农业地理学）。实际上，这是地理学分裂特征的表现，即大多数专业地理学者都为自己加上了自然地理学者或者人文地理学者的标签，然而攻读地理学位的学生通常还在使用同一名称。如果你回顾一下著名的人文地理学家和自然地理学家所开展的工作，其差异更是天壤之别。例如，尼尔·史密斯（Neil Smith）和奥拉夫·斯雷梅克（Olav Slaymaker），他们都堪称同时代地理学家中的佼佼者。但是，前者是马克思主义者，研究领域是非均衡发展理论，后者则是河流地貌学家！正如他们所说，“二者水火不容”。

这一切究竟和自然有什么关系？我的回答是：事情绝对不像眼睛看到的那样简单。表面上看，自然地理学者是本学科关于自然的知识最重要的生产者。毕竟，他们关注的是环境过程和形式。相较于环境地理学者，自然地理学者是一个更为庞大的研究群体。与环境地理学者相同， 24
自然地理学者所研究之“自然”，也正是这一术语的第一个含义：非人类的世界。与实验科学（laboratory sciences）不同，自然地理学者对于理解自然做出了卓越的贡献，他们针对动态的真实世界环境开展研究。如果需要，他们会从自然科学（如化学、物理等）中借用法则、理论和模型，并把它们应用于“真实的情景”（live settings）之中。

这听上去不错。然而，就此断定只有自然地理学者和环境地理学者研究自然，而人文地理学者却关注其他事物，这并不准确。可以肯定的是，人文地理学者并不以直接的方式研究自然环境。换言之，与“人文地理”这一名称差不多，人文地理学者的研究并不对非人类世界如何“真正运行”寻求理解。越来越多的人文地理学者开始对社会中不同人群如何解释环境感兴趣。换句话说，他们所分析的是那些在真实世界的全体和组织内部或者相互之间传播的关于非人类世界的知识。以布鲁斯·布劳恩——他曾与我合著过几本书——所开展的研究为例，他的著作《无节制的雨林》（*The Intemperate Rainforest*，2002）分析了自 19 世纪中期英属哥伦比亚省成为英国殖民地以来，关于该省的森林设定中认知的、道德的和审美的“框架”发生冲突的情况。他所关注的并不是森林生态学的细节，比如说，皆伐方式所具有的环境优缺点。他的研究兴趣在于，争夺决定同一块林地命运的控制权的若干团体数十年来如何以不同的方式对其进行解释。他的问题是：哪些人以何种方式、出于何种目的对这片森林加以定义？[9] 在某种意义上，布劳恩等人文地理学者生产的是关于人们的环境知识的知识。这一类型的研究拥有悠久的谱系，尽管其所使用的理论和方法发生了显著变化。例如，早在 1947 年，地理学者 J.K. 怀特（J. K. Wright）就讨论过想象力在人类理解物质世界的过程中所发挥的作用。

当然，思想影响着人类的实践，但是后者却不能被视为与前者等同，或者完全由前者决定。我之所以特别提出这一点，是因为另有一些人文地理学者已经就不同的社会组织形式如何导致对环境的不同实践参与表现出浓厚的兴趣。这些地理学者研究的是，关于经济、文化、社会或者政治活动的特定组织方式会产生何种特定的环境后果。与环境地理学者不同，这些研究者并不从地球物理学或者生物化学的深入细节上去探讨后果，而是研究导致这些后果的人类行为。例如，我的同事加文·布里奇（Gavin Bridge）所开展的研究。布里奇关于现代采矿业和林业开展的研究，表明了在独特的资本主义经济制度下，这些产业会采用特定的采矿和木材管理方式，从而导致特定形式的环境破坏（Bridge，2000）。

人文地理学者的贡献远超于此。请回想关于自然的第二个定义，即某事物之本质，这样我们就有可能识别出人文地理学者对自然开展研究的另外两种方式。首先，与自然环境相同，所有的社会、经济、文化和政治都具有其本质。在这里，这个词的含义是明确的“特征”或者运行方式。在这种更为广义的解析中，人文地理学者研究的是社会、经济、文化和政治的过程、行为、事件的空间“自然（本质）”（the spatial “nature”）。同样，自然地理学者和环境地理学者也对第二个定义所指的自然开展研究，他们所关注的分别是环境之“自然（本质）”和社会—自然关系之“自然（本质）”。但是显而易见，这一事物本质的宽泛定义，会让我们与本书所关注的主题相去甚远。采用这一定义，会让《自然》成为罗列地理学者一切言行的书！

但是，自然的第二个定义对于我们理解当代人文地理学者所开展研究的“本质”（nature）大有裨益。回顾一下，这一定义指的是人类作为一种生物，具有与非人类世界同样的自然本质。近年来，人文地理学者对上述“自然（本质）”是否存在以及以何种方式存在提出了质疑。与医学和心理学领域的研究者不同，若干人文地理学者向我们表明，我们所谓之（身体的和精神的）“人类自然（本质）”，并不仅仅是自然的（或天然的）。《穿越身体的地方》（*Places Through the Body*；Nast and Pile，1998）、《主体映射》（*Mapping the Subject*；Pile and Thrift，1995）以及《身体 / 空间》（*Body/Space*；Duncan，1996）等著作，都对此提出了异议，即我们的身体和精神的“本质”是与社会无关的，是“天然的”和“固定的”。实际上，他们是在努力把那些看上去是自然的东西进行“去本质化”。去本质化的目的，正是表明，看起来本性固定的东西是能够发生变化的，或者并非真正像看上去的那样固定。这种做法饱受争议，因为众多著名思想家，如神经科学家史蒂芬·平克（Steven Pinker，2002），相信人类拥有本质，这有助于解释人类如

26 何成为当前所成为的人类。相反，另一些人文地理学者认为，关于人类本性的思想有待“解构”（de-constructed），而非按照其外表进行判断。在后文中我们会看到，这一点在人种、性别和性的关系方面表现得更为明晰。在这一语境下，对于人种、性别和性进行解构，其实是表明它们是建立在生物决定论的可疑的概念之上的。除此之外，有些人文地理学者认为，个体所处的特定社会关系和“结构”，会对其一生的生理和心理状态产生实质性的影响。也就是说，某人的身体和精神之“本质”，无法单纯从生物学角度被理解（比如，把人视为遗传基因的产物）。只有把人放置于更为宽广的社会网络之中，剖析其带来的影响，我们才能对其加以理解，因为这些网络从心理和生理上塑造着人。

这种类型的人文地理学研究，事实上与环境地理学者和自然地理学者所开展的研究相去甚远。无论是从非人类世界的意义上研究自然，还是从“事物之本质”的意义上研究自然，人文地理学者都致力于把在惯常情况下被视为完全或者部分自然的事物进行去自然化。这些地理学者对自然加以评价，并做出道德的和审美的主张（不仅限于认知层面）。他们往往以规范的模式进行，做出关于其分析对象之判断。当发现竟然有地理学者在研究非人类自然的同时还在研究人类本性的时候（即便他们是以批判的非自然主义的方式开展研究），青年学生读者不免讶异。但是，这并非像其表面所呈现的那样与“地理学传统”发生了背离（Livingstone，1992）。正如我将在第二章中所涉及的，早期地理学者的“尝试”已经被扩展到对人类本性加以解释。在为学生撰写地理学发展史的时候，地理学者通常会遗忘这一点。最初，地理学者希望在某种解释框架之中把自然环境、人类社会和人类本性联系在一起。一个世纪之后，我们经历了一个圆满的轨迹，只不过发生了一个扭转。正如本书后文所列，时至今日，自然地理学者和环境地理学者都避免论及人类本性（他们通过关注物质环境来取而代之）。与此同时，有一群批判（或者左翼）人文地理学者希望如同他们的前辈一样讨论“人类本性”。其重要的区别在于，他们希望以一种去自然的方式加以讨论，从而使得我们通常所称之“人类本性”，并非如同其表面意义那般“自然”（参见框图 1.5）。

### 框图 1.5　去自然化、解构和去本质化 27

在本书（特别是第三章）中，我会使用一系列词汇表达对“自然现象是自然的”的怀疑。其中，最常见的一个是“去自然化”（de-naturalisation）。在本书后面各章中，去自然化含义有二。其一，意味着对那些看起来或者被判定为“自然的”事物重新分类，并表明其事实上具有社会的、文化的和经济的特征（或者是社会、文化和经济行为的结果）。其二，意味着拒绝参考预设的“自然”性质对任一现象的特征进行分析（比如，拒绝按照性别解释某人的智力）。“解构”是更为专业的词汇，通常与被称为“后结构主义”（post-structuralism）的理论体系相关。在本书中，我使用该词是出于对后结构主义理论精神的尊重，并非囿于其字眼。此处，它指的是试图揭开在关于自然是什么、自然如何运转、自然做了什么以及应当如何对待自然的任一特定主张之下的“征兆性沉默”（symptomatic silence）的一切努力。征兆性沉默指的是那些有助于确定某种知识主张的含义的观点、假设或者信仰“缺席在场”，且看上去也不会出现。例如，在第三章中，我们会看到环境保护主义者如何把加拿大的克里阔特湾（Clayoquot Sound）视作未经驯服的荒野，认为它有待保护。这一说法表面上看无可指摘，但问题在于，当地的原住民被表述为与荒野地“合而为一”（being “at one”）。这一观点反映出的是一种欧洲人和美国人持有的浪漫信仰，他们相信原始自然环境具有“教化”之力。把环境保护主义者对克里阔特湾的表述进行解构，就能够表明其表面上的稳定性与显著性实际上是依附于自然与文化之间、传统与现代之间，以及乡村和城市之间的文化偶然差异的。最后，去本质化与本章前文所述的“自然”具有的三个含义中的第二个相关。去本质化是去自然化的一种特定的形式。它所质疑的观点是，一切特定的现象都因其自然赋予或者确定的属性而具有特定的和“本质的”特征。

28 总而言之，关于自然的地理学研究早已经扩展到自然环境之外，人文地理学者和自然环境地理学者都参与其中。尽管看上去浅显，但地理学者对自然的研究，基本上是围绕着我在本章开篇讲述的七个故事所呈现的大部分问题开展的。也就是说，我们就地理学和自然所进行的讨论并不完整。细心的读者也会发现，本节根本未曾提及自然的第三个定义。所以，请允许我在此处对本章加以总结并进行些许补充。把自然本性解释为“固有力”听起来无比抽象，甚至是超自然的。换言之，地理学者似乎对此并不感兴趣。然而，外观可能具有欺骗性。首先，很多自然地理学者对创建了从河流到冰川的自然世界万事万物的固有力无比感兴趣。它们绝不抽象，也并不是超自然的，这些固有力包括重力、能量守恒和熵增原理等。这些力主要由专门科学（specialist sciences）开展研究。自然地理学者已经撰写了一系列著作来列明和解释他们所研究的相关自然力（Bradbury et al.，2002）。就研究和教学而言，引发自然地理学者兴趣的，往往是这样的力与真实世界的时间和情景相结合的特定方式。对于环境地理学者来说，情况略有不同。简而言之，对于自然力的理解更像是他们“背景知识”的一部分。自然力与他们的研究相关，但环境地理学者并不会像自然地理学者那样对此进行深入的理解和把握。对于人文地理学者而言，情况则完全不同。显而易见，人文地理学者不会对熵、重力等太感兴趣（可能在将其作为隐喻的情况下除外），但是，他们却对特定的人把自然作为“固有力”加以呈现的方式感兴趣。例如，2001 年，57 岁的英国妇女琳恩・贝赞特（Lynne Bezant）经由体外受精的方式怀孕了。按照一位批评者所言，这是一个“偏离自然之线路”的错误（Weale，2001：3）。若干人文地理学者却并不从其表面来看待这种批评，他们关注的不仅是谁提出了批评，还会分析这样的批评为什么以及以何种方式把自然牵扯其中。他们可能会探询，这种把自然表述为一种力量，认为如果忽略了这种力量，人类就会处于危险之中的观点目的何在（参见表 1.3）。

表 1.3　地理学和自然研究 29

| | 地理学的分支 | |
|---|---|---|
| 自然的意义 | 自然地理学 | 人文地理学 |
| 非人类世界 | √ | √（关于非人类世界的观点和对其进行的改变） |
| 事物的本质 | √ | √（对身体和心理“本性”产生影响的观点和实践） |
| 一种固有力 | √ | √（把自然视为固有力的观点） |
| | 环境地理学 | |

## 四、未选择的道路

本章涉及内容甚多。然而为了使读者充分理解本书的结构和目的，我们还需继续展开。以我的认识，与其他学科相比，地理学对理解自然所做出的贡献卓尔不同。这主要出于两种原因。首先，地理学者针对“自然”一词的三重含义所涵盖的现象开展了范围异常宽广的研究。与相对专门化的学科不同（如化学），从善待动物组织等机构做出的道德主张到为何冰川沉积形成冰碛，地理学研究一切事物。其次，尽管只有环境地理学者付出了积极的努力，把关于自然的社会科学和自然科学相互结合，但所有地理学者都为自然提供了社会科学、自然科学以及人文科学的视角。换句话说，在对自然开展研究的时候，地理学者采用了多种“范式”，或曰分析框架（参见框图 1.6）。其中一个重要原因在于，“自然”的名称之下地理学者所研究对象的广泛程度，正如上所列。例如，针对城市热岛进行研究所使用的方法，肯定与研究为何在北美的想象之中“荒野”的思想如此根深蒂固所使用的方法有所不同。

在这一点的引领之下，我们得到了第三个观察发现。在提及自然时，地理学三个主要的研究和教学群体之中存在明显的相互无视。换句话说，因为他们以截然不同的方式关注自然中如此不同的方面，所以人文地理学者对环境和自然地理学者的研究通常所知甚少（反之亦然）。

30 **框图 1.6　范　式**

“范式”一词，与著名的科技史学家托马斯·库恩（Thomas Kuhn，1962）相关。范式的定义是“某一学术群体惯常认可的研究假设、程序或发现，它们共同确定了（研究）……活动的一种稳定的模式”（Johnston et al.，2000：571）。按照库恩的认识，任一学科的学者都可以按照他们所认可的范式加以识别。这也就意味着，任一特定研究人员对世界开展研究的方式，都经由范式加以组织，包括研究人员的哲学信仰（也就是他们关于事实本质的假定以及他们以何种方式逐渐了解现实），以及他们所采用的特定的定律、模型和理论，所倾向使用的特定的研究方法，所提出的研究问题的类型，所选择研究的真实世界中事物的类型。

在地理学中，20 世纪 80 年代，人们就范式观点能否以及以何种方式帮助我们理解地理学者开展的工作进行过大量争论。我并不想在此赘述上述争辩。我只想通过“范式”一词，启发学生读者达成以下两点认识。其一，范式通常具有库恩所说的“不能相互比较”(incommensurable)的特点。换言之，范式是不同的“世界观”或者“语言1”，无法被轻易转译。这也就意味着，在所有学科（如地理学）内，人们都能发现不同的学者经常以截然不同的方式对世界的同一个方面开展研究。其二，从原则上讲，在某个特定的时段里，某种范式会在一个学科中占主导地位。然而，同样确定的是，在人文地理学的研究之中，没有任何一个范式是始终占主导地位的。尽管人文地理学通常被视为“社会科学”，但并不意味着这一领域始终由某一种科学方法主导。相反，人们会发现，从马克思主义到女性主义，到更为科学（或者“实证主义”）的视角，它们始终相互竞争着，以取得主导权。在自然地理学中，情况有
所不同，有得到认可的大致来说“科学的”方法，但却远远不能 31
达成完全一致（参见第四章）。环境地理学又有所不同，因为它总是会把来自这一学科两大分支[1]的范式研究实践加以混杂和配合使用。

来源：Kuhn，1962；Johnston et al.，2000；Johnston，2003：12-25。

我可以肯定地说，地理学绝非个例。大部分其他学科也是由若干学术群体组成的，他们彼此之间所知甚少。本书的目的之一，在于从一定

① 即人文地理学和自然地理学。——译者注

程度上祛除这种漠视，尤其是在地理学专业学生之间存在的忽视与无知——既包括在“自然”这一醒目标题之下地理学家所研究的事物的范围上，也包括在理解事物所采用的不同方式上存在的忽视和无知。

那么，我会通过何种途径实现这一目标呢？答案显而易见：我将在接下来的章节中竭尽全力对地理学的三个分支展开讨论（环境地理学、人文地理学和自然地理学）。尽管我是一名训练有素的人文地理学者，但如果仅谈及人文地理学，那么《自然》将会是一部软弱无力的书。当然，我同样不会把我的讨论局限于地理学者针对环境开展的研究上（也就是自然的第一种含义）。另一个不大明显的方法是，我对于本书主题的展开，涉及对地理学者就自然的不同方面开展研究所采用的各种方式和所有方式的详细解释与罗列。举例来说，我应当对自然地理学的各个分支加以分析，当然也应当对人文地理学的多个分支进行分析。鉴于这种方式完全不可取（并会让本书陷于冗长拖沓和晦涩难解的境地），我退而寻求一种更为简约的撰写方式。我采用的方法是，辨识出不同领域地理学者研究和理解自然所采用的方法的基本差异与共性。换言之，我并未用任何一章来解释人文地理学者、自然地理学者和环境地理学者分别以何种方式研究自然这一主题（当然必须承认，我在全书中讨论了他们各自的贡献），但是，我辨别了这三个研究和教学领域内部和彼此之间的广泛相似性和差异性。我正是基于这些差异与共性组织了本书后面的章节。

32 在这里，我就要向亲爱的读者们提一些问题了。应该如何阅读本书？我之所以提出这一问题，是因为读者的期待决定了他们如何理解书中的文字。你们的期待是什么？如果你是学生，那你可能希望我对地理学三个主要研究分支发现的地理学若干“事实”进行解释。同样，如果你是专业的地理学者，你可能期待获取自己专业领域之外的研究发现，希望本书提供恰如其分的介绍。这两种类型的读者对本书做出的相同的假设是:《自然》这本书会告诉我，基于当前的认知与智慧，不同的地理学者所研究的自然到底有哪些不同。

如果你已经有了这样的假设，那我希望对其提出挑战。如果你对本书持有的期待与以上列出的相同，那我也希望对它们提出质疑。下面，我会进行解释。在本章的第二部分“自然的知识”中，我提及了生产关于自然的知识（从“自然”一词的多重意义而言）的多种组织、机构和行业。在“关于自然的七个故事”中，我展现了在我们的集体话语和实践中所谓“自然”的纯粹的普遍性。现在，我希望从中得出一个重要的推论：说出自然是什么、自然如何运转以及应该（或者不应该）以何种方式对待自然的权力，对人类和非人类世界都具有重大影响。拥有这种权力的人，能够对数十亿人的生命产生实质性影响，遑论我们周围如此纷繁复杂的有生命的和无生命的现象。从根本上看，这是让某人的知识主张被特定社会中举足轻重（或者是大多数）的人郑重对待的权力。这就引出了另一个问题，即为何某些知识主张能够被广泛认可，另外一些却罕为人知。

## 活动 1.3

努力回答上面所提出的问题。针对当前被视为理所当然的某一关于自然的特定观念，思考为什么这一观念得到了广泛认可。

我至少能够想出两种原因，来解释为什么特定的知识主张（不仅仅是关于自然的，而是关于任何主题的）被视为合理的。首先，不管在何种社会中，都会有特定的知识生产者有能力（或者致力于）宣告他们的知识是格外“真实的”。在当今大部分国家中，学者们，特别是那些 33

自称“科学家”的学者，都会提出这样的主张（即便他们并不一定总能响亮发声）。宣称某人所生产的知识是真实可信、准确无疑或者客观的，这种做法需力甚伟，并非所有知识生产者都有能力做到。例如，如果一个小报读者甚众，它的读者就会不假思索地相信这家报纸发布的知识非常准确。其次，声称自己的知识真实可信的能力，通常与对其受众灌输信任的能力相结合。从本质而言，信任是一种社会关系。在这样的关系中，必有一方相信另一方，相信其所言或者所为都会依照特定的标准。信任，极为真实却又无形。那些赢得信任的知识生产者显然具有未能赢得信任的知识生产者难以企及的优势。例如，在广播界，BBC 的《全球服务》（*World Service*）新闻简报是最受信任的广播之一。这正是因为，与众多其他电台相比较，BBC 拥有准确客观报道的良好声誉。但细究其原因，却非常复杂。简而言之，一旦建立起这样的良好声誉，它就会被最大化地加以利用。

我在此谈及了真实和信任，因为本书的部分读者认为地理学者从事的是关于事实的研究，因此应当毫无保留地信任他们。这种观点太过武断。与之相反，我更愿意相信，地理学研究者以及所有其他学者都在利用公众对其研究的两个“T”（真实性和可信性）的信任，从而让他们所生产的知识得到重视。对此，最好的例子莫过于教学过程。为什么学生去学习大学教师要求他们学习的东西？正是因为学生得到的教育让他们相信教师都是值得信赖的专家。教师可以利用这种信仰，让学生毫无异议地吸收某些类型的信息而非其他。从这个意义而言，所有的教师都是知识的“守门人”。他们使用这种因声称真实性和可信性而得到的权力，去认可某些知识主张，否定其他的科学主张。

简单来讲，我相信我们应当把三种类型地理学者所生产的关于自然的所有知识都视为对自然的呈现，而非其他。换句话说，我坚持认为，我们不应当认定学科能够为我们提供关于自然的“真实过程”、关于社会与环境互动的方式，或者关于他人就自然如何表达和如何使用做出主张的方式的真知灼见。我认为，就地理学而言，如果认定自然地理学者和环境地理学者开展的研究是关于“真实自然”的，因而就必定是客观和准确的，那就大错特错了。同样，我认为，当人文地理学者对人 34
类和非人类自然的主张和实践提出质疑时，就认定他们提供的是对于研究对象的中立的见解，这也是错误的。相反，我认为，如果把地理学者生产的所有与自然相关的知识都视为叙述，认为其真实性有待推敲，显然会更加富有成效。我们不应当拘囿于两个“T”，我们应当思考这一问题：是什么让特定的知识生产者有能力宣称他们所生产的知识是真实可信的?

为了在地理学中回答这一问题，我们需要针对这门学科如何利用其在大学中的地位，得到了一代又一代学生和高等教育之外数不胜数的使用者群体的注意，来展开社会学分析。显然，本书无法纳入上述分析。但我认为，为本书读者列明以下挑战就足够了。我希望《自然》的读者不试图通过阅读本书寻找关于自然的更多知识，而是取得截然不同的收获。我希望你们把地理学当作若干生产知识的领域之一，它在尽力劝服你们相信它关于自然的主张是合理的。这就再次印证了我之前所指出的，关于自然的知识与自然本身并不等同，即便它们总是与被归为“自然”现象的事物相关。地理学者所生产的，是关于自然的理解，即知识，而非事实本身。而这些关于自然的理解，到底是对的还是错的，是好的还是坏的，是准确无误的还是充满偏见的，尚有待确定。

行文至此，一些读者可能会感到厌烦、苦恼或者其他不适，因为我一直在对地理学者关于自然的说法提出质疑。我要稍做澄清。我并非在怀疑地理学者探究我们所称之为“自然”的事物过程中的严谨性或者诚实性。我所说的是，地理学者所生产的知识是过程的一部分，在这个过程中，特定的行动者决定了我们在更为广泛的社会中应当如何理解自然以及它的适用条件。针对地理学者关于我们所称之为“自然”的多种多样的事物做出的多种多样的主张所提出的问题，并非只是思考“那些主张真实或有效吗”。我们需要思考的问题是：哪些类型的思想和行动是地理学者关于自然不同的知识主张所计划达成的？这一极为实际的问题，让我们去审视所谓的所有知识的“施为性”（performativity）。某一特定的知识主张总会产生影响，霸权主义的知识主张尤为如此。与其他学科相同，地理学对于框定人们对自然世界的广泛理解而言，发挥着举足轻重的作用——即便出现了疯牛病危机，即便人们对专业研究人员所
35 说的话的真实性存在质疑。那么，地理学者如何对自然加以表达，其目的何在？ 换言之，在《自然》一书中，我希望对那些地理学者投入甚巨的关于自然的若干观点加以审视。

## 五、自然已死！自然永存！

一旦对自然的观点与其所指之事物进行区分，我们就可以提出一个相当惊人的主张，即所谓“自然之事物”根本就不存在！自然，仅仅是一个加诸所有种类、各不相同的真实世界现象的名称。这些现象并非自然，而是我们选择把它们统称为“自然”（Urban and Rhoads，2003：220）。按照这种理解，自然在本体论的层面上（即物质现实的层面）根本不存在。再回顾本章开篇列出的七个故事，我们就可以明确，性质千差万别的事物都被置于同样的标签之下。毋庸置疑，让这些不同的事物看起来相似的唯一原因在于，它们共用同一个名称，而非真正具有某

种（或者足够多）共性。我们称之为“自然”的事物，毫无疑问是存在的。但是从整体上看，我们之所以把它们列于同一个词之下，是惯例使然。即便这样一个词语根本不能对这些事物进行清晰的描述，但是显而易见，“自然”一词总是处在语境之中。

因此，当地理学者在科研和教学中论及自然时（无论是明示还是暗示），我们需要理解，他们所谈的并非自然，而是被称为“自然”的事物。如果自然成为事实，仅仅是因为地理学者以及社会上诸多其他行动者（actor）选择去谈论所有类型的事物，就好像用以描述它们的词语正是这些事物本身一样。我们可以从中得出何种结论呢？结论之一在于，在我们对描述一个真正的实体时，并不存在任何“正确的词语”。把词语与事物相关联，仅仅是出于习惯。它们切入了这个世界的结缔组织，并让它四分五裂，以获得我们的注意。我们可以得出的另一个结论是，名称所发挥的作用，在于这些名称的含义会影响我们理解和对待名称所指事物的方式。近期出现的一个颇引人关注的“丑闻”，正是上述结论在公共领域中的生动例子。2003 年，一个著名的英国男性电视节目主持人被同样著名的瑞典电视节目主持人含蓄地指责为强奸犯。流言蜚语、
谣言和非正式的事件简报让他的名字进入公众视域。尽管他并未被正式 36
指称或者被证明有罪，但“强奸犯”一词巨大的语义负载量足以让他的职业生涯告终。无论他是无辜的还是有罪的，一旦“强奸犯”这个词与这个人相关联，就会对他自身、他的家庭和他与其他人之间的关系产生重大影响。正如阿格纽等人（Agnew et al.，1996：8）所指出的，词汇并不仅仅“是传达意义的媒介，还是意义的生产者”。

那么，对于地理学中的关键词汇，也是本书的名称“自然”一词，我们要说些什么呢？第一，自然的三个主要含义都“鼓励我们忽略对含义加以界定的背景”（Cronon，1996：35）。“自然”一词的主要含义让

我们的注意力偏离了一个事实，即它仅仅是一个词语，而非事实本身。无论如何，每种含义都被认为是特定的、一成不变的或者业已存在的事物。第二，与其他词相同，“自然”就是一个能指（signifier），具有一种或多种意指，被附着于各种不同的所指之上。意指（signified），即一个词语（或者声音，或者图像）的含义。所指（referent），则是意指所表达的现实世界中的特定事物：

能指（词汇）→意指（含义）→所指（真实世界现象）

第三，与大部分概念有所不同，自然显然是多义的。换句话说，“自然”一词具有多重意指以及数不胜数的所指对象。这也正是文化地理学家凯·安德森（Kay Anderson）所说的“指代范围的广泛弹性”（2001：71-72）。“自然”是一个紧缩词，或者按照社会科学家所言，是一个“混沌的概念”。这个词的复杂性正来自我们关联于其上的杂乱的含义与所指对象（参见图 1-4）。

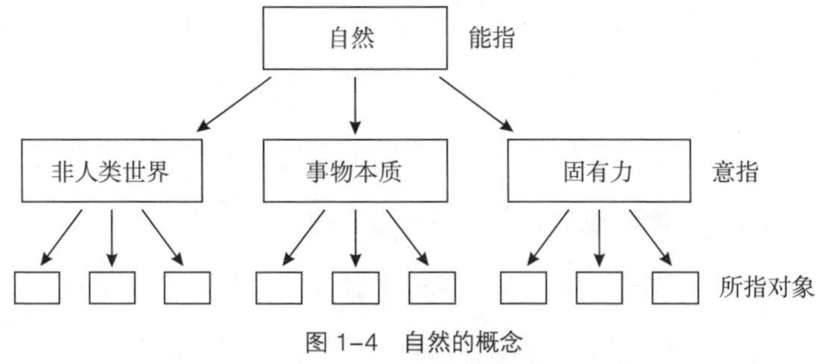


37 图 1–4 自然的概念

约翰·哈布古德（2002：118）为我们提供了一个很有用的类比。在例句“James had a fast car（詹姆斯有一辆跑得很快的汽车）”“James had a fast wife（詹姆斯有一个忠诚的妻子）”“James had a fast（詹姆斯完成了一次斋戒）”中，“fast”拥有完全不同的含义，所指对象截然不同。“自然”一词同样混杂多义（参见框图 1.7）。严格来讲，这就意味着地理学者以及其他研究人员所生产的并非单数形式的“自然”的知识，而是复数形式的“自然”的知识。要理解这一词语，显然并不是识别出它的“准确含义”及“准确的所指对象”。

**框图 1.7　概念的复杂性：自然**

以下所列，是关于“自然”一词的常见性和复杂性的一系列重要陈述。

• “‘自然’一词的复杂性，因我们在多种多样的语境中使用它的便捷和常见而得以隐藏。这个词语，对我们来说非常熟悉，却又极其难以捉摸……我们大部分人都知晓这个概念，但是在某种意义上，它的用法多种多样，非常广泛，以至于我们无力对它下定义。”（Soper，1995：1）

• “‘自然’一词可能是英语中最为复杂的词。”（Williams，1983：219）

• “关于‘自然’一词最直接的问题在于，它拥有多项互相重叠的含义……语境能够为我们提供其所指含义细微差别的大量信息。”（Habgood，2002：1）

• “我们不应陷入这个词所设下的陷阱之中。”（Cronon，1996：36）

• “‘自然’这一词语，现在不得不给它加上引号。”（Eagleton，2000：83）

• “自然的概念已经叠加了无数层含义……自然既是物质的，又是精神的；既是天然的，又是人为的；既是纯净的，又是无垢的。自然包含秩序与无序、崇高与世俗、受控与胜利。自然既是总体，又是若干部分；既是母体，又是客体（woman and object）；既是生物，又是机器。”（Smith，1984：1）

• “尽管通常我们并未注意，但‘自然’一词包含大量的人类历史。”（Williams，1980：67）

38 这也是威尔士文化批评家雷蒙·威廉斯若干年前的认识。他这样写道：

> 有些人看到一个词时，首先想到的就是为它下定义。这样就制造出了词典……并为词汇附上了适当的释义。尽管对于事物的某些简单名称来说，这是可行的，但对于复杂的观点而言，这样做既是不可能的，又是无意义的。对它们而言，恰当的含义并不重要，重要的在于这些含义的历史和复杂性……
>
> （Williams，1980：67）

按照威廉斯的观点，我们现在可以明确，“自然”一词的三个主要含义（意指）仅仅是出于惯例，并非一劳永逸地“正确”。同样，认为这个词指的是其所指的一切特定事物，并不包含其他事物，这种观点也并不“自然”。如果希望知晓自然是什么以及我们为何以当前的方式评价它，我们不仅应当审视自然本身，还应对我们关于自然的观念加以审视。约翰·塔卡奇（John Takacs）在其著作《生物多样性思想》（*The Idea of Biodiversity*，1996）中提供了一个例子（参见框图 1.8）。

这一讨论进一步确认了本章前文所列的观点。地理学者关于自然的主张是持续进行的过程的一部分，在这一过程中，“自然”一词的含义和所指对象是有待竞争确认的。我们必须摒弃一种思想，即认为“自然”一词描述的是特定的事物，而地理学者应当对其开展细致研究。此外，地理学者的研究和教学也是这一过程的一部分。在此过程中，“自然”一词的含义和所指对象都在社会及亚社会层面上变得“固化”或者“固定”起来。“自然”的定义并不能超出地理学者和其他人为了确定自然是什么以及如何在实践、道德或者美学的角度上利用自然所付出的努力。

在此，我需要面对任何一位希望把自然作为地理学重要概念加以分析的作者都会面对的潜在问题：很多地理学者倾向于在写作中规避对“自然”一词的使用！例如，众多自然地理学者喜欢用“环境”一词，因为对于他们而言，“自然”这个词具有“至高权力”的准浪漫主义或者神秘的含义。

### 框图 1.8　生物多样性的发明 39

生物多样性的丧失是当前全球面对的一个重大环境问题。据估计，人类仅仅发现了一部分地球上天然存在的物种和生境。与此同时，我们相信，因为城市化进程、土地清理、农业、伐木和修建道路（这只是诸多行为中的数种），许多未知的物种和生境受到了无法恢复的破坏。生物多样性是什么？按照保护生物学家的理解，生物多样性指的是植物、动物、昆虫和微生物的数量和种类，（在亚种群的尺度上）基因特质的数量和种类，以及（在超出种群的尺度上）生境和生态系统的数量和种类。热带国家，如喀麦隆，是地球上生物多样性最高的地区；在寒冷干燥的国家，生物多样性则会明显降低。关于生物多样性的著作数不胜数，包括生物学家、农学家、植物科学家、森林管理者、地理学者和环境科学家在内的大量专业研究人员都对生物多样性具有强烈的研究兴趣。如果你相信诺曼·迈尔斯 [Norman Myers，1979 年出版名作《下沉的方舟》（*The Sinking Ark*）] 等评论者的观点，那么生物多样性的真实性似乎无可辩驳，当前生物多样性的丧失似乎也是毋庸置疑的。实际上，如果事实并非如此，联合国也不会在 20 世纪 90 年代协调各方力量制定了全球《生物多样性公约》。目前，全球已有上百个国家签署了这一公约，并把公约中的主要原则转化为国家法律。

即便如此，美国社会学家约翰·塔卡奇（1996）仍然指出，生物多样性是一种发明（捏造）。塔卡奇对于历史的分析为我们展示了三个重点。第一，他提醒我们，“生物多样性”一词直至近期才得到普遍认可，并在 20 世纪 80 年代晚期进入公众领域。第二，他阐明，正是密切关注基因、物种和生境多样性丧失的少数保护
40 生物学家所付出的努力，才让“生物多样性”成为人所共知的词语。爱德华·O. 威尔逊（Edward O. Wilson）也在这些生物学家之列，塔卡奇指出，正是他借助自己的名气和显赫地位，让一本关于生物多样性的著作在 20 世纪 80 年代大行其道 [《生物多样性》（*Biodiversity*，1988）]。第三，塔卡奇指出，“生物多样性”一词把一系列所谓“自然事物”放置于同一个概念框架之中，而在此之前，无论研究者还是公众，都是以完全不同的方式看待它们的。换言之，尽管塔卡奇承认“生物多样性”一词所指的自然世界确实存在，但他同样认为这一词语对人们看待世界的方式进行了积极组织。他特别指出，从这个词的规范维度而言，“生物多样性”被视为“好的”，而生物多样性的丧失和缺乏则被视为“坏的”。他认为，这些维度并非生物多样性自身所具有的，而是反映出生物多样性的拥护者的价值观。因此，塔卡奇称，人的价值被悄悄地冒充为自然的价值。毫无疑问，“生物多样性”已经成为一种众多科学和政策领域

中的霸权思想（参见框图 1.4）。

来源：Takacs，1996；Guyer and Richards，1996。

同样，很多地理学者对特定的现象感兴趣，如降雨或者蒸发，也不必正式使用“自然”一词对其加以描述。所以，如果我把自己的分析仅限于那些明确又正式使用了“自然”一词的地理学者的工作，《自然》一书无疑会非常单薄。我要如何应对这一问题？如何解释对于那些“自然”一词并未进入其话语的研究所进行的讨论？我的“应对之道”（人们可以这样称呼它）是从两方面着手的。其一，我遵照肯尼斯·奥维格（Kenneth Olwig，1996）的指引。在地理学关于自然概念的一篇论文之中，奥维格（1996：87）写道：“幽灵隐匿于它的名字之下，难以被人发现。”这句高深莫测的话促使我们关注自然的众多“附属概念”（Earle et al.，1996：xvi）。附属概念（collateral concepts）指的是那些含义和所指对象与其他概念高度重叠的概念。附属概念互相牵连并且在某种程度上彼此依赖，这样才可确保其含义被理解。

### 活动 1.4 41

你能否列出自然的若干附属概念？这些概念包含了自然的思想中的若干或者全部含义与所指对象。

你能找到多少个附属概念？我已经提到了自然的一个主要的孪生概念（即环境，这个概念同样是这套丛书的一个主题）。其他还包括人种、性别、生物、荒野、郊野和乡村，它们每一个都包含“自然的”成分（部分或者全部）。例如，认为人类可按照不同“人种”进行划分的观点，频频强调生物性（也就是自然的第二个含义，可能还涉及第三个含义）差异的思想。一旦我们领悟了自然正是若干此类附属概念中神出鬼没的一个，我们就能把分析的范围扩展到以自然作为讨论对象所列举的例子之外（参见图 1-5）。

可供证明的能有效扩展分析范围的第二种途径，在于确认对被称为自然的事物加以审视，与对被称为非自然之事物进行审视同等重要。这听上去可能略显突兀，我来解释一下。以肥胖为例，近年来，报纸报道的研究指出，是遗传因素导致了体重超重。这就使得肥胖者和普通公众相信，肥胖需要医学治疗（药片、注射、手术或者其他方式）。然而，如果有人指出肥胖并不是自然的，如果有人把它从这一类别中剔除，那人们对于肥胖的原因和解决方案的看法也会发生明显变化。

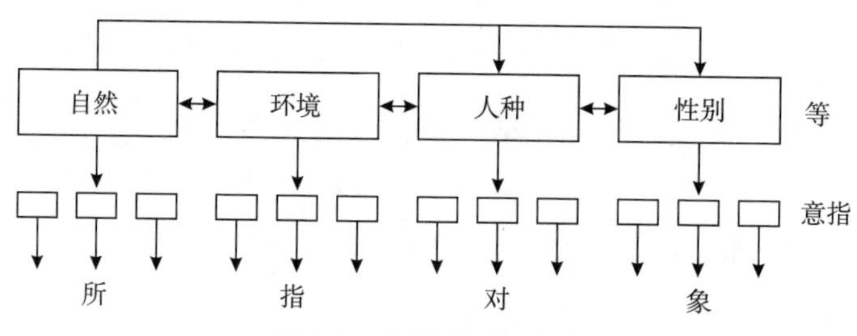


图 1-5 自然及其附属概念

42 人们可能会审视某人的生活方式，或者考虑哪些食物的价格适合他的预算。人们也可能会注意到，在西方社会中，肥胖通常出现在低收入家庭。人们可能得到结论是，肥胖有其社会的、文化的和经济的原因，医学措施可能是错误的或者仅在一定程度上有效。这个例子与地理学的关系在于，正如我们在本书后文中会看到的，很多地理学者寻求对看上去自然的或者具有自然因素的事物进行重新分类。这种为那些看上去是自然的事物确定非自然特征的努力，正是明确自然和社会二者之边界的重要部分。尤其是人文地理学者，他们扩展了我们对于社会过程、关系和结构在何处重要以及为何重要的感知。他们指出，在很多情况下，自然是一种社会建构，因而，它实际上并不自然（参见框图 1.5）。

## 六、小　结

到此为止，对于地理学者研究的自然，我所采用的方法已经非常清晰。我不会向读者推荐本书所讨论的任何一种关于自然的理解，无论它来自人文地理学者、自然地理学者，还是来自环境地理学者。我要做的是把这些研究方法当作同等的充满活力的介入。对于界定我们对所谓“自然”之事物更为广泛的理解以及所采取的行动而言，它们都非常重要。我认为，我们应当对这些介入加以评价——并非出于其真理价值，而是源于它们所引发的实践的、道德的或者审美的思考。例如，我会询问，如果相信某些人文地理学者所说的自然是一种“社会建构”，那会产生何种结果？同样，我们也要思考，如果我们持有毫无约束的怀疑主义，或者以不带任何批判的热情来对待众多自然地理学者关于自然做出的“科学的”主张，我们将会失去什么。我希望大家现在能明白，为何我把第一章的标题定为“奇怪的自然”。在最开始的几页中，之所以我讨论自然的方式对于某些读者而言非常奇怪，原因有三。其一，我并非单纯从环境（或者非人类世界）的意义上讨论自然。其二，这也就意味着，我计划在本书中讨论的内容超出了自然和环境地理学者所研究的自然之范畴。其三，我认为，地理学者所研究的自然（包含这一词语的全部含义），不应当与这个词所表述的事物混淆。我要在此阐明，自然是 43
一个概念或者观点，并非物种、地貌和人所组成的真实世界。为了与本书所属的丛书相配合，我是从极为书面和物质的意义上，把“自然”当作一个“重要概念”的。正如我们将在后文中看到的，其他地理学者也把自然视为一种思想或者“论述”，但是，我所采取的方式是把地理学者对自然的主张视为他们自己关于自然的思想。我相信，地理学者所生产的关于我们视之为自然的事物的知识不仅有趣，而且非常重要。然而读者，尤其是学生读者，绝对不应当把这些知识当作自然世界的“镜子”①。在下一章中，我希望对地理学者所研究的不断变化的“自然”进行简明回顾，并且说明它如何改变了“地理学的本质”。随后，我希望对当代人文、自然和环境地理学者所提出的关于自然的重要但却时时相悖的理解展开细致分析。

## 七、练 习

• 尝试想象一下，在你的日常对话或者学习之中，不去使用“自然”这个词语。你觉得有没有可能不再使用这个词语？抑或“自然”一词在我们的语言之中根深蒂固，根本无从回避？

• 用几分钟时间想一想维持你日常生活的所有自然事物。例如，下次去购物的时候，无论它们是天然的还是经过加工的，思考一下你放入食品筐里的所有自然物品的种类和来源。

• 请列出被描述为“自然”的 10 种事物。这些事物有哪些差异或者相似之处？让这些事物进入“自然”之列的特征彼此相同吗？

• 指出某一以“自然”为重要主题的电影、广告、小说、艺术作品、网站、广播电台或电视节目。请准确回答在不同情况中它是如何对自然加以描述的，为何你认为它是采用了这些方式对自然进行描述的。

① 即“真实反映”。——译者注

• 思考一下，如果把某事物描述为“自然的”，那么将对你或他人对这一事物采取的行为产生何种影响。例如，假设你是一名医生，如果把肥胖描述为一种“遗传疾病”，它会以何种方式影响你对肥胖的治疗？

• 阅读本章后，请延伸阅读唐・米切尔（Don Mitchell，1995）的
文章《世上并不存在文化这种东西》（“There’s no such thing as cul-
ture”）。与“自然”相同，“文化”一词同样复杂。它具有多重含义和无
数种所指。米切尔指出，文化并非真实存在之事物，而是一种拥有自己 44
生命的思想。看一看你能否把米切尔的分析应用在对自然的分析之中。
请思考，自然是否是一个同样强大的概念（正如我在本章中所指出的），
抑或仅仅是人、环境、物种和诸多其他事物构成的真实世界。

## 八、延伸阅读

关于自然的概念，历史学家 R. G. 柯林伍德（1945）撰写了若干专著和文章。最新的著作中有两部佳作，分别是约翰・哈布古德（2002）的《自然的概念》和凯特・索珀（1995）的《何为自然？》。哈布古德的著作具有神学的维度，但却无损于他的主要观点。索珀的著作比哈布古德的著作有难度，值得细细阅读。后来，索珀（1996）撰写了一篇文章，对书中的论点进行了归纳。对于感兴趣的读者而言，这篇文章是不错的入门阅读材料。雷蒙・威廉斯（1980）撰写的关于自然观点的文章依然是必要的阅读文献。葛拉肯（Glacken，1967）和皮珀（Pepper，1984）的两本著作，是地理学者所撰写的关于自然观点的为数不多的著作中的两部，然而它们的重点在于非人类世界的观点（也就是自然的第一个定义），甚少提及“自然”一词的其他含义和所指。

如果想深入了解知识的生产者们如何发明出观点，并获得认可和产生影响，请阅读约翰·塔卡奇（1996）既通俗易懂又充满奇思妙想的作品《生物多样性思想》。蒂姆·乌文（Tim Unwin）的著作《地理学的地方》（*The Place of Geography*，1992）第一章指出，地理学是一门社会建构的学科，所产生的是其自身关于世界的独特知识。最后，对于那些被我所提出的“压根儿就不存在自然这种东西”的观点所挑战的读者，我建议把唐·米切尔关于文化开展的研究作为类比。“文化”一词与“自然”相同，是一个用以描述多种事物的复杂词语。米切尔（1995；2000：ch.3）颠覆性地指出，文化并非真实的事物，而是一个非常强大的概念，被社会中拥有权力的人群颇具技巧地加以运用，使看上去以文化命名的事物不言而喻地具有了“文化的”特征（参见前文“练习”部分的最后一题）。

# 第二章

# 地理学的“自然”

> 地理学作为一门学科的本质与地理学者认为的应当成为其研究对象的自然，存在何种关联?
>
> （Olwig，1996：63）

## 一、引　言

在这一章，我希望就自 19 世纪末地理学成为一门大学学科以来地理学者理解自然的方式，向读者提供其简明历史。我这样做出于多种原因。首先，本章将为接下来的章节进行铺垫。本章会以极为简要的方式，针对后续章节细致分析的若干关于自然的地理知识为读者进行介绍。因此，如果你愿意，可以把这一章当作《自然》一书后续章节的“入门篇”。这样就可以解释为何本章篇幅如此长（我建议分三个阶段阅读本章，每次读两小节）。本章述及内容甚广，因此我未在其中罗列太多表格或者活动，否则篇幅会更加冗长。其次，因为后续章节聚焦于当代地理学对于自然的理解，我希望读者能够把这些最近的研究置于更为久长的时间框架中。《自然》并非关于地理学者理解自然的完整历史的书。即便如此， 45

对我而言，把当前的研究置于地理学针对所谓“自然”加以探究的长久
46 传统中也是至关重要的。在本章之初，我需要提醒读者，本书重点关注的是英语国家的地理学[①]。我既无条件也无专业知识去探讨世界其他地区的大学地理发展历程。

就地理学者如何理解自然加以讨论，不可避免要讨论地理学的“本质”（nature）。这并非玩弄文字花样。在本章，我们会看到地理学者对于自然的理解在不断变化，这与地理学本质的变化是相互联系的。自相矛盾的是，这也会让我们意识到，如果我们所谓之“本质”（在这一背景之下）指的是固定的特征或者身份（Rogers，2005），那地理学并不具有（也从未有过）“本质”。我提醒读者注意，只有通过细读才能领会我想要在本章中表达的意思。我在文中使用“自然”一词时，总是有上下文作为背景的。根据所讨论的对象，我们谈及的“自然”可能指的是这一词语的一种或者多种含义。除此之外，读者还需要留意，何时我是在认知的、道德的或者审美的意义上讨论自然的，何时我是在叙述性地或者规范地对自然加以讨论的。我知道，这会让大家有很多疑问！这可能导致读者有晕船的感觉。我的解释是，地理学者们以如此千差万别的方式对“自然”开展研究，这个词语毋庸置疑会随着我所讨论的研究工作的不同而改变其含义。正如我在第一章中所指出的，在地理学者开展的研究中，自然有时并非以自己的名称呈现，还可能以许多附属概念的形式呈现。在本章后文中，我在使用“自然”一词时不会战战兢兢，其在某一特定的句子中的具体含义留待读者自行解读。

在开始罗列历史之前，我必须承认，我所列出的历史无疑是片面的，必然有所偏颇，同时也会过于“规整”，因为我忽略和舍弃了无数

① 主要指地理研究与教学。——译者注

纷乱的头绪和大量复杂性。一方面，因为我试图在一章的篇幅之中涵盖人文地理和自然地理，还想纳入二者之间的边界地带，所以上述不足难以规避。另一方面，即便我用更长的篇幅去撰写，利文斯敦（1992：5）所言也毋庸置疑是正确的，即所有思想史学家都在对某一学科过去的事实加以“操纵”（stage-manage），因而事实从来都不能不言而喻。与利文斯敦相同，我倾向于用“语境史”来表达。这样的历史拒绝把学科
当作隔离于广泛环境之外的纯粹理性领域。内在论者所认识的历史仅仅 47
参考学科内部的争论来解释知识的变化。与“内在论者”的历史有所不同，语境史审视的是随着时间和空间的变迁，广泛的思潮以及社会、文化、经济、政治环境，如何共同塑造了一门学科。简而言之，语境方法（contextual approach）探索的是学科及学科所处的广阔背景之间的关系。

如果把地理学者对自然开展研究所采取的不断变化的方式置于连续的语境中，我们就能够明白，为何“地理学之本质”很难稳定不变。我的主要论点包含两个方面。首先，我要指出，对于自然而言，地理学总是有“问题”待解。关于什么是自然的和什么不是自然的，以及如何对自然开展最好的研究，人们存在种种分歧。我认为，自这一学科开创之初，这些分歧就已成为地理学连续重建成为一项学术事业的触发点。其次，我希望指出，与一百多年前学科初创之时相比较，当代地理学围绕着自然兜了一圈，而这一圈是出现了扭转的。维多利亚和爱德华时代的地理学者寻求把环境和人类自然本性（human nature）的研究置于同一个知识框架中。在某种意义上，许多早期地理学者对于“外在的”（非人类的）和“内在的”（人类的）自然具有相同的兴趣。自 1945 年起，在战后相当长的时期里，关于自然的研究从人文地理学中排除出来，现在我们再次进入一个自然被列入众多地理学者“议事日程”的时期。这

是一个曲折的历程（后文将进行详细解释）：基本而言，人文地理学者针对那些通常被视为自然的事物采取了强调去自然化的方法，无论这些事物是非人类的物种，还是人类的身体和心理。与此同时，环境和自然地理学者小心翼翼地把他们的研究限制在“以环境为自然”的范围之内，这样做主要目的是探究其“真实的特征”。因此，我们发现，当代地理学关于自然的理解是“分裂的”，完全不可能出现堪与 19 世纪晚期地理学开创者们的理论相媲美的崭新的宏大理论。我认为，这是件好事。把所谓自然的事物完全置于某种一以贯之（overarching）的理论、方法或者评价框架中，这既不现实，也不可取。

## 二、开　端

地理历史学家常常会把这一学科追溯到诸如希罗多德（Herodotus）和托勒密（Ptolemy）等学者。这样的努力，显然是想让读者感受到地
48 理学是多么古老和重要。我要讲述的故事，开始于 19 世纪末 20 世纪初。在这一时期，英语国家把地理学确立为一门大学（和学院）学科。这段时期发生了三件相互关联的事：专业地理学者首次得到任命[比如，哈福德·麦金德（Halford Mackinder）1887 年被任命为牛津大学的地理讲师]；地理系首次创立（比如，加州大学伯克利分校 1898 年初创地理系）；首次向本科生和研究生颁发地理学学位（比如，芝加哥大学 1903 年首次颁发地理学博士学位）。地理学成为一门大学学科，经历了缓慢而曲折的历程。无论这个学科能追溯出多么悠长古老的历史，要想在学术分工内部说服别人给予地理学一个正式的名分，依然需要坚持与劝导。在地理学兴起的最初几年，几位拥有能力又富有远见的关键

人物塑造了这一新兴学科的身份。之所以虽寥寥数人却产生了如此大的影响力，正是因为地理学在当时只是一个微不足道的学科。

那么，这些人是谁？他们以何种方式定义了地理学？他们为何需要劝说大学把地理学确立为一门“正常的”学科，并赋予其与其他已有学科相同的地位？依据利文斯敦（1992）的看法，我希望重点提及三位早期地理学家，并把他们的学科视野置于更为广阔的知识背景和社会—经济语境中。正如我们马上将看到的，他们所拥有的共同信念在于地理学是一门综合学科。在第一章中，我就地理学的三个组成部分进行了讨论。然而，19 世纪末 20 世纪初，可以说，地理学被构想为一门整体性或者综合性的大学学科。换句话说，其早期倡导者并未发现人文地理学和自然地理学之间存在显著的区分或者差异。因此，“环境地理学”一词并不流行，因为人们并未感到需要一个“中间部分”来填充地理学科“两半”之间余留的缝隙。正如利文斯敦（1992：173）所言：“把事物贯穿加以连通的主题……如果说地理学具有一种独立的学科身份，那就在于这个学科能够把世界和生活中那些完全不相干的要素组合成一个连贯的整体的能力。”证据就是，即便早期使用了“人文”和“自然”地理学这样的词语发表作品，他们也并未对二者做出清晰明确的区分。以玛丽·萨默维尔（Mary Somerville）的先驱性著作《自然地理学》（*Physical Geography*，1848）为例，在这样的书名之下，该书讨论的却是人与自然的关系。随后的一代地理学者，诸如哈福德·麦金德、威 *49*
廉·莫里斯·戴维斯（William Morris Davis）和安德烈·哈伯森（Andrew Herbertson）等，各自提供了关于地理学的综合性视野，从而让这一学科在大学层面上得到认可。

## （一）哈福德·麦金德（1861—1947）

1887 年 1 月，26 岁的博学多才的哈福德·麦金德在伦敦为皇家地理学会（RGS）做了一场启蒙演讲，题目为“地理学研究范围与方法”。麦金德提纲挈领的发言不仅寻求对地理学加以定义，还要确立其在研究和教育领域的重要性。对麦金德（1887：145）而言，地理学的作用在于填补“自然科学和人文科学”之间的“空隙”。这是一个“搭建桥梁”的学科，研究的是人与环境的关系。麦金德对于地理学的捍卫处于双重语境之中。首先，在整个 19 世纪，无论是英国公众，还是历届英国政府，都迫切希望获得关于其他人、其他地方和其他环境的知识。皇家地理学会积极支持人们远征非洲、南北两极以及其他地点，这与大英帝国的扩张密切相关。这些涉足“未知之地”的旅程，采用地形描述、社会调查、列资源清单目录、绘制地图、实地素描和对比观察的方法，产出了关于西方之外的人群和环境的大量事实性信息。尽管在殖民扩张的历程之中，这些信息非常重要，但是麦金德也正确认识到：“如果地理学仅由需要记忆的数据构成，那它永远都无法成为一门学科。”（1887：143）其次，在麦金德发表演讲之时，那些以专门化为标记的崭新学科开始在大学中站稳脚跟。这对于地理学而言是一个问题，因为地理学研究的对象是如此宽泛。其他学科完全可以声称，它们已经就地理学研究的对象开展过研究，或者它们能够以更为深入的方式开展研究。正如大卫·斯图达特（David Stoddart）所说，“地理学……看上去模糊而分散，一部分属于历史学，一部分属于商业，一部分属于地质学。”（1986：69）

对麦金德来讲，地理学知识的经验性和广度具有双重意义。首先，他需要表明地理学能够“追寻因果关系”（1887：145），这样就可以把
50 重点放在解释而非简单描述上。其次，既然他无法在学科研究对象方面对地理学加以定义，那就不得不强调地理学看待世界的独特视角。这也

就解释了为什么麦金德把地理学看作“统一的”学科，认为它不仅探究人类和自然现象内部的相互作用，还涉及彼此之间的互动。在学科专业化成为趋势之时，地理学却应当从避免让自己成为一门专业化的学科中寻求机遇。如果 19 世纪末需要在社会的研究和非人类世界的研究之间打入一个楔子，那地理学恰逢其时，正可填补这一日渐扩增的空隙。

## （二）威廉·莫里斯·戴维斯（1850—1934）

戴维斯是哈佛大学的地理学家，自 19 世纪 90 年代起，就一直对美国地理学产生着重大影响。与麦金德有所不同，他的影响并非来自重要发言，而是来自持续稳定发表的研究作品、教材，大学委员会取得会员的身份，以及在新成立的美国地理学家协会（AAG）中的任职。但是，与麦金德一样相同的是，他也认为地理学作为一门学科，研究的是“地学控制与影像学响应之间的关系”（Davis，1906：70）。作为地质学家，他坚信地理学的物理（自然地理）维度不应当与自然科学同化。他采取的策略是，强调“把地球表面的物理现象、生物领域和人类社会联系在一起的因果链条不可断裂”（Leighly，1955：312）。

有鉴于此，一个具有讽刺意味的事实是，戴维斯是自然地理学的先驱，专攻地貌学。他毕生的兴趣都在于地貌的演变。毫无疑问，这源于他所接受的地质学教育与训练，同时也是他的美国成长经历的反映。与英国在其帝国领域中采取的开发方式不同，美国 19 世纪对于“崭新疆域”开拓的历程，主要表现为向西部拓展，到达大平原与落基山脉。尽管存在土著社会，但美国西部仍是基本由自然景观构成的广阔疆域。对这些景观加以描述和分类，成为美国地质勘探的首要任务。正是在这一背景下，戴维斯所接受的虽然是地质学教育，但却代表地理学加入了争论。戴维斯非常清楚詹姆斯·赫顿（James Hutton）和查尔斯·莱尔（Charles Lyell）的研究工作。从 19 世纪早期到中期，人们关于地球的理解出现了变革。他们指出，地球表面及其基础地质，都是历经极长时
51 间尺度的自然过程的产物。赫顿和莱尔的著作挑战了当时的主导思想，即数千年之前神创造了人类。他们还质疑了自然世界为“神圣意志”所支撑的信仰。受到这种关于地球历史的非神学解释的启发，戴维斯认识到当时是开展自然环境研究的大好时机。他自己的研究兴趣主要集中在可见地貌（特别是在美国东部地区）。通过野外观测，戴维斯开创了“剥蚀年代学”。这种模式构想地块先发生初始的地质抬升，随后河流侵蚀日积月累（过程）作用于基础底层（结构），由之产生的自然景观可以用不同的发展阶段进行描述（即幼年期、成熟期、老年期）。对戴维斯而言，“正常侵蚀循环”的终点在于河流侵蚀基底层（准平原）。他对自己的理论进行了持续改进，并把它推广到海洋和其他环境之中。

戴维斯对美国地理学发展产生了深远影响，却又非常奇怪地呈现出双面性。一方面，他作为地貌学家的著述推动自然地理学发展为独立的研究领域；另一方面，他试图分离对环境的研究与社会研究，这让他在教学中遇到了阻力。戴维斯在哈佛大学的几位学生开始积极地强调把人—环境的关系当作地理学自身的存在价值（raison d’être）。正如我们会在后文中看到的，他们真正做到了戴维斯停留在文字上的事情。

## （三）安德烈·约翰·哈伯森（1865—1915）

哈伯森与麦金德相同，接受了关于自然科学和“人文”科学的广泛的知识训练。他是在 1899 年由麦金德招聘进牛津大学的，也正是在这一年，他极具影响的著作《人类与其创作》（*Man and His Work*）出

版。尽管取了这样的书名，但这本书并不是按照乔治·帕金斯·马什的模式撰写的。相反，该书强调了自然环境对于人类社会的影响（反之却并未加以说明）。与麦金德一样，哈伯森认为，对非人类世界的理解是探知社会如何演进的一个重要方面。然而，哈伯森认为，地理学的作用在于对区域开展研究，这又不同于麦金德的观点。在他广为传播的文章《主要自然区》（“The Major Natural Regions”，1905）中，哈伯森把世界看作地学拼图，认为其中每一块都具有“构造、气候和植被的组合”（1905：309）。按照他的理解，地理学的作用并非对人类和环境之间普遍存在的关系开展研究，而是展现特定的区域综合体。正如哈伯森最著 52
名的追随者所说：“难以找到任何其他文章，如同这篇文章一样对我们的学科发展产生了如此深远的影响。”（Stamp，1957：201）

哈伯森把地理学视为研究区域及区域差异的学科，这一观点与英国的地理学因殖民而起是一致的。19 世纪皇家地理学会资助的远征表明，世界不同地区在人文和自然特征上存在巨大差异。从邻近区域来看，西欧由乡村—农业社会向城市—工业社会转变，同时还有崭新模式的地理差异叠加于旧有的长期存在的地理差异之上。和麦金德一样，哈伯森意识到，如果地理学希望在学术界争取一席之地，必须树立起与众不同又令人尊敬的形象。对于“区域整体构成或者复杂性”开展的研究（Holt-Jensen，1999：5），似乎呈现的正是这样一种形象。没有任何一个其他的学科（可能考古学例外），声称能够对“系统性的学科”所单独分析的现象如何在时间和空间上结合而开展研究。对于哈伯森以及受到他的观点启发的研究者而言，地理学之所以在众多学科中卓尔不群，正是因为它所关注的是区域性差异及其原因。

## （四）进化的冲动

麦金德、戴维斯、哈伯森，以及若干其他地理学者，成功地把地理学“打造”为一门英语世界中的大学学科。他们所付出的努力让地理学得以树立形象。同时，在包括皇家地理学会在内的多个组织的帮助之下，地理学开启了巩固其学术地位的缓慢历程。在麦金德的努力之下，我们见证了当今所谓“环境地理学”的开创。在戴维斯的努力之下，我们见证了自然地理学的开端，尽管他和麦金德一样坚持认为地理学是一门架起桥梁的学科。最后，在哈伯森的努力之下，我们见证了区域地理学的发端。当然，在一个世纪之前，这个研究方向并不像当前这般主流。

戴维斯在地貌学领域的专业兴趣暂且不提，以上三位研究者都把地理学视作整体。但是，这是一种什么样的整体论呢？这个问题非常重要，因为，如果地理学能够成为麦金德所希望的对因果关系开展研究的学科，那关于自然和人类现象之间如何互动的实质性理论就是不可或缺的。据利文斯敦（1992）所言，这一理论由进化生物学、社会达尔文主义和新拉马克学说（neo-Lamarkianism）共同提供。我会逐一对其
53 进行解释。有评论者认为，达尔文《物种起源》一书的出版，“导致（人类）……认识的一次飞跃，其影响超出文艺复兴后任何一项科学进展”（Mayr，1972：987）。达尔文（1809—1882）希望解释地球上的生命如此丰富的多样性。这到底是源于自然神论者所相信的万物神造，还是其他原因所导致的？物种内部和物种之间的差异是否永远存在？达尔文为这些问题提供的答案，主要源自四个方面的启发。首先，19 世纪 30 年代早期，跟随“小猎犬号”的一次环球旅行让达尔文得以观察到世界不同地区的植物、动物和昆虫物种之间存在如此显著的不同，却又具有如此惊人的相似性。其次，他对信鸽感兴趣，因此观察到养鸽人如何通

过选择性繁殖的方式在一定时间里改变鸽群的身体特征。再次，达尔文受到托马斯·马尔萨斯（Thomas Malthus，1798）关于“人口原理”的著名论文的巨大影响。马尔萨斯的著名观点是，人口会一直膨胀，直至达到并超过资源底线。对他而言，这是一种“自然法则”。最后，达尔文阅读了赫顿和莱尔的著作，因而相信生命形态发展的历史可能与地貌演变的历史一样久远。

通过旅行观察，以及对信鸽的观察，达尔文推导出了“自然选择”的学说；基于马尔萨斯的工作，他获得了“适者生存”的思想；受到赫顿和莱尔的启发，他得出了“深层时间”（地质时间）的观点，即认为变化是在漫长的时间中缓慢发生的。达尔文的生物进化理论认为，物种与物种之间相互作用，并与所处的环境发生互动。随着时间变迁，最能够适应生存条件的物种，最可能存活并产生出同样适应环境的后代。达尔文所表达的是，要想解释物种多样性，只需要对有机形态之间的相互作用加以研究。他还告诉我们，只要时间足够长，生物是具有可塑性的，而非恒久不变。简而言之，《物种起源》一书在维多利亚时代以无数版本出版，表明自然世界的过程存在一定的秩序与方向，可以通过对物种特征开展经验性观察而获知。但是，与自然神学相反，达尔文认为这样的秩序和方向是“盲目的”。这是持续竞争和适应的过程所产生的无计划的结果。

达尔文的著作关注的是非人类世界，当然，他并没有忽略人除了是社会性动物之外，也是具有生物性的动物。“社会达尔文主义”是一系
列分散但却真实的信仰，在维多利亚时代的英国和国外广为流行。他们 54
认为，整个社会（以及社会中的一切阶层或群体）都对物种非常感兴趣。在英国，早期的社会学家和统计学家 [ 如赫伯特·斯宾塞（Herbert Spencer）和弗朗西斯·高尔顿（Francis Galton）] 倡导的观点是，社

会之间和社会内部存在的竞争是“自然的”。这一观点可以支持欧洲殖民主义，也可以支持任一社会之中，（心理和生理）最为适应者（the fittest）爬升到最顶层。19 世纪末，数位达尔文的助手（以及若干批评者）让法国人让 - 巴蒂斯特 · 拉马克（Jean-Baptiste Lamarck）的进化论再次活跃起来。新拉马克学说认为，进化的发生比达尔文所认为的要快，而且并未按照达尔文所认为的“随机变化”的方式进行。该学说认为，生物体在其生命经验（life-experience）中获得的品质能够直接传递给后代，会因习惯或者环境驱动进化向前发展，并非一个“盲目的”竞争、变化和适应的过程。

这种进化思想的杂糅对 19 世纪末 20 世纪初的地理学产生了何种影响？影响非常深远。据利文斯敦（1992）所言，在把进化理论依照自己的需要加以驯化之后，早期的地理学者发现了一种途径，可以把人类和环境纳入同一个解释框架。在其“激进”版本中，这一框架提出，应当把非人类自然与人类本性（生理的和心理的）以及人类社会联系起来。这一点在戴维斯的学生所开展的工作中表现得更为明显，如埃伦·塞坡尔（Ellen Semple）和埃尔斯沃思 · 亨廷顿（Ellsworth Huntington）。在他们的著作中，新拉马克学说的影响非常显著。塞坡尔的著作《地理环境的影响》（*Influences of Geographic Environment*，1911）以及亨廷顿的著作《人种特征》（*The Character of Races*，1924）在自然环境与不同人群（白种人、黑人、土著居民等）的身心能力以及这些人群的“文明”程度之间建立了因果联系。即便到了 1931 年，我们也还时时能够看到以下表述：“从心理学角度讲，各种气候倾向于具有自身的精神力。它为当地居民所固有，并且会传输给外来移民。”（Miller，1931：2）

这种“环境决定论”是一种奇怪的学说。它认为自然环境是自变量，

而人类自然本性和人类社会是因变量。然而，一切决定论都为人类生物
学特征和生活方式的变化及人类生物学的控制留出了余地。正如塞坡尔 55
（1911：2）所说，准确地讲，人类应当被视为“多变的、塑性的、累进的（以及）落后的”，因为新拉马克主义者相信，生物性状和社会进步能够快速代代相传。实际上，这种信念在优生学运动中得到了更为广泛的表达（优生学指的是“种族改良”的科学）。毫无疑问，20 世纪初期优生学思想和实践在欧洲和北美的流行，让塞坡尔等人的思想大行其道（参见框图 2.1）。除了相互间的差异之外，环境决定论有时候可以算是公然的种族主义和帝国主义。它以发展为衡量标尺对全球社会进行排列，在“不文明”社会与“严苛的环境”之间画上等号，这就（非常不合逻辑地）暗示了，在生物和社会进化的良性循环中，大部分白种人得以从他们自己环境的决定力之下脱离出来。

### 框图 2.1　优生学运动

狭义理解，优生学是关于人类生物“改进”的理论与实践。广义而言，优生学相信生理和心理上存在的特定“缺陷”“问题”或“瑕疵”可以通过工程设计的方式消除，从而造福社会。当前，这样的“工程设计”主要能够在基因层面上达成。而在过去，它更可能通过对能够繁殖后代的个体和人群进行控制（比如，通过绝育措施）而达成。20 世纪早期，优生学流行于西欧和北美。这是在社会达尔文主义的广泛背景中兴起的，与动植物育种和杂交种所发现的“遗传规律”相符合。从最坏的方面来讲，优生学是种族主义、种族精英主义和社会排斥论。例如，20 世纪 20 年代，许多西方国家政府引入了绝育政策，用以阻止那些躯体畸形、智力低下、癫痫、精神分裂症以及其他慢性病患者生育子女。其持

有的观点是，要在一段时间之后，让国民“消除”这些生物缺陷。
56 在纳粹德国，优生学与消灭犹太人、同性恋者以及其他被认定的“劣等”人群相关联。这就表明，优生学毫无疑问具有价值评判。为了确定哪些属于“不被希望的”心理或者生理条件，人们必须对“正常”和“异常”的“人类自然特征”做出判断，这样的判断就反映出决策者的价值观和信仰。换言之，我们无法在脱离人的心理和生理遗传性事实的情况下，单纯地“读取”一个人的价值、幸福或者福利。尽管当今罕有人使用“优生学”一词，但人们仍然担心生物医学介入人类身体运行的这一新兴力量会让优生学死灰复燃（Duster，1990）。

实事求是地讲，并非所有早期地理学者都属于环境决定论者。例如，哈伯森无疑通过他的老师帕特里克·盖迪斯（Patrick Geddes）接受了拉马克的影响。但是，他对于区域中特定的人—环境关系的兴趣自《人类与其创作》发表之后有所减少。在这本书中，他通过某区域的自然资源禀赋“读取”了生活方式（田园、游牧、工业等）以及“区域特征”。与盖迪斯的另一位学生赫伯特·约翰·弗勒（Herbert John Fleure，1877—1969）相同，随着时间的变化，哈伯森成了“可能主义者”，与区域地理学的法国学派一脉相承。这一学派的中心人物是维达尔·白兰士（Paul Vidal de la Blache）。正如其名称所表达的，可能主义者相信，自然环境为居于其中的人类提供了机会，同时也产生了约束。这就使人类社会（如果并不仅限于人类生物学）具有了一定程度的相对自主性。这意味着，与同时代的决定论者相比较，可能主义者并不像种族主义者和种族至上主义者那样充满罪恶。比如弗勒，他对区域的自然和人文的多样性开展了研究，而并不仅仅是按照从“严苛与野蛮”到“温和与文明”的单一标尺对其加以排列。对于那些以所谓的某些地区的人具有“劣等性”为理由而去征服或者剥削这些地区并寻求开脱的人，弗勒的区域地理学并没有为他们提供子弹。

## （五）反 思

毋庸置疑，关于自然的问题对于地理学作为一门学科奠基而言至关 57
重要。事实上，可以认为，地理学从其本源来看是一门有关自然的学科。其含义有二：首先，“自然”现象是主要分析对象；其次，这些对象被用来对生命的“非自然”维度（如文化）提供解释。因此，自然不仅是地理学研究的重中之重，对于其他多种地理现象的解释而言也至关重要。因此，当此之时，地理学中存在“两个自然”：“第一自然”（环境），其作用施加于“人类自然（本性）”（身体和心理），并因人不同，为他带来或多或少的限制。因此，自然的两个方面对不同人群的社会、文化和经济的组织方式，都施加着具有因果关系的影响。

尽管自然具有以上所列的中心性，但依我之见，对于早期地理学者而言，自然同样是一把双刃剑。一方面，这些地理学者使用“自然”这一主题来确立他们看待世界的视角的独特性。毫无疑问，他们并非研究自然（人类和非人类）的唯一学术团体。因此，他们在学界的标新立异之处，在于强调特定的自然环境与特定的人类自然特征（生理的和心理的）和社会形态之间的特定关系。另一方面，这种全面性和综合性的视角，无疑成为地理学知识弱点（intellectual weaknesses）的核心。首先，这意味着地理学者的研究议题无比宏大。按照麦金德、戴维斯和哈伯森的观点，地理学者不仅仅需要通晓从土壤到植被、产业再到文化的一切，还需要理解万事万物如何在因果关系层面上互相作用。其次，人们很快就发现，无论是人—环境地理学者，还是区域地区学者，他们的著述都倾向于描述、隐喻和推断，而非充分论证和解释。地理学所具有的知识目标（intellectual projects）的规模，意味着从整体来看，他们无法准确识别人与自然之间的因果关系。通常，地理学者的工作更倾向于采用诸如英国文学和艺术史等人文学科的印象派模式。地理学者就这样在岩石和硬地之间的夹缝中艰难生存。随着专门学科在知识领域占据了越来越多的地盘，地理学却地位堪忧，成为研究把其他学科研究对象加起来
58 的万事万物的学科。无论是在人类—环境的模式中，还是在区域的模式中，开展研究总是无比艰难。

最终，还剩下一种选择，即让地理学成为单纯对自然环境开展研究的学科（或者至少与社会相分离）。正如我们所看到的，这是戴维斯推崇的观点，虽然他自己并未做到。在戴维斯之前，萨默维尔和托马斯·赫胥黎（Thomas Huxley，1877）也同样推崇这样的观点，后者的著作《地文学》（*Physiography*）阐述的是生物圈、水圈、岩石圈和大气圈之间的关联。在戴维斯产生的重大影响之下，这种把地理学视为地球科学的观点事实上变得非常活跃，在 20 世纪美国地理学研究中尤其明显。但这样做也存在风险，因为“自然地理学”这一新生学科（或者学科分支）无可规避地面临来自对非人类世界感兴趣的地质学家、植物学家、动物学家和其他专业研究者的竞争（甚至敌意）。然而，尽管存在以上种种问题，19 世纪与 20 世纪之交，作为一门学科，地理学在英国、美国、澳大利亚和新西兰缓慢却又坚定地发展起来。下面要讲述的就是地理学历史中的第二个重要部分，我们会发现，地理学奠基之初的“自然的问题”并未远离。这一问题对于 20 世纪中叶“地理学本质”的巨大改变发挥了积极的推动作用，我将对其加以解释。

# 三、20 世纪早期的发展

## (一)“占领还是清空地理学的‘中间区域’?这的确是个问题”

20 世纪 20 年代，围绕着是否以及如何把自然纳入地理学的本质之中而形成的张力浮出水面。面对一些人对于发展一门“系统性”或者“普通”地理学所持有的热望，那些坚持地理学整体观的人无疑会感觉到惊愕。受到戴维斯的启发，接受过自然科学训练的诸多地理学者习惯性地规避区域和人—环境研究方法中广泛综合的雄心。相反，他们试图成为环境专家。因为戴维斯惊人的研究成果，地貌学（对地形开展的研究）很快在英语国家中成为自然地理学的重要分支（至今仍然如此）。与此 59
同时，生物地理学（研究土壤）和气候地理学（研究气象学）也取得了初步的发展。就前者而言，弗雷德里克·克莱门茨（Fredric Clements，1916）开创了对植物群落的分类，并开展了对植物群落与周边环境之间的演替、顶级群落以及动态平衡的分析。美国学者 C. F. 马尔伯特（C. F. Marbut，1935）也为英语国家的地理学者译介了俄罗斯土壤分类学家和分析学家的开创性研究。此后，马尔伯特开始发表他所开展的关于美国土壤的研究。就气候地理学而言，20 世纪 20 年代的挪威科学家，诸如 J. 皮耶克尼斯（J. Bjerkness）等开展的研究能够对不同的气团和天气系统中的生活史加以分类和描述。

这种类型的专业地理学所取得的突出成绩之一，在于证明了自然地理学者具有成为环境专家的前景。这不仅跳过了与地理学的区域和人—环境概念相关的“万金油”的问题，还有望提供相当准确的描述和解释，而不是塞坡尔等人所提供的那种模糊肤浅的印象派分析。然而，当时的自然地理学发展存在两大障碍。其一，众多早期地貌学家、生物地理学家和气候地理学家并未在地理系工作，部分原因在于当时地理系数量稀少。其二，清空由区域和人—环境地理学者所占据的地理学“中间区域”的风险是，地理学在同源学科的同化作用下变得极为脆弱。即便对自然—社会关系所采用的演化分析方法存在种种缺陷，但正是对这种关系开展的研究让地理学拥有了在学术界的一席之地。然而，当戴维斯和其他地理学者开始打破把地理学合为一体的“新缝合的结构”时，巨大的风险出现了，即自然地理学以及尚待创建的人文地理学可能无法单独存活。

非常奇怪的是，20 世纪初期，地理学未能始终追随和拥护（champion）一个主题。这个主题是时下所关注的，并且无论是与进化论进行总体比较，还是与环境决定论进行特定的比较，它都能为研究人—环境的关系提供一种优选的方式。这是后辈地理学者的一部著作的主题，这部著作是《人类在改变地球面貌中发挥的作用》（*Man's Role in Changing the Face of the Earth*；Thomas，1956）。这一主题是由乔治·帕金斯·马什在其 1864 年的著作中提出的。在 19 世纪与 20 世纪之交的美国，这正是蓬勃兴起的分别以约翰·缪尔（John Muir）和吉福德·平肖（Gifford Pinchot）为代表人物的“保全主义”（conserva-
60 tionist）和“保存主义”（preservationist）运动的核心主题。和在西方世界其他地区一样，人口快速增长、规模化工业、商业性农业生产和城市化所带来的环境影响也开始在美国日趋显著。资源过度开发这一现代问题开始显现，在某些社会里日趋明显的是，联系人和环境的因果之箭是由前者射向后者的，而非相反。为何这一时期的地理学未能抓住“人类影响”这一主题？我们很难追溯和解释其原因。除了少数独立研究之外，如杰克（Jacks）和怀特（Whyte）的《强暴地球》（*Rape of the Earth*，1939）以及坎伯兰（Cumberland，1947）针对土壤侵蚀开展的研究，20 世纪 50 年代之前的地理学研究少有相关研究。可能是进化论思想对知识界产生的影响过于巨大，以至于未能给人类控制自然环境的相关思想留下空间。

即便如此，进入 20 世纪 30 年代，相当多的地理学者开始强调地理学的“桥梁”功能。但是，因为环境决定论的知识弱点和当时道德观的粗陋变得越发明显，所以这些地理学者开始寻找其他途径来思考人与环境的关系。在英国，环境决定论从来未像在美国那样强大，区域地理学者稳定产出着富含自然和人文景观细节的专著，却在其中回避了关于二者因果联系的宏论。达里尔・福德（Darryl Foord）、珀西・罗士培（Percy Roxby）和 H. C. 达比（H. C.Darby）就属于这类地理学者。在美国，美国地理学家协会（AAG）的主席哈兰・巴罗（Harlan Barrows，1923）认为，地理是对“人类生态学”的研究 [ 这种说法与芝加哥地理学者 J. P. 古德（J. P. Goode）1907 年的论述一致 ]。受到克莱门茨的生态学和恩斯特・海克尔（Ernst Haeckel，正是他初次提出“生态学”这一术语）的启发，巴罗认为，不同的社会都是在与环境条件的关系中不断对自身加以调整、适应和修改。这并非环境决定论，而是一种对作为控制条件的自然世界和产生响应、反馈的人类社会之间存在的辩证关系开展研究的开放性思维的宣言。

巴罗对其感兴趣的辩证关系中人的一方面，正是一位美国地理学者的关注对象。这位美国科学家在本国地理学领域中的影响与同世纪早期的戴维斯同样重要，他就是卡尔・索尔（Carl Sauer）。索尔是加州大学伯克利分校的地理学者，受到了人类学家弗朗茨・博厄斯（Franz

Boas）和阿尔弗雷德·克虏伯（Alfred Kroeber）的反决定论的重大影响。按他的观点，自然地理对“为人类活动提供背景而言发挥重大作用”
61 （Unwin，1992：97）。但是，他所坚持的观点是，这些行动可以直接通过自然环境加以解释。与博厄斯一样，索尔也受到了欧洲思想家威廉·狄尔泰（Wilhelm Dilthey）开创性工作的影响。狄尔泰并非把达尔文的思想延伸至人类领域，而是对“自然的科学”和“人的科学”进行了区分。他指出，前者寻求对具有秩序的自然世界进行解释。后者则相反，把人类文化和思想作为研究对象，从而提出更多有待理解的问题。实际上，狄尔泰在人与环境之间打进了一个本体论的楔子。[①]狄尔泰认为，因为两者的现实具有不同的秩序，因此需要采取不同的方式开展研究。立足于此，并基于博厄斯和克虏伯对于实地调查的坚持，而非盲目追求理论泛化，索尔在1925年发表了其颇具影响力的论文《景观形态学》（“The Morphology of Landscape”）。在文章中，他界定了地理学的主题并非人与自然的关系，而是人类行为对景观造成的可见的后果。他所开展的文化生态学或者文化景观研究，认为不言而喻的是，人惯常“把自然景观……转变为文化景观”（Livingstone，1992：297）。然而，与马什不同的是，索尔对工业社会发生的破坏性和时代性转变并不大感兴趣——至少在其学术生涯晚期之前。相反，他所开展的经验驱动的与理论不大相关的研究，聚焦于乡村和历史景观所具有的文化特质。这一点无疑体现出博厄斯和克虏伯的影响，他们都沉迷于研究西方之外其他社会人群的过去和现在。在索尔和他的众多学生的著作中，地理学被当作一门研究“文化区域”的“生物分布的学科”（chorological discipline），不同的自然景观被不同人群以不同方式缓慢改变。就道德而言，索尔的景观

① 即通过本体论在人和环境之间制造罅隙。——译者注

形态学彻底摒弃了环境决定论的绝对主义，并呈现出丰富性和包容性。乐于接受地理差异与特殊性这一点，在盖迪斯、弗勒和后期的哈伯森等人的地域主义研究中都有所显现。

即便索尔的研究更倾向于人和环境关系中人这一方面，也并不意味着此时“人文地理学”已经成为地理学科被认可的一部分。当然，若干区域地理学者对某一区域中人的维度开展的研究超出了对其自然维度的研究［如弗勒（1919）］。同时，也有一些地理学者只对区域中的人文方面开展研究，这也正是经济（或者“商业”）地理学和政治地理学的发端。例如，麦金德就沉迷于研究世界自然地理会对国家之间的关系（外交关系和军事关系）产生何种影响。麦金德把土地、海洋和资源不规则的 62
地理分布视为国家之间为生存和繁荣而开展斗争的导火索（Mackinder，1902）。英国的乔治·切斯霍姆（George Chisholm）和美国的 J. 拉塞尔·史密斯（J.Russell Smith）一脉相承，同样探究了自然资源禀赋的空间数量和品质的非均匀性如何对经济活动产生影响。切斯霍姆多个版本的《商业地理学手册》（*Handbook of Commercial Geography*，初次发表于 1889 年）以及史密斯的《工业和商业地理学》（*Industrial and Commercial Geography*，1913）都表明，不同的社会基于不同的资源基础建立起了不同的产业门类。然而，即便付出上述种种努力，1948 年，艾赛亚·鲍曼（Isaiah Bowman），这位当时地理学界举足轻重的人物——他关于地理政治的著作至今仍被牢记——还是告知史密斯，人文地理学永远不可能成为地理学中的独立分支（Smith，1987：162）。索尔所开展的颇具影响力的研究，似乎也成为对这一判断的证明，因为他坚持让文化态度和实践的研究与自然景观的日常改变达成关联。

## （二）地理学研究的自然以及地理学的本质

下面我会进行总结。在第二次世界大战前夕，西方地理学的研究和教学包含四个方面，其中第一个和最后一个方面总是被另外两个所掩盖。第一，新兴的自然地理学为地貌学所主导，与其他地区相比较，这一现象在美国更为明显。第二，区域地理学渐趋与环境决定论分离，这在英国尤为显著。第三，人文—环境地理学延续的传承也在迅速摆脱决定论的包袱，并被渐趋纳入地方主义传统。在索尔的解释中，这种类型的地理学巧妙地反转了因果之箭，重点关注人类能动性（human agency），而较少关注自然之必要性（natural necessity）。关注重点发生的变化表明，在 1939 年之前，诸多地理学者在环境与人类自然本性和社会之间建立的因果联系是多么令人生疑。第四，人文地理学此时试探性地出现了，其开展的研究相对（并非绝对）隔离于环境问题之外。

依我之见，自地理学成为一门专业化的学科以来，已经过去了将近半个世纪，而此时自然对地理学的特征而言仍然无比重要，同时对地理学内部问题以及地理学在学术界一直以来的不稳定地位也至关重要。通过以上讨论，对地理学的特性而言，自然的核心地位已经无比清晰，即
63 便在环境决定论的热度退去后也仍然如此。到了 20 世纪 30 年代，与前面数十年相比较，地理学作为自然主义本体的（特征）不再那么显著，但是，地理学仍然高度关注自然，自然不但是一个重要的分析对象，而且其本身也是具有因果关系的力量。地理学的内部问题主要围绕着如何最好地对自然开展研究，如同人们 50 年前所做的那样。此时，三个问题浮现出来。首先，是地理学中进化思想的衰微。这既是福音，又是诅咒。从好的方面讲，这样就把关于人类自然本性的讨论从大部分地理学者的研究范围中抽提了出来。如上所述，它调节了决定论话语中通常所

包含的粗略的因果陈述和道德判断。正是西格蒙德·弗洛伊德（Sigmund Freud）的思想导致关于人类心理的讨论出现了变革，人类生物学这一学科开始扩展。显而易见，关于人类的思想和身体，地理学者并未拥有多少话语权。从坏的方面讲，失去一门把人和环境联系在一起的包罗万象的理论，堪称损失重大。这导致地理学者失去了在社会科学和自然科学之间搭建“桥梁”的因果一致性概念。这同样意味着，地理学者日渐成为经验主义者，即事实的汇集者以及自然和人文景观的描述者。这一点在数不胜数的区域专著中表现得格外明显，简直成为战前地理学者的惯用套路。其糟糕之处在于，这些专著连篇累牍罗列某一区域的各种人文与自然特征；有益之处则在于，它们对某一区域的独特性提供了创造性的阐释。弗勒（1926）的《威尔士和她的子民》（*Wales and Her People*）就是这类作品中的典型。通过非常典雅的辞藻，弗勒对威尔士“精神”发出了呼吁，这是由凯尔特人的历史、盎格鲁—撒克逊的入侵以及山石嶙峋的海洋环境混合而成的独特精神。他的这本书更像一种对印象主义分析和阐述的尝试，而非科学严谨的著述。

区域性专著还呈现出地理学的第二个内在问题，这个问题同样与自然的问题紧密相关。20 世纪中叶，地理学者的研究范围变得过于广泛，这一点已不言而喻。地理学的开创者们遗留下的问题仍然无法回避。尽管有诸如索尔和戴维斯等地理学者所付出的努力（他们聚焦于人—环境辩证关系中的某一方面），但是地理学仍然无力挣脱研究对象太过宽泛的沉重负担。这就进一步证实了以上所列的地理学科经验论的说法。如果说在 1930 年之前，地理学如麦金德和哈伯森所愿是一门“综合性”学科的话，那主要是从学科的描述性方面而言的，几乎无法涉及其他。描述当然非常重要，特别是在涉及未知的事物，或者从崭新的视角看待 64
熟悉的事物时尤为如此。然而，解释同样重要，只是地理学者所提供的解释往往并不具有说服力。

当然，我们仍有可能让地理学成为一门具有说服力的研究因果关系的学科（causal subject），但这并不是以缩小地理学研究范围为途径，而是通过每个地理学者研究范围的缩小而实现的。正如前面所说，戴维斯的剥蚀年代学以及切斯霍姆、史密斯的经济地理学表明，在这一学科之中进行分工是可能的。自然地理学者可以把关注点放在自然环境的不同部分及其相互联系之上，而把人类维度的问题留给其他地理学者。以上所列种种学术专攻，可能仍然让人对地理学整体论的雄心充满希望。但是，把地理学科的“半壁江山”建立在环境研究之上，却为地质学家、植物学家、动物学家和其他专业研究者侵入并占据自然地理学者青睐的知识领域打开了大门。同样，地理学的另外一半，即人文地理学的创建也提出了这样一个问题：人文地理学如何让自己有别于社会科学和人文学科？这是战前地理学的第三个内部问题，这一问题同样是从本学科早期历史中传承而来的。

从外部而言，这一切意味着，在 20 世纪 30 年代之前，其他学科常常对地理学持两种负面观点。正如赫布斯特（Herbst）后来所提到的，地理学者“背负着令人怀疑的名声，被视为地质学、气象学、地球物理学、植物和动物生态学等领域的闯入者和二流演员……是假冒的社会学家、政治学家、经济学家和历史学家”（Herbst，1961：541）。同时，区域地理学者兴趣范围的广度以及他们经常做出的关于区域的印象派的描述，让这一学科“在更为专门化的学科的研究者心目中有了浅薄的形象”（Livingstone，1992：311）。正如 R. J. 拉塞尔（R. J. Russell）1949 年所做的反思：“我无法避免得出这一结论，即地理学者并未得到尊敬。我发现地理学受到了来自各个方面的尖锐批评。”在回顾历史时，彼得·古尔德（Peter Gould）这样写道：“几乎不可能（在 20 世纪 40

年代之前的地理学领域）找到一本著作……可供放置于其他领域学者的手中，且不至于感觉到羞愧。”（Gould，1979：140-141）地理学的双重形象在美国产生了格外严重的后果。哈佛大学校长詹姆斯·科南特（James Conant）1948 年认为：“地理学不是一门大学学科。”（Smith，1987：159）随后不久，哈佛大学的地理系被撤销了。更为普遍的说法 65
是，20 世纪中叶，美国的自然地理学未能在试图独立于地质学和其他学科之外的斗争中取胜（Leighly，1955）。

## 四、战后的纷争

### （一）两种地理学?

第二次世界大战之后，地理学的本质快速发生变化。1945 年后，新一代知名地理学者崭露头角，他们经历了人类历史上破坏性最强的战争，特别是当时欧洲的地理学者生活在迫切需要物质重建和经济复苏的社会之中。在战争年代，诸多上述地理学者为军界和情报部门服务。他们所拥有的地图学、土地利用调查、资源分类和区域分类方面的专业经验，在从后勤物流到战争规划的一切事项中都大有用处。然而到了 20 世纪 40 年代末，爱德华·阿克曼（Edward Ackerman，1945）等地理学者得出的结论是，他们在战前所接受的地理学教育是失败的。所谓“失败”，有两方面的含义。首先，地理学者欠缺局部的专门知识和技能，而其所掌握的区域专业知识也极为浅显。其次，战时地理学者缺少技术性和方法性技能，无法对真实世界中的现象进行准确的测度。在进行军事和土木规划时，这就是一个难以克服的弱点。

正是在这样的背景之下，战后地理学者共同着手对这个学科进行彻底改造。但是在此之前，威斯康星大学的地理学者理查德·哈特向（Richard Hartshorne，1939）却固守过去。哈特向的一部产生重大影响的著作《地理学之本质》（*The Nature of Geography*），准确地告知了地理学者这一学科应当是何种样貌的（正如这本书响亮的标题所表达的）。迄今为止，对地理学进行定义始终都是一种最为复杂的尝试，哈特向以前辈们从未用过的方式，援引了海量哲学文献，用以证明他的观点的正确性。为了与战前的区域主义者保持一致，哈特向把地理学定义为就“区域差异性”开展研究的学科。对他而言，地理学是研究独特性和特殊性的学科，其他学科关注的则是一般模式和过程。他对人—环境的主题不以为然（毫无疑问，这是因为环境决定论声誉不佳），同时极富策略性地强调，地理学重点关注的是不同地方现象之间的关联（Entrikin，1981）。

66 然而，哈特向对于学科综合持有的热切愿望很快受到了挑战。挑战者们以牺牲区域主义为代价，试图强化地理学新兴的“系统的”（即专题的）学科分支。这些挑战主要来自自然地理学领域的巴格诺尔德（Bagnold）、霍尔顿、斯特拉勒（Strahler），以及自然地理和人文地理兼顾的弗雷德里克·舍费尔（Fredric Schaefer）。他们的贡献使战前就已经出现的地理学向专题、专业化转变的细微倾向得以加强。除此之外，他们还试图让地理学不再是研究区域或者人与环境之间的关系的学科，而是成为一门空间科学。这一点在舍费尔（1953）对哈特向的抨击中暴露无遗。作为训练有素的经济学者，同时作为被纳粹关押过的德国难民，舍费尔在20世纪30年代深受维也纳学派的影响。这一学派致力于对科学是什么加以定义。舍费尔在战后就职于爱荷华大学地理系，他相信地理学能够成为一门如同物理学或化学的科学。然而科学又是什么？地理学与其他科学的不同之处在哪里？舍费尔的答案是，所有科学都建立在细致的经验性观察基础之上，都应当以解释为目标，其终极问题应当是发现潜藏在不同现象、多种类型行为之下的普遍规律（如万有引力定律）。他认为：“应当把地理学设想为一门科学，其所关注的应当是确定控制地球表面特定形态的空间分布的规律。”（1953：227）地理学就这样又一次被加以定义，但并非根据学科主题被定义，因为地理学的学科主题是与其他学科共享的，而是按照其视角被定义（事物的空间分布）。（参见框图 2.2）

与舍费尔的介入相同，另有数位对环境感兴趣的批评者基于精密测量为自然地理学铺平了道路，他们的目标在于识别与确认产生地形、河道、土壤剖面、植物群落和气候与天气模式的普遍过程。巴格诺尔德的《风沙物理与沙漠沙丘》（*The Physics of Blown Sand and Desert Dunes*，1941）探究了在干旱环境中过程—地形的关系（巴格诺尔德在英国服兵役的地点位于干旱区域）。R.E. 霍尔顿（1945）借助自身的工程背景，提出水在不同类型土壤、岩石以及穿透其中的运动上，会产生恒定的物理后果，可以对其进行经验测量，甚至加以预测。

**框图 2.2　地理学作为一门科学** 67

第二次世界大战之后，舍费尔和其他学者试图让地理学成为一门“空间科学”，这就传递出这样一种错误印象，即战前的地理学认为该学科是“不科学的”。实际上，英语国家大学地理学的奠基者们（如麦金德）是把这一学科看作科学的，正如舍费尔曾经的对手理查德·哈特向所认为的。这就提出了以下问题：科学是什么？这一问题没有唯一正确的答案。例如，《牛津英语词典》对“科学”一词提供了四种主要的解释。维多利亚时代晚期，英语国家地理学的奠基者无疑对科学具有极为泛泛的理解。他们认为，地理学的宗旨在于通过对人类和非人类世界开展系统性观察，来尽力理解世界。在这个意义上，他们把科学与意见、宗教、形而上学、教条、神秘主义进行了区分。对他们而言，科学是以证据为基础的知识，因此，是对事实相对客观的反映。也就是说，科学是事实，而非幻想。但是，20 世纪早期，大部分地理学者罕有出离这一极为泛泛且相当“单薄”的概念，就科学与其他人类实践有何不同、科学知识与其他知晓方式有何不同提供更为深入的见解。后来，舍费尔的论文以及邦奇（Bunge，1962）、大卫·哈维（David Harvey，1969）和其他空间科学家的研究，试图提供关于科学的更为具体或者“厚重”的概念。按照某些人的认识，这一概念是“实证主义”或者“逻辑实证主义”的。本书并不容我就科学的两个概念做出冗长的解释，但是我可以提出若干要点。首先，这两个概念都把下列观点视为公理，即物质世界独立于研究者存在（“本体实在论”的前提条件），如果遵循适宜的方法与程序，科学知识能够对世界进行精准反映（“认识论实在论”的前提条件）。其次，这两个概念都指出，物质世界可以发挥“上诉法庭”的作用，可以就关于其真实本质的各执一词的解释做出裁决。它们都相信，通过知觉和多种仪器，我们能够确定世界中存在的“外在的”经
68 验性真理。最后，这两种概念都认为，系统性可重复的研究程序是避免偏差的最佳方法，这样可确保事实能够“不言自明”。关于人文地理学实证主义思想的更多信息，请参见约翰斯顿（Johnston）的著作（1986：ch.2），关于自然地理学的更多信息，请参见英克彭（Inkpen）的著作（2004）。在本书第四章中，我将提供更多有关科学的整体说明，从而对自然地理学的科学性凭证进行讨论。

最后，斯特拉勒（1952）在其著作《地貌学动态基础》（*Dynamic Basis of Geomorphology*）中强烈要求，自然地理学者应当测定并解释，在具备特定的初始条件的情况下，普遍规律所决定的过程如何创造出特定的地貌类型。巴格诺尔德、霍尔顿和斯特拉勒的工作又共同揭示出戴维斯地貌演化理论及其延伸出的所有地表现象演化理论所具有的不精确、非定量以及推理性等众多弱点。他们为自然地理学奠定了基础，即应当通过重复性观察与测量的方式对可供反驳的假说进行检验，从而做出解释。[1] 与 1939 年之前地理学取得的发现相比较，这种对自然环境的研究更为专门化、更加严谨，并且有更少的描述性。得益于新技术的发展（如花粉分析和航空拍照技术），实地或者在实验室内对环境现象进行测度得以进行。在不到十年的时间中，诸如《地貌学中的河流过程》（*Fluvial Processes in Geomorphology*；Leopold et al.，1964）等重要著作已经让这种崭新类型的自然地理学有了非常严肃的命题。

与之相对，20 世纪五六十年代，人文地理学作为地理学中的独立部分发展起来，并具有了自身的分支学科。人文地理学的想法与自然地理学一样，就是从对区域主义和人—环境研究所占据的综合空间的清理中挺过去，作为一门区位科学（locational science）生存下去。它应当去描述、解释甚至预测经济学家、社会学家和政治学家所开展的非地理学研究之现象的空间模式。经济和城市地理学就此大踏步前行。美国人文地理学的少壮派们，如布莱恩·贝里（Brian Berry）、威廉·邦奇和威廉·加里森（William Garrison）等都坚持认为，经济和城市生活之中存在空间秩序，并着手去识别这种秩序以及导致这种秩序的普遍过程。更为概括地说，彼得·哈吉特（Peter Haggett）的标志性著作《人文地理学中的区位分析》（*Locational Analysis in Human Geography*，1965）指出，人文地理学者希望研究的一切现象，从人口迁移到交通，

69 这些都具有非随机的空间配置，可以借助若干重要原理或者过程进行解释。在致力于成为地理学科独立分支的征途中，相较于自然地理学，人文地理学在美国取得了更大的成功。自然地理学从未脱离地质学的控制。在英国和英联邦国家中，20 世纪五六十年代的人文地理学和自然地理学都取得了蓬勃发展，这一时期政府对大学投资甚巨。

尽管在 20 世纪 60 年代，人文地理和自然地理之间的差异越发明晰，但这至少在最初并不意味着地理学是一门分裂的学科。尽管在学科议题上存在显著差异，人文地理学和自然地理学却具有以下重要共性。首先，从为何如此众多的河流支流系统是树枝状的，到为何随着与移民源区的距离的增加而出现迁移量的降低，二者共同致力于对地球表面不同尺度上的空间分布和空间模式进行描述和解释。其次，人文地理学和自然地理学都采用相同的研究程序，也就是演绎—律则程序（deductive-nomological procedure，或称“科学方法”）。这一程序尽管在实践之中并未被严格遵循[2]，却能确保无论其学科议题是什么，所有受其启发的追求科学的地理学者都会以相同的方式对事实开展研究。正如大卫·哈维在其方法论论文《地理学的解释》（“Explanation in Geography”，1969）中所解释的，科学方法决定了其后的步骤。研究人员首先应当对其感兴趣的现实的一部分开展细致观察，之后使用清晰的假设对所看到的事实进行解释。随后对假说加以验证，通过无数次经验性证实/证伪的努力去看能否对假说进行确认。因此，只要经验性证据数量足够充分，就能够从当前已经被证实的假说之中推导出理论或者定律，并把它运用于其所涵盖却并未加以研究的所有个例之中。这也就意味着，在未来，只要对定律或者理论具有信心，并对相关情况的特性（或者“初始条件”）拥有足够的局部知识，就有可能对一系列事件做出预测。[3] 在此，我提及了定律和理论。再次，20 世纪五六十年代人文地理学和自然地理学具备的第三个共性，即致力于发现定律和建立理论（以及模型），使其在多种类型的分支学科领域具有广泛的应用性。在经济地理 70
学中，这包括区位理论；在人口地理学中，这包括人口迁移的“引力定律”。不少新著作的名称，如邦奇的《理论地理学》(*Theoretical Geography*, 1962）和谢德格（Scheidegger）的《理论地貌学》(*Theoretical Geomorphology*，1961)，都大胆呈现了地理学的新重点。最后，在第二次世界大战结束后的 20 年里，期待成为科学专家的地理学者热衷于数值测量，并在其数据收集与分析之中使用描述性和推断性的统计方法。实际上，20 世纪 60 年代的一位地理学者认为，可以毫不夸张地说，1945 年之后，地理学领域出现了一场“定量革命”（Burton，1963）。

## （二）中心在收缩

尽管地理学的传统研究对象被分派给了这一学科的某一个“方面”，但有些地理学者依然希望去占据 20 世纪初期的前辈所深爱的中间部分。即便是在“空间科学”革命期间，也还有不少地理学者持续开展哈特向所开启的区域模式（regional mould）的工作，或者致力于索尔所倡导的文化景观研究。一些地理学者开始把区域研究看作一门“艺术”，一种解释性与想象力综合的实践（Gilbert，1960）。然而，另外一些学者，数量相对较少，他们试图变革人—环境关系的研究与教学传统。其主流人物是芝加哥大学的吉尔伯特·怀特（Gilbert White）。怀特是巴罗的学生。他的著作《人类与洪水相适应》(*Human Adjustment to Floods*，1945）有助于地理学对人—环境研究进行革新，但这需要把地理学者的研究焦点加以收缩。这样的收缩必须首先关注人类如何对极端自然事件（如洪水）做出行为调节（或者无法做出行为调节）。怀特还对人和环境关系之中人的部分感兴趣。他所关注的是人类对于灾害风险的认识如何影响他们做出的选择、在何处生活、在何处工作，以及如何降低面对地球物理灾害威胁时的脆弱性（还请参阅 Saarinen，1966）。怀特的工作启发了他的学生伊恩·伯顿（Ian Burton）和罗伯特·凯茨（Robert Kates），他们就洪水管理开展了应用研究。通过研究，他们提出了敏感性的政策建议，直接对应于人们通常对灾害所特有的认知如何影响其决策，以及人们面对这些风险时实际的脆弱性。怀特及其学生的研究表明，对洪水进行管理不仅在于物质环境规划，同时还应理解人们关于世界的心象地图。

71 这些地理学者所开展的有专门主题的、基于经验及相关政策的研究，无论具有何种优势，都未在 20 世纪五六十年代地理学两个快速发展的分支之间搭建起桥梁。对于地理学科的其他研究者而言，需要另辟蹊径地把地理学融合为一个整体。他们所需要的并非诸如进化论等因果关系理论，而是更为具体的某种东西，使其发挥黏合剂的作用。所谓“某种东西”，正是系统理论。系统理论与其说是一种常规意义上的理论，不如说是用来研究各种不同类型事物的大有裨益的分析语汇。系统理论拥有地理学之外的多种源头，在坦斯利（Tansley）的“生态系统”思想之中，以及在冯·贝塔朗菲（von Bertalanffy）的一般系统思想之中都有所体现。在地理学中，乔利（Chorley）和肯尼迪（Kennedy）合著的《自然地理学：系统方法》（*Physical Geography：A Systems Approach*，1971）是首个纲领性的陈述。尽管该书所呈现的系统理论仅仅是让自然地理学正在成长的分支学科整合于一体的途径，但却具有广泛的意义。如乔利和肯尼迪所列，系统包括组成要素、不同要素的相互关系（简单的或者复杂的），以及输入和输出（如能量和物质等）。他们认为，诸如“动态平衡”“负反馈”和“正反馈”等系统概念，可应用于各种各样的主题。他们还对不同类型的系统进行了非常有效的区分（开放系统、闭合系统、级联系统、过程响应系统等）。就人与环境的关系来说，人可以被视为复杂系统（often-complex systems）中的一个要素。在这一系统中，人与自然要素按照模式化（patterned）的方式相互作用，并产生可供辨识的后果（Bennett and Chorley，1978）。

从某种意义上讲，系统理论与数十年前的进化论一样，让人们对地理学学科一体化充满信心，并且它没有进化论中令人生疑的关于因果关系的说法，而是使用了听起来很科学的词汇。非常奇怪的是，整体来看，系统理论却从未被地理学真正接纳。也有若干例外，如伯纳德·尼采曼（Bernard Nietschmann，1973）所开展的实证研究。系统理论成为自然地理学界内部的选择结构（并在自然地理学界沿袭至今，参见 Gregory，2000：ch.4；Inkpen，2004：ch.6）。然而，即便系统理论能够被地理学整体采纳，系统思维事实上也只是一个术语，一种描述性的工具，为人文地理学和自然地理学提供共用的概念性语言。对于不同的地理学者而言，其精确的运作总会有所不同。系统理论最多只能发挥微弱的黏合作用，把地理学萌生的分支组织在一起。当然，悲剧在于，地理学未能阻止随着西方环境运动的开启而在人文地理学和自然地理学之间产生
的愈演愈烈的分化。在 20 世纪 60 年代末之前，人口增长、经济发展以 72
及大规模消费对于自然资源的可获得性以及生态系统的完整性产生了重大影响，这一点表现得非常明显。日本水俣湾汞中毒、托利·卡尼翁号油轮溢油、雷切尔·卡森（Rachel Carson，1962）关于除草剂和杀虫剂如何进入食物链的畅销书，以上所列，以及种种其他事件，共同促成了第一个地球日的出现、绿色和平组织和地球之友的创立。20 世纪 70

年代早期，人们还提出了其他影响深远的环境倡议。地理学得到了一个绝佳的机会，可让“人类影响”研究成为学科的主流。这种可能性早在 1956 年的《人类在改变地球面貌方面发挥的作用》（*Man's Role in Changing the Face of the Earth*）一书中就被预测了。在这本书中，已近暮年的卡尔·索尔为工业社会造成的环境退化深表惋惜。

为何错失了这一良机？原因很难说清（Simmons，1990）。尽管地理学在教学层面上抓住了这一机会，但并未在研究层面上抓住。乔利的著作《水、地球和人类》（*Water，Earth and Man*，1969）呼吁在人与环境的互动中关注新的重点，这是一个例外。地理学者显然未能对自 20 世纪 60 年代之初渐趋显著的局部及全球“环境问题”开展分析（Mikesell，1974）。从道德上讲，地理学也几乎忽略了人们在广泛的环境运动中提出的亲自然（或者生态中心主义）论调。只有少数地理学者继续对怀特等人所开展的自然灾害方面的研究加以补充，但这些研究相当人类中心主义，把重点放在了资源管理上。这种资源分析通常是经验性的、定量的，并且以地理学者蒂姆·奥里奥丹（1976）所说的“以技术为中心”的模式开展。换言之，这种研究所关注的，是如何为了当前和未来人类的需求最大化地保护资源。这些研究甚少涉及资源枯竭的根本原因，并且颇以人为本（参见框图 2.3）。与之相关的是，若干自然地理学者关注的是人类活动对其感兴趣的环境部分所产生的影响，反之亦然（Hollis，1975）。与资源管理研究相同，其研究也涉及政策维度，因为环境管理需要以对管理对象（如河流、土壤侵蚀、捕食者—猎物关系）的准确理解为基础。尽管这看起来显然是“道德中立的”，但这种类型的研究毋庸置疑地具有价值负载，因为首先，它并未对导致环境退化的人类行为和价值体系提出质疑。这完全是“现状”（status quo）研究。

## 框图 2.3　对自然环境持有的态度 73

按照奥里奥丹（1989）所言，生态中心主义和技术中心主义（ecocentrism and technocentrism）是西方社会对于非人类世界持有的两种主流态度。前者是一种亲自然（pro-nature）的态度，又分温和的和激进的等若干流派。温和派（社群主义）建议复归小规模社区，并以可持续的方式采用清洁环保的技术利用本地环境。激进派（有时被称为深绿或者暗绿态度）指出，非人类世界也拥有其固有的权利，应当得到尊重。与生态中心主义相反，技术中心主义把非人类世界视为服务于人类福利的手段。其温和的形式是迁就适应派（accomodationist），即对技术和制度的适应性充满信心，认为它们足以在出现资源稀缺或者环境问题时进行调节，不至于导致生活标准降低。技术中心主义中较为激进的干涉介入派（interventionist）则相信，技术和创造的力量足以为了人类而转变环境，如转基因食品。无论是生态中心主义，还是技术中心主义，其温和派都未对西方社会当前利用环境的组织方式提出根本性的挑战。与之相反，激进派们则对其提出了根本性的质疑，这也正可解释为什么激进思想并未流行。深绿态度的生态中心主义者呼吁崭新的环境伦理的出现，并把人类和非人类世界放置于道德天平的两端。与此同时，左翼干涉介入派，如若干马克思主义理论家，他们希望实现一种后资本主义的未来，即每个人都可以享有高水平的生活，而非由少数富人专享。在其设想的后资本主义的未来之中，对于环境的开发利用应该能够满足所有人的整体需要。技术中心主义中，无论是迁就适应派还是干涉介入派，都是以人类为中心的。也就是说，这一思想认为人类优先于环境。关于上述环境态度的细分，可以以对待动物的态度为缩影。例如，极端动 74

物权利保护主义者相信，动物拥有与人类相同的权利（具体案例参见 Wise，2000）；技术中心主义的干涉介入派则非常欣慰地看到，转基因动物可开展研究，并能成为人类营养物。

## （三）自然的知识

前面两部分已经表达得非常清楚，20 世纪 60 年代后期，地理学理解自然的方式已经发生了巨大变化。首先，所谓“自然”，近乎完全指代非人类环境，包括生物的和非生物的，有生命的和无生命的。其次，对于以上所列自然的研究，已成为自然地理学者的专属，仅有极少量人—环境地理学者和充内行的区域地理学者的参与。再次，自然地理学者也对“本质”以及“固有力”这两种含义的自然感兴趣。他们的目的在于揭开环境过程的真正特征，并辨明其对地球表面所产生的影响。这些地理学者倾向于基于谨慎的实地和实验室分析开展高度实证性的小规模案例研究，因而便于达成上述目标。最后，20 世纪 60 年代后期，相对年轻却快速发展的人文地理学大部分都是非自然的，其研究对象是人以及人的活动的空间组织。在空间科学盛行的年代里，人文地理学家规避对“人类本性”的讨论。那些假设存在普遍的人类特征（如“理性”以及“最小化努力”的愿望），从而生成关于现实世界空间格局的待检验模型和理论除外。在随后的四十年中，人文地理学成为一门社会科学，并有别于自然科学，这可以算是一个开端。

我们如何解释地理学者所研究之自然的转变、对自然开展研究的地理学者的转变以及对自然开展研究所采用的方式的转变呢？ 20 世纪中叶，人们让自然地理学成为一门科学的愿望非常强烈。毕竟，与产生知识的其他活动相比较，科学具有更为严谨的形象。借助于精确的测量技术、科学方法，以及理论、定律、模型，自然地理学者能够作为非人类世界的分析者赢得尊重和名望。自然地理学者将成为实地科学家，与 75
实验室科学家相提并论，还能够把后者的若干发现加以应用（参见第四章）。与此同时，如果人文地理学针对社会科学和人文科学的非地理研究对象的空间格局进行研究的话，那它就无力继续对环境加以研究。把这些放置到时代背景之中，需要指出的是，战后西方国家机器规模急剧扩大。1945 年以后，国家政府在公共生活中发挥着重要作用，更不用说为国民提供的种种福利。国家政府承担的管理功能，不仅限于社会，同时还包括环境（比如，20 世纪 70 年代早期，尼克松总统创立了美国环保局）。这就为自然地理学者和人文地理学者，以及居于二者之间交叉领域的地理学者创造了机会。例如，众多人文地理学者积极参与交通政策、城市和区域规划，以及工业区位政策的研究与制定中。他们可以利用自己的模型和理论分析与规划社会的空间组织。自然地理学者还可以利用其科学的名号吸引“纯粹环境研究”的国家基金。最终，人文—环境地理学者可戴着以事实为基础、以技术为中心的帽子为资源和环境管理做贡献。

20 世纪 70 年代早期，地理学者生产出的与环境相关的知识拥有下列特征。第一，与席卷地理学的科学范式保持一致，大部分此类知识都自称事实。换言之，这是关于非人类世界的知识，相信其特征能够被准确描述、解释并可能加以预测。这种类型的真实知识不但与早期环境学者中决定论者时而做出的错误的断言形成鲜明对照，而且与诸多区域地理学者的呼吁式散文相去甚远。第二，此时地理学者关于环境的知识大部分是认知性的。关于非人类世界的道德、伦理和美学等问题，基本都被留给了哲学家、诗人和思想史学家。第三，人们相信，地理学家针对环境开展的研究，大部分是把价值判断排除在外的。这不仅意味着研究者把自己的价值排除在外，从而让自然的事实“不言自明”；同时还意味着，人们相信地理学者所生产的关于环境的知识是“自然的”——价值被摒弃于科学研究之外，而非依附于它。第四，此时地理学者就环境
76 开展的大量研究都是工具性的。换句话说，其目的都是控制和预测自然现象。

基于此，自 20 世纪 60 年代早期开始，自然地理学者和人文—环境地理学者就吸引了大量公共研究基金。随着大学的扩张，本科生和研究生人数显著增加。学生们都被接受严谨的“科学性”教育可帮助他们为就业招聘做好准备的理念所吸引。针对那些具有强烈环境兴趣的学生，这一时期的地理学教育会为他们提供一切与事物的运转和妥善管理相关的专门知识：从海岸带环境到草原生态系统，再到渔业资源等。这是地方和中央政府在执行其环境管理职责时所需要的知识。这同样是以资源开采为主业的企业要求他们的员工掌握的那种知识，如英国石油公司（BP）。当然，也存在例外。英语国家中的某些地理学系，依然延续战前研究和教学的传统，还有人并不把人文地理学看作空间科学，而是视其为“艺术”（如前文所列）。例如，在美国，索尔的影响力仍在，同时安德鲁·克拉克（Andrew Clark，就职于威斯康星大学）等后起之秀创建了文化—历史景观的相关方法。在英国，诸如亚伯大学等的学校地理学系也依然延续着“人类区域”的研究。

## 五、本体论的区分与人文地理学的去自然化

20 世纪 60 年代与 70 年代之交，人文地理学和自然地理学的差异更趋显著。其差异并不仅在于前者研究人，后者研究环境，也还在于它

们针对各自研究对象所采用的研究方法出现了变化。人和非人类世界之间存在本体论的差异，在此基础之上，地理学的两大分支渐行渐远。我将在本章后文中对此进行解释。我也会在后文中提及，若干对环境感兴趣的人文—环境地理学者开始不再把重点放在环境的“自然性”上了。

## （一）把自然排除在外的人文地理学?

科学化的人文地理学所提出的理论和模型存在的一个问题，是他们 77
针对迁移模式、工业区位、通勤行为等提供了极为相似的描述和解释。原因之一在于，他们对于人这样的行动者如何在真实世界的背景中做出决定进行了简单化的假设。实际上,20 世纪 60 年代的人文地理学是“非人性的”：它未能理解人在具体情况中的真实生活和行为的复杂性。相反，它倾向于分析关于移民数量和目的地，工业数量、类型和位置，通勤人数和距离衰减特征以及诸如此类的大型数据集。简而言之，人文地理领域的“空间科学家”开展人的研究，却与人“拉开了距离”。

这就为后来的行为地理学铺平了道路。其早期研究，包括怀特、沙里宁（Saarinen）以及其他研究者所开展的危险感知研究。以考克斯（Cox）和格莱奇（Golledge）的《地理学中的行为问题》（*Behavioural Problems in Geography*，1969）为正式序幕，这一学派通过“关注人类从中获取感觉信息、利用并记忆周边环境的复杂方式”，“致力于构建关于世界更为真实的以人为中心的模型”（Hubbard et al.，2002：36）。从存在论的角度出发，行为主义者认为，人类与石头或者原子并不相同（呼应了狄尔泰 19 世纪末所提出的观点）。如果人做出决策和采取行动的确有秩序与规律可循，那必定是“模糊的”。基于这一信念，行为地理学者针对不同的人如何处理周边的信息，如何把信息转换成特定的思想、信仰和态度，以及随后如何在此基础上采取行动而开展研究。被这种方法视为公理的是，如果可以用类似定律的表达方式对人类决策进行描述，那这些表达方式应当是随机的和或然的，而非严格确定性的。其所采用的理论和模型来自心理学、景观规划学和微观社会学。从方法论上看，行为地理学者使用心理测试、调查问卷、等级评定以及绘制心象地图的手段对人的知觉、理解和态度进行评测。总之，行为地理学挑战了空间科学家普遍的理性假设。行为主义者认为，如果人拥有“自然本性”，那它就在于人以与环境背景相对应的方式进行特定的思考和采取行动的能力。

78 正如前面所提到的，行为地理学与地理学者早期开展的研究发生了共鸣，如怀特的知觉研究。然而行为地理学的研究更为系统，更具野心，因为它希望把人的思想和行为之间的关联加以量化并进行测定，同时还执着于利用心理学的理论资源。如果你愿意的话，甚至可以说行为地理学是“长着人脸的”空间科学。它致力于获取客观且价值中立的关于空间决策的准确真实的知识，当然，仅仅是比 20 世纪 60 年代人文地理学家所提供的知识准确真实。然而，这种类型的人文地理学并不能迎合所有人。

自 20 世纪 70 年代早期开始，众多人本主义地理学家的著述都希望能够更进一步。与行为地理学者相比较，以下学者对于狄尔泰的观点做出了更加有力的回应。段义孚（Yi-Fu Tuan）、大卫·莱伊（David Ley）、爱德华·雷尔夫（Edward Relph）以及其他数位年轻研究者指出，科学的假设和程序并不适合于对人的研究。他们认为，人不仅是理性的存在，同时还是感性的存在；不仅是能够进行思考的存在，同时还是易于动感情的存在；人拥有情感与欲望。正如其早期的一位倡导者所指出的：“人本主义地理学者（相信）……他们的学派使用‘人本主义’命

名是实至名归的，因为他们研究的是最具有人的特点的方面：意义、价值、目标和目的。”（Entrikin，1976：616）

这种分析途径是一种提供阐释的途径。它试图获得不同人的“生活世界”的同理之心，也就是说，建立起与这些人相同的理解、信仰和价值的框架。这类对真实世界的研究，通常关注个体或者小型群体如何对特定的地方以及特定的地方环境形成依恋。这种方法强调人类存在的主观维度高于建成景观和自然景观的非人的客观性。其重要的出版作品包括：段义孚的《恋地情结：环境认知、态度及价值研究》（*Topophilia: A Study of Environmental Perception，Attitudes and Values*，1974），雷尔夫的《地方与无地方》（*Place and Placelessness*，1976），以及格雷厄姆·罗尔斯（Graham Rowles）的《空间的囚徒？》（*The Prisoners of Space?*，1978）。从方法学角度看，人本主义地理学最先使用访谈的研究方法，关注的是人文地理学中的族群和民族志。从哲学角度看，人本主义地理学从欧洲世纪末颓废的（fin-de-siècle）浪漫主义的反物质主义思想［胡塞尔（Husserl）和克尔凯郭尔（Kierkegaard）］，从马丁·海德格尔（Martin Heidegger）的哲学思想以及从让-保罗·萨特（Jean-Paul Sartre）的存在主义中获取了灵感与启发。

这些方法和哲学思想上的创新，必定对整个人文地理学造成影响。
定性分析方法的合法化，进一步拉开了人文地理学与自然地理学之间的 79
差距。这一学派还对空间科学和行为地理学的经验主义，对观察的脱离以及加以泛化的冲动提出了质疑。人本主义地理学者指出，只有走进人的头脑，才能获知那些引发看得见的行动的看不见的思想和情感。但是，因为研究者自身也是人，这就使得所有生活世界的研究都包含“双重诠释”。意即研究者从自身的视角出发，只能揭开其他人的生活世界的“现实”。显而易见，这就对可以为人的思想和行为建构起一般理论和模型的观点提出了重大挑战。

基本上看，人本主义地理学基础良好，可以把人文地理学与 20 世纪 70 年代早期至中期迅速发展的环境运动联系在一起。这一学派关注的是价值以及人对非人类（以及人类）世界产生依恋的方式，这可能会导致“绿色人文地理”的萌生。20 世纪 70 年代，西方重视环境的人日益增多，这种地理学派本应该对其原因和方式开展研究。它原本可能为地理学注入一种“亲环境”（或者生态中心主义）的道德观。它还应该强调普通人对于环境的审美。然而，这并未发生 [ 段义孚（1974）的开创性研究以及塞蒙和穆杰劳厄（Seamon and Mugerauer，1985）后期的文集除外 ]。相反，人本主义地理学再次向地理学中引入了另一种“自然”，即“人类自然本性”（human nature）的观念，尽管是以一种极为抽象的非生物学的形式，且并未提及物质环境或者特定的生理、心理过程。对人本主义地理学而言，所有人都拥有的共性是他们天生具有的复杂且易变的思想与情感。这种关于“人类自然本性”极为泛泛的说法具有一个规范维度：让诸多人本主义地理学家感到困扰的，在于不同人的生活世界都受到了消费主义、工业主义和政府干预三者导致的均一化所带来的重创，其“地域分异”正在消弭 [ 比如，可参见雷尔夫（1976）高度道德主义的研究 ]。因此，“人类自然本性”的抽象概念是一个道德武器：人本主义地理学家希望表明，对于人类生活世界不请自来的侵犯，这本身就是一件坏事。

接下来，我们来看 20 世纪 70 年代人文地理学内部的第二个新学派（或者范式）。这一学派同样对空间科学和行为主义提出了质疑，但却与
80 人本主义地理学相背离。这就是马克思主义地理学。20 世纪 60 年代后期，西方很多人表达出对战后秩序的不满。这些不满不仅限于对资源攫取、物种灭绝以及诸如此类的事情的不满。除此之外，美国还出现了民

权运动，发生了反越战示威；非洲爆发了阿尔及利亚独立战争；欧洲发生了1968年巴黎事件[①]；共产主义阵营也对资本主义社会形成了挑战。最为重要的是，发展中国家出现了数次史无前例的饥荒（似乎是一种预兆），同时存在一种担心，即西方的富裕是以其他地区的贫困为代价的。在这一语境下，空间科学及其行为主义分支不仅对当前迫在眉睫的问题视而不见，而且它们自身看上去就是“问题的一部分”。因为它们根本未能以任何一种有意义的方式对帝国主义、种族主义、压迫、贫穷和其他社会弊端提出质疑。正如大卫·哈维在其标志性著作《社会正义与城市》（*Social Justice and the City*）中所言：“生态问题、城市问题、国际贸易问题等问题比比皆是，然而我们却并不能对任何一个问题说出任何有深度的话……客观的社会条件……解释了……地理学思想革命的必要性。”（Harvey，1973：129）

我们可以推测为何哈维和他的学生并未转向其他社会批评理论，而是转向了马克思主义，进而策划了这场“激进地理学”的革命。首先，马克思的思想当时家喻户晓，激发了苏联、东欧、中国、古巴和数个其他国家“所谓”的共产主义解放实践。我之所以提到“所谓”二字，是因为西方很多人并不知晓马克思思想的内涵在实践中有所变通和引申。因为并未认识到这种情况，所以西方不少左翼人士把共产主义制度视为对资本主义及西方经济帝国主义鲜活的人道主义替代。其次，20世纪60年代，对资本主义如何运行开展重要研究的学术马克思主义在西方的社会学、人类学和哲学系中极具影响力。可以说，这就为哈维和他的学生提供了一个近在手边的思想传统。最后，因为马克思主义的主要分析对象是资本主义制度，又因为资本主义是一个日趋增长的全球经济体系，所以马克思主义的见解看上去具有广泛的关联性和适用性。

① 即“五月风暴”。——译者注

在这里，本书并不能对马克思主义地理学的历史加以详述，只想提醒大家注意以下几点。第一，与人本主义地理学家相同，马克思主义学派对环境言之甚少。这算作马克思对这一主题关注较少的一种反映（而马克思主义者所缺失的对环境的关注，在最近 15 年才开始得到纠正）。
81 第二，哈维和其他马克思主义地理学者基本上会习惯性地回避谈及“人类本性”。对他们而言，马克思主义是针对资本主义特定社会关系的具有特定历史背景的理论。马克思主义地理学家大多对“结构”（基本上是经济结构，但也包括社会结构和政治结构）感兴趣，并用它来解释为何某些地点的某些人享有财富与繁荣，而相同地点和其他地点的其他人却遭受着贫穷、失业和营养不良。换言之，马克思主义者拒绝如同行为地理学和人本主义地理学那样向个人主义、小团体投以关注。相反，他们关注的是相关社会阶层之间不均等的权力关系（如雇主和工人之间的关系）。他们质疑了人本主义者提出的从社会学角度而言非常“单薄的”关于人类的概念，并强调只有在关于特定的社会如何运转的“厚重”概念中，才能够获得对人的思想和行动的准确理解。

马克思主义地理学促成了 20 世纪 70 年代人文地理学对自然（人的和非人的自然）的驱除。行为地理学和人本主义地理学也做到了这一点，尽管后者关于人性特征的说法非常抽象。这三种学派（approaches）都延伸了地理学者进行去自然化的学科议题。他们认为，如果想知晓个体、团体和社会结构，可以从思维习惯、人际关系、文化规范等诸如此类上获取所需。因此，他们就以这三种分析途径为语境对人进行分析，而非从通常被认为的人所具有的某些固定的内在或外在自然本性进行审视。与此同时，环境意义上的自然在行为主义者、人本主义者和马克思主义者的研究中并未被明显论及。后面两个学派所生产的知识，是为了在人文地理学中提供一个与科学世界观相比不同的“人类”的概念。他们所产生的分别是阐释性的知识和批判解放性的知识——对空间科学家和行为主义者所生产的工具性—技术性知识而言是不小的挑战。人本主义者和马克思主义者把人自身看作目的，而非管理的对象或者实现他人财富目的的手段。

## （二）不再强调环境：非自然灾害以及第三世界政治生态

随着人文地理学渐趋去自然化，地理学的中间领域也经历了相同的 82
历程。20 世纪 70 年代，由吉尔伯特·怀特开创的自然灾害研究和教学招致了种种批评。一个相关的重要出版物是《灾难阐释》（*Interpretations of Calamity*，1983）。这一颇具影响力的著作提出，自然灾害并非如我们眼睛所看到的那样“自然”。本书作者休伊特（Hewitt）并未否认洪水、地震和海啸是自然事件。然而，他质疑了地理学者对灾害—人类响应链开展研究的方式。20 世纪 70 年代，因自然灾害而死亡的人数可能达到了人类历史上的最高值。然而，学界并无证据表明当时的物质环境与之前的年代或者之前的世纪相比更加变化无常。怀特所开创的研究传统无法参照个体对于其脆弱性的认知来对这一增加的致死率做出解释。就减灾而言，这一传统或者关注（人类方面）“纠正”错误认知、对人不可占用的土地进行区域划分，或者关注（物理环境方面）为灾害提供工程应对方案（防洪堤、沙袋等）。休伊特则不同，他提出人所做的在何地生活以及以何为生的选择，是由其所处的特定社会地位决定的。具体而言，穷人更容易遭受“自然灾害”的冲击。休伊特认为，这与自然并无关联。他呼吁通过“社会的”途径进行灾害分析和减灾应对，这与物质环境威胁的关系并不大，更多关乎哪些人在面对灾害时非常脆弱以及原因何在。

这种类型的重大灾害分析由 20 世纪 80 年代早期出现的第三世界政治生态学（TWPE）提供了补充。正如其名称所表现的，这门学科把生态学和广义政治经济学关注的问题加以合并，其中包含社会和陆基资源，以及社会内部的阶层和阶级之间不断变化的辩证关系（Blaikie and Brookfield，1987：17）。尽管提及了陆地上的资源，但第三世界政治生态学从其产生之初就对其所提及的辩证关系中社会的方面更感兴趣。因此，该学科与休伊特开展灾害研究的方法相融合。但是，与休伊特及其同仁不同，与极端地球物理事件产生的影响相比较，政治生态学者对
83 慢性[①]环境问题更感兴趣。从经验上看，第三世界政治生态学关注的是发展中国家贫困的乡村土地使用者。尽管这一领域也有人类学者涉入，然而第三世界政治生态学在地理学中发展起来，则是出于区域地理学者长期以来对非西方世界的兴趣，同时也受促于对 20 世纪五六十年代现代化理论的不满。现代化理论预测，发展中国家将遵循发达国家的发展路径。然而，20 世纪 70 年代初期，众多发展中国家仍然是依附于土地的（land-based）、贫穷的、仅仅实现了部分工业化的。以政治经济学（一系列左翼经济理论，也包括马克思主义）为借鉴，第三世界政治生态学探讨的是在地方层面上，土地和资源的使用方式如何受到全球层面的社会力量等级的限制。例如，布莱基（Blaikie）的开创性著作《发展中国家水土流失政治经济学》（*The Political Economy of Soil Erosion in Developing Countries*，1985）开展了一个从个人土地使用的决定（比如，种植何种作物，是否为灌溉措施付费等）到更高尺度的自下而上的分析，并在每个层面上“审视界定土地使用者面对的机会和限制的社会关系”（Zimmerer，1996：177）。就此而言，政治生态学者也持有马克思主义地理学者关于权力关系和大规模社会结构的先入为主的观

① 即“长期性”。——译者注

点。实际上，众多早期政治生态学者都是马克思主义者［如迈克尔·沃茨（Michael Watts），我将在第三章讨论他的研究］。从政治角度来看，他们希望改变这些关系和结构，从而使贫穷的发展中国家的农民不再被迫破坏其赖以为生的资源与环境。后来的一个事实可证明第三世界政治生态学与重大灾害分析之间存在的紧密联系，即皮埃尔·布莱基作为合著者撰写了一部重要的作品——《岌岌可危：自然灾害、人的脆弱性以及灾难》（*At Risk：Natural Hazards，People's Vulnerability，and Disasters*，1994）。

这一时期，人—环境地理学去自然化趋势中的明显例外，在于资源地理学、索尔学派（Sauerian）景观地理学和文化生态学。如前所述，前一个分支源于 20 世纪 60 年代晚期，不少政府和公众开始对全球范围内自然资源可利用性的明显降低充满顾虑。很多危言耸听的著作，诸如《生存的蓝图》（*Blueprint for Survival*，1972）、《人口大爆炸》（*The Population Bomb*，1970）以及《增长的极限》（*The Limits to Growth*，1972），都预测会出现人口过多导致的马尔萨斯早已指出的灾难性未来，有限的资源会对地球上可以生存的人口数量产生限制。然而，另外一些人非常乐观，他们相信技术创新和创造力能够让更多的人生活在地球上，享有比以前更高的生活标准并拥有更长的寿命。在这一背景下，联 84
合国在斯德哥尔摩召开了第一届人口、环境与发展大会（1972）。众多西方国家设想出这样一种未来，即化石燃料供应从发展中国家获取，而非在本国生产。这就导致了资源地理学的稳定发展。它重点关注多种可再生和不可再生自然资源的数量、分布和可利用性评价（可参见米切尔 1979 年的著作）。与此同时，索尔的学生们继续开展着关于文化群体如何随着时间发展而改变自然环境的研究。这种文化景观研究对文化生态学产生影响，后者是关于不同文化群体如何使用和适应当地及区域环境的整体性研究（Braun，2004：153-159）。[4] 图 2-1 总结了 20 世纪 80 年代末之前，地理学者研究社会—环境关系时所采用的方法的变化。

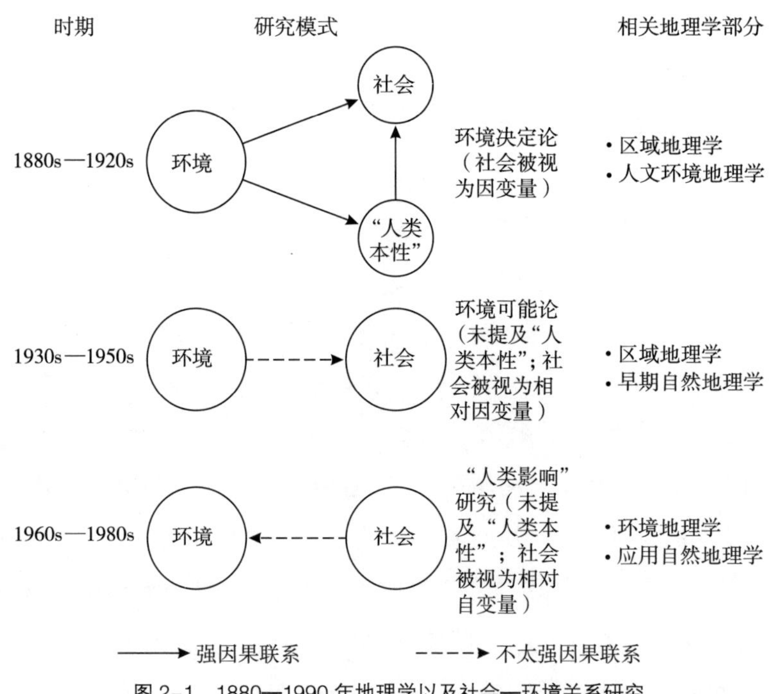


图 2-1　1880—1990 年地理学以及社会—环境关系研究

85 图 2-1 所呈现的事实是，数十年间，越来越多的地理学者不再对这种关系开展研究，而是选择成为专业的人文或者自然地理研究者和教师。

## （三）自然地理学：纯粹的以及应用性的自然知识

当人文地理学经历着去自然化过程时，人与环境的研究传统也向人与环境关系中人的这一方面倾斜。自然地理学则继续延续其趋势，朝向专门化、案例研究、科学方法应用，以及对于可经检验的定律、理论和模型的探寻（和应用）方向发展。此时，地貌学仍然是自然地理最大的分支，其下出现了更多分支学科（海岸地貌学、冰川地貌学、冰缘地貌学等），对过程—形态关系的重视与投入变得非常显著（并延续至今）。这一特别关注，受到诸如舒姆和利克蒂（Lichty）关于不同时空尺度分析的论文（1965）以及利奥波德（Leopold）、沃尔曼（Wolman）和米勒（Miller）开创性的《地貌学中的河流过程》（*Fluvial Processes in Geomorphology*，1964）等作品的启发。除此之外，诸如遥感和个人电脑等崭新的技术，让自然地理学者能够针对更为广泛的环境开展前所未有的测量与监控。其结果是出现了一批关于物理环境各个方面的非常专业的出版物。这些作品都是关于自然“纯粹的”和“应用性的”知识，后者为20世纪70年代的灾害分析和第三世界政治生态学对于人的重视提供了可堪抗衡的对于自然环境的强调。例如，在水文学和河流地貌学的学科分支，就有格里高利（Gregory）和沃灵（Walling）的《流域：过程与形态》（*Drainage Basin：Process and Form*，1973）、《全面感知流域的河流过程》（*Fluvial Processes in Instrumented Catchments*，1974），《英国水文循环受到的人类影响》（*Man's Impact on the Hydrological Cycle in the UK*；Hollis，1979），伯特（Burt）和沃灵的《河流地貌学中的流域实验》（*Catchment Experiments in Fluvial Geomorphology*，1984）等著作。在上述以及其他同类著作中，自然地理学者都表达出对其所生产的环境知识真实性的信心。也就是说，他们相信，只要采用严谨的调查程序，就能够像一面镜子一样最终“反映出”自然。除此之外，这样的环境知识继续把关于非人类世界事实的陈述与关于（道德或者审美）价值的陈述分离开来。

这并不是说，这一时期的自然地理学者全部成为专门研究者，并以放弃关于自然环境如何历经时间、跨越空间形成结构的共享视角为代

86 价。我在前面已经提到，系统理论的重点在于系统构成要素之间的互相联系、平衡、反馈和调适。这种理论对于非人类世界各个部分内部及相互之间关系的分析而言，是一种极具吸引力的语言。在 20 世纪 70 年代终结之时，为适应物理环境通常并不像有时候被认为的那样有序和稳定这一事实（Brunsden and Thornes, 1979），系统语汇也得以修改。然而，总体而言，20 世纪 70 年代见证了自然地理学的众多分支在新理论和模型、新测量和监控技术、新的用于分析的大型数据集方面取得的显著发展及日益成熟。

## 六、被压抑的得以复归?

### （一）20 世纪 80 年代的人文地理学：进一步擦除自然

20 世纪 80 年代初，人文地理学和自然地理学形同陌路。让二者彼此分离的，不仅在于学科议题（自然地理学关注自然世界，人文地理学关注人类世界），还在于其分析方式。尽管自然地理学所采用的方法基本上仍然是科学的，但人文地理学渐渐变得“后科学”起来（或者一个更具技术性的术语：“后实证主义”。实证主义作为一个特定的、曾经被广泛持有的科学观念，其对于人文地理学产生的确切影响仍处于争议之中）。除了人本主义和马克思主义学派，自 20 世纪 80 年代中期开始，女权主义对于人文地理学也产生了些微影响。其原因可归结为：持续 20 余年的妇女运动（在欧洲和美国尤为激烈）带来的觉醒，对于马克思主义者（过分）强调的阶级问题的不满，以及对于人本主义地理学普遍存在的回避社会不公的不满。在这方面的重要的著述中，妇女与地理学研究团队（Women and Geography Study Group）的《地理学与性别》（*Geography and Gender*，1984）有助于启发新一代地理学者去审视在现代社会多种不同的实体景观与象征性景观中（从家庭到工作场所），父权（男性对女性的压迫）如何重现并受到挑战。在第一阶段，女权主义地理学看上去是“自由主义的”或者“社会主义的”。前者试图在已有的社会法则与规范之内，为女性寻求更大程度的认可；后者则对当代资本主义社会中的女性边缘化现象提出了更加激进的批评。社会主义的 87
女性主义者指出，众多女性在工作场合受到性别歧视和阶级歧视的双重压迫，同时其所承担的家务劳动的价值也被男性低估。他们认为，只有废除资本主义和父权制，女性才能得到解放。

随着女权主义地理学影响力的渐趋扩大，另有一些地理学者试图在马克思主义地理学的结构性社会关系的观点和人本主义地理学的自由意志个人主义观点之间达成融合。这种融合受到了诸如安东尼·吉登斯（Anthony Giddens）等社会学家的工作的启发，其结构化理论所提供的观念，承诺能够克服在“结构与能动性”（structure and agency）之间存在的二元论。在人文地理学中，德雷克·格利高里（Derek Gregory）、艾兰·普瑞德（Allan Pred）和奈杰尔·思瑞夫特（Nigel Thrift）等人接纳并调整了吉登斯的成果，用以展示人在特定地点的行动如何受到更大地理学尺度上的社会力的影响和限定。这与第三世界政治生态学的强烈愿望是一致的（尽管第三世界政治生态学很少引用吉登斯的思想）。总而言之，20 世纪 80 年代的人文地理学者研究中对于自然的擦除，是与社会科学广泛的趋势相协调的。彼得·温奇（Peter Winch）的《社会科学思想》（*The Idea of a Social Science*，1958）面世之后，社会学家、政治学家和人类学家全都逐渐把与自然的相关研究留给了物理、医学、工程和行为科学去承担。

可以说，20 世纪 80 年代唯一能够拉近人文地理学者和自然地理学者之间距离的知识发展在于先验实在论（transcendental realism）。这一别扭的名称，援引自以罗伊·巴斯卡（Roy Bhaskar）和罗姆·哈里（Rom Harre）为先驱的一门极为重要的哲学。20 世纪 70 年代以来，先验实在论对于科学的习惯性理解（包括实证主义）提出了批评。本质上而言，先验实在论试图为所有学科领域的研究学者解释（社会和环境）现实的本性，以及如何对其开展最好的研究。巴斯卡和哈里相信，太多研究者在开展研究时对其研究对象存在认识缺陷。他们认为，社会系统和自然系统显而易见都是由多种因素决定的。也就是说，它们是一个处于不同因果力作用之下的复杂的、动态的且通常不稳定的复合体。凭借其内部结构（比如，炸药因为其化学组成而拥有爆炸力）或者与其他现象之间必要的关系（比如，父母一般会出于法律、习俗和爱对孩子负责），特定的社会和环境现象具有这些因果力。巴斯卡和哈里认为，不
88 同的因果力之间如何互动依情况而定。他们认为，社会和环境生活中所固有的“秩序”并不能被实证观察，而是在本体论层面上确定的。因背景不同，相同的因果力可能会产生不同的对现实世界的影响。在某种程度上，这是由两种或多种独立因果力结合导致的“突发效应”（emergent effects）造成的。此外，因为因果力本身并非一览无余，所以必须通过观察多种因素产生的效应来推知。这就导致了对共有信念的质疑，也就是地理学的空间科学家通常持有的信念，即科学研究的目的在于识别可见的对应关系或者模式。对于先验实在论者而言，所有研究的真正目的都在于识别出事物中持续存在的因果力，从而达成对所有情况之下因果力关联互动的理解，并最终达成等然经验结果（equally contingent empirical outcomes）。

安德鲁·塞耶（Andrew Sayer）把先验实在论引入了地理学。他在《社会科学方法》（*Method in Social Science*，1984）一书中为人文地理学者解释了现实主义思想。这有助于对人文地理学脱离空间科学开展的研究加以整合，并充分纳入马克思主义地理学者、女性主义地理学者以及其他人文地理学者就此可能达成的观点。但是，这本书还强调了人类世界和自然环境之间的本体论差异——属于巴斯卡和哈里的哲学思想。这些差异包括如下事实，即人是解释性存在（与树木之类有所不同），拥有对其生活于其中的社会环境进行反思并加以改变的能力。人本主义地理学者早在20世纪70年代早期就提出了这一观点。塞耶对于先验实在论在社会研究领域的意义加以强调，无疑导致了众多自然地理学者对其作品的忽视。这样的忽视持续了很久（直至20世纪90年代），那时，人文地理学者已经转而开拓其他知识沃土了。要解释为何人文地理学和自然地理学未能团结在先验实在论之上，另一个可能的原因在于，自然地理学强调实证、案例研究和现场工作，因此，与人文地理学相比较，它较少开展哲学讨论。

无论原因到底是什么，事实就是，20世纪80年代晚期，人文地理学的所有分支几乎都未曾提及环境，更不用说人类本性的概念。从理论
上讲，马克思主义、女性主义以及人本主义地理学中的左翼部分为批判 89
人文地理学铺平了道路。批判人文地理学不但致力于对社会世界进行解释，而且寻求对其加以改变。表面上看，人文地理学为经济地理学、社会地理学和城市地理学等分支学科所主导，同时政治地理学的重要性日渐增强，发展地理学变得更加左倾，乡村地理学（包括农业地理学）则成为一个相当边缘化的学科分支。总体而言，人文地理学在20世纪80年代积极参与社会科学（特别是社会学）的发展，这使它断离了对于自然的关注。环境问题以及“人类本性”的相关研究，被留给了其他学科

去承担。

### （二）20 世纪 90 年代的人文地理学：对自然的重新发现

自 20 世纪 90 年代早期开始，人文地理学者对待自然的态度有了巨大转变。在这 10 年里，自然以 20 世纪 80 年代难以预料的方式被“列入议事日程”。然而，自然的重现采用的是非常规的、令人意外的方式。20 世纪 90 年代，联合国的地球首脑会议是政府、公众甚至商界对环境的关注复苏的征兆。20 世纪 70 年代的环境保护，其重点通常是资源枯竭以及人口过剩。到了 20 世纪 90 年代，情况有所不同，环境保护的重点已经是人为原因导致的环境变化。全球变暖、臭氧层稀薄以及“酸雨”，只是新发现的人力不仅导致局部，甚至导致全球环境问题的三个例子。与 20 世纪 70 年代关注环境的浪潮的另一个不同之处在于，到了 20 世纪 90 年代，哲学家、思想史学家和政治分析家已经用了 20 年时间，就非人类世界的保护和保存形成了一套连贯的道德学说。主要人物如阿恩·纳斯（Arne Naess）、霍尔姆斯·罗尔斯顿三世（Holmes Rolston III）和沃里克·福克斯（Warwick Fox），都为饱受争议的生态中心主义地位的确立做出了贡献。这一理念对全世界大多数社会普遍持有的典型的人类中心主义思想和实践提出了挑战。作为这一复杂的“自然优先”思想的分支，彼得·辛格以及其他哲学家在解释为何动物拥有权利方面取得了巨大进步。

在这一背景下，人们完全可以期待绿色（环保）人文地理学的萌生，其重点关注的是人类对非人类世界所持有的态度以及利用方式。正如我们前面所看到的，这样一种地理学在 20 世纪 70 年代并未出现。时隔 20 年，它在 90 年代出现了。从道德上讲，这种绿色人文地理学应当持有温和或者强烈的“亲环保”的态度，并以不同的形式对环境退化提出批评。然而，事实上，20 世纪 90 年代的人文地理学发生了“去自然化的转变”，关注的两个重点在于人类本性和非人类自然。换言之，众多 90
人文地理学者开始审视那些通常被认为是自然的事物，并指出它们事实上全部或者部分是社会的、文化的和经济的。哲学家凯特·索珀（1995）称其为“自然怀疑”态度。简单来讲，这种去自然的趋势在两个方面与环境相关。首先，一些人文地理学者提出，关于自然的表达，无论是环境保护论者、普通人还是任何其他人所提出的，通常对拥护它的人所述甚多，而非重点着墨于它们所描述的“自然”。这些表达可能是口头的（如在日常语言中），可能是书面的（如在报纸文章中），也可能是视觉的（如野生动物纪录片或者景观艺术）。一个早期的例子是科斯格罗夫（Cosgrove）和丹尼尔（Daniel）1988 年就自然的一个“附属概念”景观所开展的开创性工作。他们以景观设计和风景绘画为中心，认为不同社会群体之间的权力关系在景观的物质性安排和主观性观察的方式中得到了体现。因此，他们对以下观念提出了质疑，即景观仅仅是风景如画的场景或者感官愉悦的来源，任何人都能够平等享有。另外一项早期工作是杰奎·伯吉斯（Jacquie Burgess）针对雷纳姆沼泽（Rainham Marshes）用途上的冲突开展的研究（Burgess，1992），后者是伦敦附近的一个保护区。伯吉斯呈现了美国音乐公司（Music Corporation of America）以及反对沼泽规划开发的人们，如何把关于此地区高度特异性和冲突性的描述分别当成表面上“正确的”进行表述。

其次，另外一些人文地理学者对导致非人类世界发生特定转变的社会关系、价值和行为模式进行了审视。然而，这一更为重要的关注焦点，并没有受到特定的环境利用方式“反生态”或者“非自然”的观念的启发。相反，他们认为，相当一部分环境并非自古以来都是“自然的”。马克思主义地理学者尼尔·史密斯（1984）甚至论及了在资本主义社会中自然的物质生产。因为农业、林业和水产养殖业出现的所谓“生物技术”革命，在今日看来堪称有先见之明。总之，自20世纪90年代初，众多人文地理学者就试图向人们表明，无论是从表达还是从物质角度来看，非人类世界在某种程度上都是一种社会建构（social construction）。[5]

鉴于当时人类所面对的显著迫切的环境问题，关于非人类世界的“去自然化”的重点看上去有悖常理。在对外在自然（external nature）的“自然性”（naturalness）提出质疑时，它看上去是在挖环境保护主
91 义者的墙脚，并且绿色地理学的萌生几乎毫无希望。然而，我们也要理解，在人文地理学中，这种去自然的行动绝大部分被认为具有道德和政治的进步性。早在1974年，大卫·哈维就指出，那些声称“为了自然的利益”而行事之人，通常是把自身的利益充作非人类世界的固有利益。诸如“自然界最了解自己”或者“转基因是非自然的”等说法，都把所谓“原始自然”视为参照标准，并以之为对照，对特定的社会态度或者实践做出正面的或者负面的判断。通过展现有关自然及自然的使用的观点之中的社会动机，20世纪90年代的人文地理学者试图对有关环境的集体理解进行“揭秘”（de-mystify）。这一点，可参见框图2.4。

### 框图 2.4　女性主义地理学与环境

针对“如果在理解自然的过程中使用了准确的调查程序，非人类世界即可清晰呈现”的观点，女性主义地理学是较早提出批评的重要学派。首先，这一学派的多位地理学家呈现的关于“自然

景观”的学术和通俗理解，都具有强烈的性别隐喻。例如，诺伍德（Norwood）和芒克（Monk）的《沙漠并非女士》（*The Desert is No Lady*，1987）以及克洛德尼（Kolodny）的《她面前的土地》（*The Land Before Her*，1984），开创性地对18世纪和19世纪关于美国“边疆”的主流观点所包含的根深蒂固的父权假设进行了陈述。上述两部著作通过对这些观点的细致审视，表明边域之地（frontier lands）被当成有待为满足人类需求而去驯服、驯化和驯养之事物。换言之，它们表明，男性关于女性的主流观点（视其为“弱势性别”）被无意识地转置到了关于自然世界的观点上，而这种转置又让父权思想更加难以撼动。其次，某些女性主义地理学者扩展了对于非人类世界贬义女性化的揭露。例如，在其重要的著述《女性主义与地理学》（*Feminism and Geography*，1993）之中，吉利恩·罗斯（Gillian Rose）指出，地理学是一个男权主义学科。她认为，地理学知识绝非脱离实体的、普遍的以及具有价值中立的
合理性的结果，而是具有强烈的性别化烙印。罗斯指出，地理学 92
者被认为是客观的、不带感情的、能够看清事物的，然而带有性别化印记的观点却建立在文化与自然之间、心智与身体之间、客体与主体之间、人与非人之间一系列有层级之分的二元论基础之上。这被视为理所当然，而我们却完全忘记了，其本身绝对不是“自然的”。罗斯认为，大部分地理学知识的男性主义，因一个不成文的假设得以强化，即女性他者的存在是不理性的、感情化的、非独立的和主观的。这种“难于控制”（unruly）并且可能带来麻烦的“他者”（Other）与“野性”的边疆景观不无相似之处，诺伍德、芒克和克洛德尼已经对其进行过解构分析。罗斯的著作对于目前已经被广为接受的观念（至少在人文地理学中）而言是一个重要

的中间站，这一点与《自然》一书相似。其观点在于，所有的知识都是经过建构的，并且是具有立场的。关于女权主义、女性主义地理学以及环境的完整且最新的讨论，参见 Moeckli and Braun，2001。罗斯等人（1997）也可提供丰富的信息。目前，女性主义地理学者关于自然开展的研究千头万绪，难以简单进行归纳。

从知识上看，人文地理学由“去自然”转向“（复归）自然”，很大程度上是受参与文化研究的交叉学科领域的启发。自 20 世纪 80 年代末以来，这一领域取得了飞速发展，从文学到传媒，从哲学到文化史，各种背景的研究学者都参与其中。在这一领域中，自 20 世纪 80 年代晚期到 90 年代，有三个广阔的体系产生了影响，分别是后现代主义、后结构主义和后殖民主义。在此，我无法详尽道来，只能刻意对其进行简化。[6] 让-弗朗索瓦·利奥塔尔（Jean-François Lyotard）为后现代主义提供了最早的定义（Lyotard，1984）。这是对“元叙事”（meta-narratives）的一种怀疑论，并相信有多个看待世界的视角，但其中没有任何一个是表面上真实或者准确的（无论它是科学、宗教，还是你所持有的某种观点）。后结构主义与罗兰·巴特（Roland Barthes）、保罗·德曼（Paul de Man）、雅克·德里达（Jacques Derrida）和米歇尔·福柯（Michel Foucault）等人的工作密切相关，指出人的主观性以及对于世界的理解
93 受到语言的塑造（而不仅是通过语言这种方式进行表达）。后结构主义有时被称为“反人本主义”（anti-humanist），把人的身份与信仰置于不具备人格的话语坐标系（discursive grids）中，随着时间而变化，也因不同社会而有所不同。受到文学批评家爱德华·萨义德（Edward Said）的《东方主义》（*Orientalism*，1978）的启发，后殖民主义批评家们则指出，殖民国家的力量并非仅仅通过军队、暴力或者法律施加，还会通

过殖民主体的表达来实现。这些表达建构（construct）了殖民主体被人看到（以及他们自己看待自己）的方式，也意味着，“去殖民化”既是西方从其前殖民地撤出的实际行为，又是一项文化目标。后现代主义、后结构主义和后殖民主义都得到了表达政治学（the politics of representation）的关注。也就是说，它们得到了出于某种原因、意图达成某种结果并对世界建构了某种叙述的那些人的重视。

上述三种名为“后”的主义，都呈现出对于马克思主义地理学以及女性主义地理学第一波浪潮的不满，从而使得20世纪90年代出现了若干与之相对抗的基于身份的人文地理学分支。其中包括男女同性恋地理学、反种族主义地理学、儿童与残疾人士地理学、非西方社会“他者”的属下阶层地理学（subaltern geographies），以及对应于女性内部差异的第二波女性主义地理学。马克思主义地理学和第一波女性主义地理学创生了“社会左派”，即关注在社会阶层之间和两性之间进行财富再分配的左翼人文地理学；20世纪90年代则见证了人文地理学中文化左派的崛起。[7]这种文化左派所关心的是那些被归为边缘化或者受到诬蔑的若干群体，尤为关注特定空间（如家、街道和城市）所具有的实质性和象征性内容如何强化了这些群体的边缘化。地理学的文化左派指出，社会中的权力与反抗都延伸到了阶层或者性别之外。地理学中人文地理学的崛起，可以被放置于北美所谓“新左派”的背景之中，或者，更普遍而言，可以被放置于自20世纪70年代中期以来在西方发生的“新社会运动”（NSMs）的背景之中。无论是新左派，还是新社会运动，都是左派分子拓宽其道德与政治野心的尝试，让其从对于（男性）工人、阶层问题和工会政治等相对专注的关注点中扩展开来（参见框图2.5）。

人们可能会问，这与自然有何关系？在第一章中，我提到了自然的附属概念。也就是说，自然的观念可以通过其他观念（如种族）得以表达。我之所以在此处加以重申，是因为20世纪90年代人文地理学去自然化的倾向不仅延伸到了非人类世界，还延伸到了被某些人视为“人类本性”的事物上。

94 **框图2.5　地理学左翼**

20世纪80年代末期以来，左翼人文和环境地理学者成为地理学研究与教学中日益重要的力量。即便难以概括，但这些地理学者通常具有两大共性，即他们都对权力、统治、不平等、压迫和不公正进行揭露，以及都希望在未来世界中，上述五种情况得以消除或者至少得到缓解。地理学左派分子（所谓“批判地理学者”或者“激进地理学者”）的特点之一，在于他们中少有生态中心主义者或者生物中心主义者。与社会学、哲学和政府/政治学等学科有所不同，地理学的左倾学者罕有倡导“自然优先”的道德观，无论与非人类世界相关，还是与可能被视为“触不可及”的人类身体的某些方面相关（如人体干细胞）。这并不意味着这些地理学者不关心我们所谓之“自然”。他们中的大部分都关注自然，然而他们或者寻求在对于非人类世界的关注以及对于人类福利的关注之间达成平衡（正如“可持续发展”原则所体现的），或者坚持认为我们所谓之“自然”并不具备固有权利。在后一种情况中，指出自然优先的道德观是我们所做出的社会选择，而非取决于自然事实（如自然伦理主义所持有的观点，参见框图3.2）。然而，大体而言，左翼地理学者并非“环保人士”（以环境的福利优先），也不是反对“入侵”“自然人体”的守卫者，如反对DNA重组技术。相反，他们关注的是对社会中被边缘化或者受压迫群体（如同性恋者、女性或者受到种族歧视的人群）产生影响的社会、经济、文化和政治问题。布朗特（Blunt）和威尔斯（Wills）的《持有不同政见的地理学》（*Dissident Geographies*，2000）一书对此进行了解释说明。该书提供了对人文地理学左翼思想的精彩介绍，但并不包含任何关于环境的章节，对身份和肉体的讨论则被分散到性、阶层和性别建构的章节之中。

对于文化左翼而言，人文地理学中的“人”应当以彻底非生物的、 95
非本质主义的和非普遍的方式加以理解。这有两重含义。其一，这试图让我们在理解人的身份（自我意识）以及人看待世界的方式时“去自然化”。以彼得·杰克逊（Peter Jackson）编著的《种族和种族主义》（*Race and Racism*，1987）为引导，《主体映射》（1995）是 20 世纪 90 年代人文地理学中众多相关著作之一，它表达的正是采用人所共有的某种持久的神经学的本质并不能解释人的主体性。相反，主体性是社会关系和语境的复杂产物，每个个体置身其中都会得到“询唤”（或在其生命历程中被社会化）。按照这一观点，久而久之，人会不知不觉地让自己适应于（或者被配置于）社会所创造的“主体地位”，并实现精神上的内化，从而成为所在社会的有机部分。这样的观点似乎应当属于社会学家、社会心理学家以及文化理论家，人文地理学者关注的是人的主体性在何种程度上受到其生活所处的多种多样的实体性和符号性场所的影响（和作用）。尤其是“卑微”（或者被污名化）的身份会成为被关注的焦点，如同性恋人群或者残障人士。自然与以上所列种种之关联，在于对特定身份之人所施加的歧视（以及他们所具有的负面的自我理解），常常有赖于何为“自然”（“正常”）、何为“不自然”（“异常”）的观念。例如，就在不久之前，因为社会文化习俗，西方的同性恋者的性别取向颇受压制（或者被禁锢于特定的“隐秘地点”）。在这样的社会文化习俗中，同性恋者的性别取向被认为是对由“人类本性”（也就是说，男性只能够被女性吸引，反之亦然）所决定的普遍规范的“扭曲和违背”。

其二，与身份和主观认识去自然化的努力相一致，文化左派中的另外一些地理学者尝试对人体加以去自然化。当然，在日常生活中，大部分人倾向于认为身体是与生俱来的，其生物学特征是固定的。与此同时，人体相关的科学，如医学，竭尽全力去分析人体内部的运行，以及视觉、嗅觉、听觉、味觉和触觉等外部能力。这样的分析也会对关于身体的日常理解产生影响，在以畅销书和纪录片的形式呈现时尤为如此，如著名的医学博士罗伯特·温斯顿爵士（Sir Robert Winston）所主持的 BBC《人类身体》（*The Human Body*）系列节目。身份和主观认知问题看上去与人文地理学者的核心研究及教学兴趣大相径庭。然而 20 世纪 90 年代中期以来，数位地理学者的工作展示，不同个体和群体身体的行为举动不仅是生理学功能，还会被社会关系和话语加以塑造。研究表明，这些关系和话语会在多种场所中被表达。在这些场所里，人得以习得在其生命历程中应当如何表现自我（Nast and Pile，1998）。总体而言，关于肉体存在开展的研究，与 20 年前的某些人本主义地理学研究产生了共鸣。但是，早期研究主要围绕泛泛的概念展开，诸如人体如何通过嗅觉、触觉和味觉与当地环境发生互动；近期由文化左派开展的研究则是对身体加以“去本质化”，并揭示社会中的权力关系如何触及人的生物存在，而并非仅仅是其内心的自我了解。就学科分支领域而言，这种类型的研究主要由社会和文化地理学者以及医学地理学者展开（参见框图 2.6）。

## 框图 2.6　人文地理学对于身体的研究

按照伊丽莎白·格罗兹（Elizabeth Grosz）的观察，身体是“皮
肤、器官、神经、肌肉和骨骼结构的具体的、物质的、具有生命
的组织”（Grosz，1992：243）。在过去大约 10 年的时间里，诸多
人文地理学者对人的身体表现出兴趣。这看起来有些奇怪。毕竟，
人们通常认为，人体是医学研究者、人类生物学者和物理治疗师
的研究对象，而非社会科学家的兴趣所在。然而，人文地理学者
并非对人体的生理机能感兴趣，如关节和肌肉如何发挥功能，或
者为何某些人出现多发性硬化。人文地理学者对直接影响人体的另
外两件事感兴趣。其一，不同的社会中人出现区分的重要方式之一，
是身体的选择性表达。例如，在白人占主流的西方国家中，千篇一
律的黑人形象是肌肉发达和性欲旺盛。人文地理学者并不认为身 97
体的表达（representations of bodies）是准确的，他们探询了为何特
定人群的特定方面成为其社会显著特征，并受到正面或者负面的
评价（Jackson，1994）。其二，对身体的表达（representations）会
对个体的行为举止（comportment）产生深刻影响。相应地，这些
行为举止的模式也会进一步巩固最初影响他们的那些对身体的表
达！正如女性主义理论家艾丽丝·玛丽昂·杨（Iris Marion Young）
在她的启蒙式的文章《像女孩儿一样投掷》（“Throwing Like a
Girl”）中所说，人们通常学习以社会表达所引导的适合其身体的
方式来使用身体（Young，1990）。吉尔·瓦伦丁（Gill Valentine）
等地理学者研究了是否存在对身体行为产生训导的地理学，因为
个体所习得的行为模式是与空间背景相对应的。总的来说，对身
体感兴趣的当代地理学者，对于人与人之间的差异主要由生物学
决定这一假设提出了异议。他们指出，并不存在对人加以自动区

分的先天的“自然的”身体，身体是柔韧而富于变化的，会随着时间和空间的改变而改变，并因表达和实践的不同而有所变化。从这个意义上讲，当代对身体开展研究的地理学者回避了在 20 世纪 70 年代和 80 年代早期产生影响力的人本主义地理学的抽象普遍主义。最近，开展身体研究的地理学者针对人体的社会和生理维度之间的差别提出了挑战（参见第五章）。在瓦伦丁（2001：ch. 2）、哈伯德（Hubbard et al.，2002：ch. 4）、邓肯（Duncan et al.，2004：ch. 19）等人的著作中，我们能够找到关于地理学对身体的理解的良好总结。如需获得关于社会科学所开展的身体研究的更多介绍，请参考希林（Shilling）的著作（1997；2003）。

对人的身份和人体开展的去自然化的研究，在西方“先天与教养”之争的广阔背景中能得到最好的理解。这一辩论至少可上溯到 20 世纪 70 年代。关于人的身心能力是否主要由基因和类似的东西决定，或者是否为其所处社会文化环境的产物，人类生物学、人类体格学、神经心
98 理学和新兴的社会生物学等学科爆发了激烈争论。随着辩论的展开，新的技术被发明出来，声称能够改变“人类本性”，从而有可能通过“基因工程”消除行为障碍或者先天性疾病。就此而言，很多人担心，我们正在见证一场崭新的生物决定论，甚至堪与 20 世纪二三十年代西方国家流行的优生信仰相提并论。人们担心的是，假定人的基因与行为或外观之间存在的联系将被用于针对那些具有所谓“低劣的”或者“异常的”基因的人。显而易见，人文地理学者最近关于心智与身体的见解，对于此类确定性思想带来挑战。他们表明，关于“自然种类”的主张往往会掩盖偏见，并隐藏提出主张的人群的利益。

### （三）20 世纪 90 年代的地理学还有哪些进展?

20 世纪 90 年代，人文地理学者以一种荒谬（即去自然化）的方式（重新）发现了自然，自然地理学的重点仍然是坚守自然环境，并持续致力于生产关于非人类世界“科学”（也就是真实的和客观的）知识的理想 [ 参见罗兹（Rhoads）和索恩（Thorn）等人的作品 ]。尽管很多人文地理学者仍然把自己归类为科学研究人员，但是公道地说，与人文地理学者相比，自然地理学者对这一称呼的使用更为广泛，也更加顺理成章。先前自然地理学朝向专门化发展的趋势进一步加强，部分原因在于，凭借崭新的测量与观测技术，自然地理学者得出了关于环境特定方面的大量看似更为准确的信息。事实上，20 世纪 90 年代，自然地理学一个表面上“崭新”的分支获得了发展动力，即“第四纪研究”（也就是对第四纪时期的环境变化开展的研究，这是从地质学角度来说的一个较近的时期）。伴随专门化而来的是破碎化，这导致一些人（Slaymaker and Spencer，1998；Gregory et al.，2002）呼吁让自然地理学更为统一，从而能够追溯环境不同“圈层”（如岩石圈、水圈等）之间的相互作用。朝向案例研究的趋势仍在继续（特别是在地貌学之中），同时日益增加的计算能力使其能够对越发增大的数据集开展更为复杂的分析。

在变革（而非延续）方面，20 世纪 90 年代的自然地理学出现了三
种主要改变。第一，纯粹研究和应用研究之间的平衡无疑发生了向后者 99
的倾斜。据加德纳（Gardner，1996）所言，这反映出在地球峰会之后“环境产业”的发展，在环境管理领域尤为显著。沙漠化、水污染、土壤侵蚀和采伐森林等问题日益进入自然地理学者的研究和教学日程（Gregory，2000：ch. 7）。这些地理学者通常寻求通过准确识别出特定人类活

动导致的物理变化，来为环境管理者提供帮助（Burt et al.，1993）。第二，在更富哲学意味的层面，自然物理学脱离了“稳态”和“动态平衡”的假说，而这样的假说构成了20世纪七八十年代大部分研究的基础。此时的自然地理学者开始理解环境是复杂的，并且通常是无序的，其运行甚至是一片混乱的。正如芭芭拉·肯尼迪（Barbara Kennedy）20世纪70年代末富有预见性的观点，自然地理学家所面对的是一个“淘气的世界”（Kennedy，1994）。本体论假设中发生的变化，部分原因是受到了科学思维广泛转变的启发，最引人注目的在于先验实在论（前文有所讨论）以及复杂性与混沌理论（Phillips，1999）。第三，第四纪研究的崛起，以及对于“全球环境变化”的崭新关注，意味着在大的空间和/或时间尺度上开展的环境系统研究正在复苏。在某种意义上，正如辛普森（Simpson，1963）所说，自然地理学是一门“历史科学”。这个学科的起源——“戴维斯学派”——被重新发现了，这是对自20世纪50年代末期开始就非常流行的小尺度的过程—形式研究的补充和均衡。这也意味着，自然地理学作为一门独特学科的资格得到了重申——并未以放弃整体研究方法为代价，而是承认了一般规律与过程可能会产生非普遍性的（独特的）结果（正如批判实证学派所指出的）。

与此同时，人—环境的研究传统仍然分为两派，即“管理主义”以及一个更为激进的学派。后者以第三世界政治生态学和后休伊特时代的风险分析为代表，持续关注人与环境的关系中人的维度。第三世界政治生态学进入“第二阶段”（Peet and Watts，1996），其研究更多聚焦于人类对环境加以利用的社会与文化方面（Braun，2004：159-63）。人—环境研究激进派的领域，因为其他五个领域研究的崛起而得到补充。第一，“环境不公”研究，关注的是与富裕或者更具影响力的社会群体相比较，边缘性社会群体在承受污染或者有害设施（如垃圾焚烧炉）所造成的后果上不成比例，其状态和原因分别是什么（Pulido，1996）。针对环境不公开展的研究，聚焦于贝克（Beck，1992）所谓之“制造环 100
境风险”，而并非完全自然的风险，这一点在美国地理学领域表现得尤为明显。第二，几乎与此同时，英国的若干地理学家开始对以下领域产生兴趣，即环境专家如何把他们的发现告知公众，公众又如何民主地参与环境政策的制定（Eden，1996）。这项针对专家知识和外行知识开展的研究，试图对战后的“线性模型”提出挑战。该模型认为，科学家和政策制定者通晓一切，而公众仅仅是政策的接受者；政策能约束公众的行为，并不需要公众的积极输入。这一研究表明，环境知识是多种多样的，并且经常相互矛盾。这些知识会对普通人之间的“环境公民权”问题产生影响（Burgess et al.，1998）。第三，乡村和农业地理学在 20 世纪 90 年代开始激进化，不再是第二次世界大战以来其一直保持的知识落后状态。特别是农业地理学，在把经济地理学的激进思想用于现代农业变化分析之后，开始变得动力十足，就如同在工业社会中某种牲畜进入了工厂化养殖阶段（Goodman and Watts，1997）。第四，若干地理学家形成了关于国家和地方政府如何对环境的社会使用进行管理的批判视角（Bridge，2000）。这种就环境管控和治理所开展的研究，把政府看作非中性的参与者，本身也会参与到商业、公众和自然环境（的关系和互动）中。第五，若干（大部分为人文）地理学者呼吁建立“动物地理学”，开展随着时间和空间的变化，人与动物关系变化的特征及伦理学研究（Wolch and Emel，1998）。

相比之下，资源地理学的研究传统就没那么激进了，得以在 20 世纪 90 年代延续。资源地理学可回溯到 20 世纪 70 年代早期对于资源枯竭的恐慌，前文已有所提及。这种类型的资源分析关注的是在资源通常具有的有限性、对于资源使用的竞争性需求，以及在同一社会和不同社会之间资源获取的不均等的前提和背景之下，如何最好地利用资源（Rees，1990）。就政治而言，资源地理学并未针对社会原因导致的资源短缺、对于获取资源所施加的社会限制，或者对于资源不过是满足人
101 类要求的手段等根本性问题提问（Emel and Peet，1989）。这就说明，地理学中的若干资源分析者，无疑受到了“可持续发展”辩论的影响，对于资源持有“浅绿”（或者弱生态中心主义）的观点，并寻求社会使用其自然资源基础方式的较为剧烈的改变（Adams，1996）。同样，若干人文地理学者开始对生态现代化感兴趣。在发达的工业社会中，因为有恰当的政府介入以及社会态度的转变，这一观念可以把持续经济增长与对自然资源基础的审慎管理结合起来（Gibbs,2000）。图 2-2 和表 2.1 对当代地理学者如何开展自然研究进行了归纳。

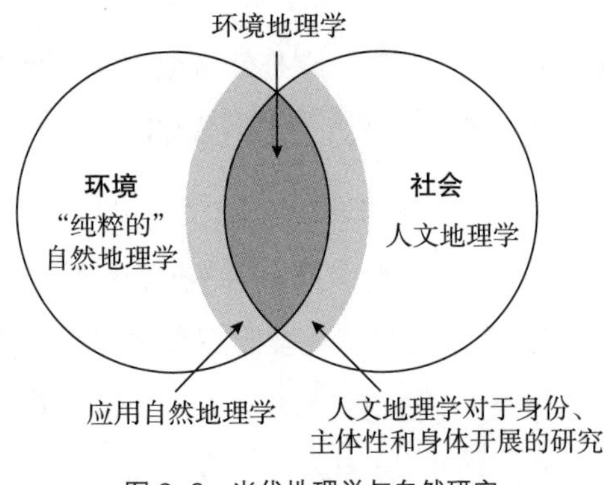


图 2–2 当代地理学与自然研究

## （四）今日情况如何?

20 世纪与 21 世纪交接之时，地理学对于自然这一主体的研究方法有两方面值得注意。首先，人文地理学和自然地理学显然产出着关于自然的截然不同的知识，或者说，它们所产生的知识是与其学科名称对应

的截然不同的事物。自然地理学的广义实在论方法仍然关注环境[8]，数十年来，这一焦点一直未曾改变，无论是经由人类活动改变的环境，还是未经改变的环境。

表 2.1　地理学三个主要分支对“自然”开展的研究 102

| 自然地理学 | 环境地理学 | | 人文地理学 |
|---|---|---|---|
| ←　→<br>纯粹研究　应用研究 | ←　→<br>现状 / 改良主义 | 激进 / 左翼 | 重要分支<br>· 文化与社会地理学<br>· 医学地理学 |
| | 人类中心主义 ↑<br>· 资源地理学<br>· 灾害地理学 | · 激进灾害地理学 | |
| | | · 乡村地理学<br>· 农业地理学 | |
| · 地貌学<br>· 水文学<br>· 生物地理学（含土壤学）<br>· 气候学<br>· 第四纪研究 | 生态中心主义 ↓<br>· 生态现代化研究<br>· 可持续研究 | · 第三世界政治生态学<br>· 环境管制与治理研究<br>· 专家—外行环境知识研究<br>· 环境不公研究 | 主要流派<br>· 第二波女性主义地理学<br>· 同性恋地理学<br>· 反种族主义地理学<br>· 底层地理学<br>· 儿童地理学<br>· 残障人士地理学 |
| 非人类世界 / 物理环境 | 对于物理环境的思想、理解和使用 | | “人类本性”<br>身份 / 主体性 ┆ 身体 |

相比之下，人文地理学的众多研究学者对以下观点持怀疑态度：我们称之为自然的那些事物的“事实”最终能够不言而喻。人文地理学者对“自然环境”并不感兴趣，而是对特定社会在想象和事实层面上创建的“非自然环境”感兴趣。人文地理学对有时被认为是“人类本性”（也就是身心能力）的理解加以去自然化。总体来看，人文地理学者对于其专业议题采用去自然化甚至反自然主义的方法。其含义在于，自开启“地理实验”以来已过去一个多世纪了，地理学并未产生某种解释社会和自然世界的关系的一以贯之的理论。相反，地理学两个分支的研究者关于

“自然之本质”采用完全不同的理论、模型和方法，并得出截然不同的结论。夹在自然地理和人文地理之间的，是一群数量较少且较为多样化的人—环境研究学者。

对于这一学科中的很多人而言，这堪称悲剧。对他们来说，在我们所生活的时代，人文地理学和自然地理学完全可以重聚并结出累累硕果。在这些评论者的眼中，如果地理学者关注激增的局部及全球性环境问题如何改善，那目前只有少量地理学者的中间研究领域完全可以吸引
103 更多研究者加入（Cooke，1992）。实际上，在地球峰会召开前夕，比利·特纳（Billy Turner）等人出版了《被人类活动改变的地球》（*The Earth as Transformed by Human Action*，1990）。这是继托马斯（1956）之后的又一部设置议程（agenda-setting）式著作，由克拉克大学编著（乔治·帕金斯·马什正是在这所大学开展研究）。除此之外，如果格利高里（2000：pt Ⅳ）所言无误，那么自然地理学极可能保持向应用研究发展的趋势。特纳（2002：61）最近提出了这样的问题：“地理学有无可能进入一个新的时代，即人与环境研究的地位上升并占据主导地位？”（Liverman，1999）出于多种原因，答案可能是“否”。从其内部来看，地理学依然过于多样化和碎片化，无法完全回归麦金德和戴维斯所设想的“架桥”的功能。从外部来看，我认为加德纳的观点是正确的，即“当生态学家、地球科学家和环境科学家都争先恐后上车时（‘人类影响’这辆公共汽车），地理学者却在公共汽车站驻足”（Gardner，1996：32）。在第四章，我还会对地理学的人文与自然之分做深入阐述。然而，值得注意的是，目前来看，与研究层面相比，地理学的人—环境分支在教学层面上的地位强大得多。大学预科生之所以被地理学专业吸引，通常是因为他们认为这个学科研究的是人类因素导致的环境问题，并且很多大学教师和教科书的作者都迎合了这一类学生读者（Middle-

ton，1995；Pickering and Owen，1997）。

这一切都表明，在过去五年左右的时间里，众多地理学者对于“自然”和“社会”领域之间存在的本体论的区分提出了质疑。正如本章前面所解释的，这样的区分对于人文地理和自然地理的差异而言至关重要。这一区分存在于相互联系却又显然不同的现实秩序之间。最近有人提出，归根结底，现实并不能按照这两个本体论的领域加以区分。他们指出，我们总是生活在一个“后自然”“后社会”甚至是“后人类”的世界中。那些倾心于行动者网络思想、非表象理论、过程辩证法和所谓“新生态学”的地理学者（大部分为人文地理学者），以不同的方式做出了这一断言。在本书第五章，我将就这些非二元论方法加以解释。正如我们所看到的，这些方法被应用到对人体和非人类世界的理解中。它们对导致人文地理学者和自然地理学者相互分离的本体论的区分提出了挑战，但是，并未对统一地理学者对于自然的理解做出多少贡献。我将在后文解释，这其实是一件好事。

## 七、小结：地理学的“自然”

本章篇幅很长。那么，我们从地理学对“自然”这一主题开展研究 104
的简史中学到了什么？显而易见，我们得到了五项发现。第一，自地理学成为一门大学学科以来，地理学者对于自然的理解发生了巨大变化。这种改变，应当被视为地理学外部发生的变化和内部出现的争论共同作用的结果。第二，随着时间的推移，地理学者对于自然不同方面的理解变得更加专业化和多样化。第三，自然一直是地理学的一个问题。无论是从学科内部构成，还是从其与其他学科和外部机构（如资助机构、使用者群体等）的联系上讲，这一点都成立。本章已经呈现出，地理学者关于应当（以及如何）就何种“自然”开展研究所存在的分歧，以及“地理学的本质”持续的重新构建，二者是相互依存的。第四，我们已经获知，地理学甚少有生态中心主义思维，更不用说思考如何去“保卫”假定存在的“人类本性”免受生物技术和类似事物的“掠夺”。这与公众对非人类世界的福祉所广泛持有的同情形成鲜明对比，也与对改变人类身心“自然”品质的企图持反对态度的诸多群体形成鲜明对比。第五，当今的地理学已重拾关于环境和“人类本性”的最初兴趣，然而研究方式已经与戴维斯、哈伯森和麦金德等人相去甚远。今时今日，再也没有能够让人文地理学、自然地理学和环境地理学三者靠拢的关于自然的统一概念了。

此外，我还希望本章能够消除易受误导的人对于地理学者生产的自然知识所持有的两种错误认识。第一种错误认识在于，认为随着时间的推移，这些知识会变得更为准确可信。第二种错误认识在于，认为人文地理学者生产的是其他人对于自然或者导致自然发生改变的社会过程的理解的相关知识，而自然地理学者生产的是关于自然“真实状态”的知识（环境地理学者则是生产两种类型的知识或者把它们相互结合）。这两种错误认识都推崇自然地理学的“科学”程序，相信这是准确了解自然最为可靠的方式。他们认为，尽管地理学者曾经（比如，在环境决定论时代）对自然的理解有误，但今时今日，他们差不多算是正确的了。
105 有很多原因可以解释为何这两种谬误赫然凸显。首先，历史向我们表明，当前被视为真实或者可以接受的关于自然的知识，未来可能会被发现存在重大缺陷。其次，自 20 世纪 70 年代初期以来，一批被称为“科学知识社会学家”的研究者表明，科学家的研究从来不像看上去那样客观或者价值中立。这些研究人员看待科学家，就如同人类学家看待异族“部落”。他们通常借助大量经验细节向我们表明，科学家通过他们做出的哲学假设、理论选择和方法论决定来“建构”自然的知识（在大部分情况中是不知不觉的）。在地理学中，大卫·德梅瑞特（1996）把科学知识社会学家的思想应用于对自然地理学者的研究开展的分析上，并借此有力地揭示出所有关于自然的知识的建构性（关于科学知识社会学家的更多信息，参见第四章）。

在本书接下来的部分，我希望审视过去数年地理学者开展自然研究的主要方式。为了呼应第一章提出的观点，我希望关注不同地理学者生产的关于自然的知识**本身**，而非这些知识所描述、解释或者评价的自然“事实”。这些知识对于自然做出了何种断言？这些知识把什么当作“自然”？这些不同的知识主张具有何种道德的、审美的或者现实的后果？当学生、专业地理学者和社会中的其他群体开始相信某些或者全部知识是“正确的”“有效的”或“真实的”时，会达到何种目的？我特别希望这些问题能刺激到学生读者，促进他们让地理学以及其他学科从头脑既有的窠臼中挣脱出来。对我来讲，地理学是众多生产知识的领域之一，它会与其他学科领域相互竞争，说服受众相信自然是这样的而并非那样的，自然以这种方式而非那种方式运作，或者其道德 / 审美立场是 X 而非 Y 和 Z。这是我在第一章中提出的观点。在后文中，我不想否认的确存在不能被简化为知识的真实事物。对这样的事物，我们会使用“自然”这一标签或者任何一个附属词语加以描述。但是，依我之见，我们对于事物“真实性”的理解，受到我们所吸收、消化并逐渐认可其为真实可信的关于这些事物知识的种类的深刻影响。有鉴于此，我们需要明确，不但存在关于知识的政治（也就是说，知识难以价值中立），而且知识具有物质性，这一点与我们将其标记“自然”的物理现象一样真实。如 106
同棍棒和石头，知识也能砸断骨头。

## 八、练 习

• 比较《人文地理学词典》(*Dictionary of Human Geography*, 2000)和《自然地理学词典》(*Dictionary of Physical Geography*, 2000)。前者在多大程度上以“自然”为感兴趣的话题，并且是以何种方式呈现的？同样，你也可以翻找顶级地理学杂志的目录表，如《美国地理学者协会年刊》(*Annals of the Association of American Geographers*)。例如，可以把20世纪40年代的一期与最近的一期进行比较。看看文章的标题和摘要，你能够发现其所研究的“自然”事物类型和研究方式的不同吗？

• 请列出若干主要原因，解释为何学界持有的关于世界（无论是关于自然还是关于任何其他主题）的观点会随着时间的流逝发生变化。分别列出“外部原因”（学术界外部发生了什么）、“内部原因”（学术界内部整体上发生了什么）以及“学科原因”（单独学科内部的发展），可能会对你有所帮助。提示：一个外部原因可能是公众态度的变化，一个内部原因可能是具有潜在广泛的知识重要性的创新理论（如进化论或者混沌理论），一个学科原因可能是年轻学者在学科领域中追逐名誉，努力破除前辈提出的认知。

• 正如本章所示，就地理学关于自然的理解所发生的变化，这一学科受到了来自广泛知识和现实世界事件选择性的影响。你能否解释，为何地理学往往无法响应那些在对于理解自然具有显著关联的更为广泛的层面上取得的进展？比如，20世纪70年代早期生态中心主义情绪的蔓延。你如何解释地理学仅受到其所处的广泛社会语境的选择性影响？对于地理学者而言，追随与诸如生物技术等新发展相关的道德和实践去调整当前研究，这是否重要？

# 九、延伸阅读

利文斯敦（1992）的《地理学传统》（*The Geographical Tradition*，107
1992）第一章，提供了关于“语境史”以及为何其高于“内在论”观点的相当不错的讨论。赫弗南（Heffernan，2003）提供了早期大学地理的简要语境史。对早期地理学思想受到的进化论影响感兴趣的读者，可以参考利文斯敦著作的第6～8章，同时还可以参考《人文地理学词典》中环境决定论、进化论和社会达尔文主义的条目。关于人文地理学和自然地理学各自的详尽历史，请分别参阅约翰斯顿（Johnston）和赛德威（Sidaway）的《地理学和地理学者》（*Geography and Geographers*，2004）以及格利高里的《自然地理学不断变化的本质》（*The Changing Nature of Physical Geography*，2000）。关于人文地理学的简史，参见哈伯德等人的著作（Hubbard et al.，2002：chs 2 and 3）。关于自然地理学的简史，参见斯雷梅克和斯宾塞的著作（Slaymaker and Spencer，1998：ch. 1）、加德纳的著作（Gardner，1996）、西姆斯的著作（Sims，2003），以及英克彭的著作（Inkpen，2004：ch. 2）。乌文（1992：ch.5）也简明呈现了战后围绕着哈特向和舍费尔所开展的讨论。德雷克·格利高里（1978）的《意识形态、科学和人文地理学》（*Ideology, Science and Human Geography*，ch.1）为空间科学提供了最佳的概述，尽管其内容略显泛泛。约翰斯顿（Johnston，2003）和理查兹（Richards，2003a）分别讨论了人文地理学和自然地理学、社会科学和自然科学之间的关系。下列书籍中的相关章节，对人本主义、马克思主义、女性主义和后地理学提供了精彩介绍：《现代地理学思想》（*Modern Geographical Thought*，1999）、《持不同政见的地理学》（*Dissident Geographies*，2000）和《走近人文地理学》

（*Approaching Human Geography*，1991）。如有读者想深入了解本章所提及的若干地理学者的思想，1977 年以来，每年都会有一系列“生物编年史研究”。可惜，除了本章之外，没有就地理学者参与“自然”这一主题研究的历史开展讨论的其他独立来源。尽管非常不错，奥维格（1996）关于自然和地理学的讨论也还是建立在“自然”一词极受拘囿的定义之上的。最后，博蒙特（Beaumont）和费罗（Philo，2004）以及艾登（Eden，2003）就地理学对环境运动和生态中心主义视角的参与（与未参与）开展了讨论。

# 第三章

# 去自然化：让自然“回归”

> 自然本身，并不“自然”。
>
> （Soper，1995：7）

## 一、引　言

在本章以及接下来的两章里，我会探究当代地理学者所生产的自 108
然知识的若干细节。我的方法是，对这些知识的真实性或者有效性保持怀
疑。[1] 我不表明任何立场，而是退后一步，追问不同的地理学者是如何
以各自的方式描述“自然”的，原因何在，产生了何种效果，又达到了
何种目的。这些地理学者生产的自然知识所具有的优缺点，留待读者自
行判断。限于篇幅，我选择关注过去约 10 年时间里地理学中针对自然
开展研究的主要途径。我用这种简化的方式识别出关键主题，而非连篇
累牍地翻检文献。本章，我将讨论第二章所提出的人文地理学者和许多
环境地理学者近期开展的自然研究最重要的主题，即去自然化的趋势。
与之对照，在第四章里我要讨论的是（大多数）自然地理学者所持有的
观点，即自然是一个“实实在在”的领域，无论在何种程度上或者在何
种意义上，自然都绝非“社会建构”。本章以对地理学中“人文—自然 109

之分”的审视作为结尾，第五章则会审视摒弃了把自然视为一种社会建构，也摒弃了把自然视为可等同于社会表征和实践的现实的那些地理学者的工作。实际上，他们的研究是对“自然”/“社会”、“人”/“非人”习以为常的二元论的超越。每章我都尽可能使用案例研究和图表，用以解释地理学者如何以自己的方式开展自然研究，以及为何他们的研究非常重要。这些例子是从已发表的文献中获取的，因此，读者能够准确获知地理学者如何研究“真实世界”。对于文献的选择，我是经过深思熟虑的，我不希望因就所涉及的自然的知识开展广泛讨论而失去深度。

如我所说，本章描述并解释了若干当代地理学者以何种方式对自然进行的去自然化。基于提出观点的地理学家，本书会涉及以下主题：(ⅰ) 认为自然作为人类事务中的一项因果要素，并不像人们之前所认为的那么重要；(ⅱ) 认为那些被视为自然的事物，实际上彻头彻尾是社会的。最强烈的去自然化观点，认为自然并非自然的（也就是说，只在表面上是自然的）。这意味着对自地理学成为一门大学学科以来，人们在一个多世纪中所持有的环境决定论的逆转。[2] 这就表明，无论人们是否认识到，但对于理解何为自然以及我们认为是自然的事物发生了什么而言，社会都是其关键。地理学去自然化的趋势是由批判性人文地理学者和左翼环境地理学者引领的。就此而论，我为本章所拟的标题可被视为一种讽刺。这些地理学者以一种颠覆性的方式“重新发现”了“自然”这一主题。也就是说，他们对自然的自然性提出了质疑。正如我们将看到的，这样的质疑并非绝对的。不少人文地理学者和环境地理学者仍然相信，我们称之为“自然”的事物从生物物理意义上讲是非常重要的。然而就绝大部分而言，当今的人文地理学者和若干环境地理学者坚持“自然怀疑论”（去自然化）的态度。

把这种态度与社会科学和人文学科的其他学者持有的态度加以比

较，是非常有趣的。在大部分情况下，经济学家都会跳上“人类影响”的马车。毫无疑问，一方面是因为人为因素导致的环境问题激增，另一方面则是因为针对如何缓解这些问题开展研究，可以获取大量资金。自 110
20 世纪 60 年代晚期起来，环境经济学成为一个独立的学科领域，旨在改变经济行为，从而降低其产生的环境影响（Bateman and Turner，1994）。同样，政治和政府①学科领域的众多研究者探寻了政治参与者为何以及以何种方式应对 / 无法应对环境问题（Young，1994）。他们近乎达成的共识是，这些问题切实存在，并需要解决方案。人类学、哲学和社会学等学科更为矛盾。一方面，上述三个学科的传统是关注人类社会，而把自然（非人的和人的）研究交由物理学、材料学和医学科学承担（即便人类学对人—环境关系有强烈的关注）。然而，最近这三个学科都后知后觉地认识到，某些社会看上去似乎对环境产生了前所未有的影响。一些人类学家、哲学家和社会学家对导致环境退化的信仰、价值和行为开展了深入探究，其哲学思想包含最为坦率的生态中心主义批评（Light and Rolston，2003）。类似地，有些研究学者还探究了为何人类身体的边界被明显破除，并仔细审视这种越界的正当性。哲学家又一次领先，对从克隆人到体外受精等一切事物能否在道德上被认可进行了思索（Burley and Harris，2002）。另一方面，与本章对其工作开展讨论的那些地理学者相同，以上三个学科中也有一些学者认为，社会在表象和物质性两个层面对自然进行了建构。例如，研究环境和身体的社会学家已经表明，不同的社会是如何产生对于自然世界的不同理解并对自然施加不同影响的（Macnaughten and Urry，1998）。目前，可以按照其开展自然研究时所采用的方法，对社会科学进行划分（在其内部以

---

① 应为“政府管理”。——译者注

及彼此之间)。再次引用索珀(1995)的术语，可把他们分为“自然认同”立场(“nature-endorsing” positions)以及与之相对的“自然怀疑”立场(“nature-sceptical” ones)。在诸如英语与文化研究等人文学科中，一切都变得更加明朗。除了环境史是一个显著的例外，这些学科的大部分在虑及自然时，都倾向于关注不同时间不同地点对于自然的社会表征、话语和意象。

如果我们把地理学视为一个整体，这一学科同时包含索珀列出的两个立场。“自然认同”立场认为:(i)的确存在一个由自然现象构成的真实世界;(ii)可以通过相对客观的方式获知这一世界的特性;
111 (iii)可以通过对这一世界中“事实”的理解，取得(尽管并不一定以直接的方式)关于自然的道德(和审美)判断。正如我们将在第三章中看到的，自然地理学者坚信前两种观点，但也有少量研究者关注第三项。如果有地理学者坚称其关于自然的知识近乎准确，为了评价这些地理学者的主张，要先理解此学科众多其他研究者持有的自然怀疑态度。首先，我要讨论本章探究的“去自然化”自然知识的前身。其次，我会采用案例研究的方法分析当今持有自然怀疑立场的地理研究者的重要主张。

## 二、先　例

在第二章中，我提到了关于自然的广泛社会焦虑以及地理学者对自然持有兴趣的程度和特征之间的负相关性。自 20 世纪 60 年代晚期以来，出现了两次关注环境的浪潮，第二次(始于 20 世纪 90 年代初期)与对新兴科技改造人类自然本性的力量的日渐焦虑相一致。尽管部分地理学者把“人类影响”纳入研究计划，但似乎无人对分子基因学、纳米技术以及类似技术所预示（prefigured）的人类重组有所警醒。这并不是说，地理学者（在其专业能力之内）不关心我们所谓之自然的事物正在发生着什么。然而，这确实引出了以下问题：当这么多人对可能出现的“自然之终结”焦虑万分时，相比之下，为何地理学者显得漠不关心？我认为，答案可分为两个方面。首先，我在后文中会解释，这些地理学者对于“自然”是否即将终结持怀疑态度。其次，这些地理学者认为，当一个社会中关于自然的讨论激增时，我们应当思考，到底是哪些人在讨论，他们在以自己的方式开展的对自然的讨论中获得（以及失去）了什么。在第一章中，我指出“自然”一词具有三个基本含义。早在 1974 年，西方出现第一次环境问题浪潮时，大卫·哈维就指出，在一切社会中，拥有权势之人都会对诸如“自然”等关键词的定义进行控制，从而服务于自己的利益。他的论文《人口、资源和科学的意识形态》（“Population，Resources and the Ideology of Science”）在当时被视为异端，为当前地理学者试图对自然加以去自然化开创了先例。尽管这 112
一时代众多地理学者努力通过对自然资源开发的关注复兴地理学研究的中间领域[①]，哈维却认为，20 世纪 70 年代早期，所谓“环境危机”并不真实存在。随后，肯尼思·休伊特（1983）的《灾害阐释》试图对看上去典型的自然现象提供一个生物物理意味较弱的解释，名为“环境公害”（environmental hazards）。在这一部分，我会对哈维和休伊特早期的介入进行分析，因为他们关注的两个广泛问题，正是当代人文和环境地理学者倾力研究的，即自然表达的权力，以及自然和社会过程的相对因果重要性（Whatmore，1999）。

① 即环境地理学。——译者注

## （一）自然的意识形态

20 世纪与 21 世纪之交，人口达到了前所未有的高峰。1999 年，世界人口首次突破 60 亿。此后不久，印度成为第二个人口超过 10 亿的国家。展望未来，联合国预计在 2050 年之前，全球人口将达到 93 亿，较 1950 年增长 200%。尽管当前我们在正式场合罕有听到这些数据，但仍会导致某些人对“人口过剩”的担忧。这一概念可追溯到英国经济学家和人口统计学家托马斯・马尔萨斯（1798）极富影响力的著作。马尔萨斯指出，资源只能够以算术级数增长（2、4、6、8 等），人口却以几何级数膨胀（2、4、8、16 等）。现今，人口过剩思想与 20 世纪 70 年代早期的新马尔萨斯主义（neo-Malthusians）相关。如第二章所列，危言耸听的书籍，诸如《生存的蓝图》《人口大爆炸》以及《增长的极限》，都预测了一个可怕的未来：有限的自然资源基础会对地球上可以生存的人口数量产生限制。追随马尔萨斯的思想，这些书提出“预防性抑制”（如通过增加避孕措施来限制生产）是规避饥馑致死等“坚决抑制”（positive checks）的唯一途径。以上所列以及其他新马尔萨斯主义分析的语境在于，发展中国家在 1945 年之后出现了快速人口增长，以非洲和亚洲尤为明显。新马尔萨斯主义所具有的鲜明实践意义，在美国生物学家加勒特・哈丁（Garret Hardin）撰写于 1974
113 年的文章中表述得很清楚。在题为《救生艇伦理观》（“The Ethics of a Lifeboat”）的文章中，哈丁把西方富裕人口比喻为生活在一个救生艇上的人，他们周围挤满了发展中国家那些拼命想要爬上来的穷人。因为救生艇空间有限，哈丁认为，唯一的伦理对策是忽略穷人的求援，确保船上的人得以生存。另外一种仁慈的应对方式，是尽力帮助水中漂浮的众人。但在哈丁看来，这会为所有人带来毁灭性下场。他这样写道：

> 对于鼓励穷人增加生活预期，我们应当谨慎而行……因为，如果世界上所有人都拥有同我们一样的生活标准，我们的污染程度将加重 20 倍……因此，增加粮食供应是一种值得质疑的道德行为。如果需要牺牲本地利益以造福世界其他地区的人群，我们应当有所犹豫。
>
> （Neuhaus，1971：186）

在列出哈维对新马尔萨斯主义的批评之前，我们需要澄清人口过剩论调所隐含的自然的概念。通过活动 3.1，请思考新马尔萨斯主义的推理对自然做了何种构想。

**活动 3.1**

重新阅读前面的段落，尝试回答下列问题：

- 人口过剩论调使用了第一章所列自然的三个定义中的哪个或哪些？
- 这些定义与道德判断、实践政策存在何种关联？

让我们依次回答上述问题。你会回忆起“自然”一词的含义是：（i）人类世界；（ii）事物的本质；（iii）人类和非人类世界呈现秩序的一种固有力。以上三种定义都被新马尔萨斯主义的推理使用了。首先，自
然资源构成的非人类世界被认为是限制人口增长的关键因素。其次，这 114
些资源无论在数量上还是在质量上都被视为有限的。也就是说，就其本质（基本特征）上而言，自然并非无处不在。最后，新马尔萨斯主义认为，人类倾向于超越自然资源的底线生育子女，这是一种“自然规律”。它只可能被缓解，不可能被完全消除。此处，自然被视为人口数量和资

源可利用性之间随着时间和空间变化所达成的动态平衡。基于这些关于自然是什么（或者自然如何作为）的主张，新马尔萨斯主义从中吸取了若干直接的道德和实践训导。换言之，它把事实与价值相联系，把“即将做什么”与“应该做什么”相联系，就如同价值与行动能够通过假设的“自然的事实”而“读取”。例如，哈丁关于是否应当为人口众多的发展中国家提供帮助所持有的强硬立场，源于他相信，地球上人口越多，可供分配的资源就越少。

在新马尔萨斯主义盛行时期，有若干证据可支持人口过剩的论调。发展中国家攀升的出生率与众多国家愈演愈烈（或者至少未曾下降）的营养不良和饥荒存在关联。这样的证据，连同人口过剩论简单、直观和富有吸引力的逻辑，使得新马尔萨斯主义在多个学科、若干政治党派（比如，印度政府在 20 世纪 70 年代发起了男性绝育计划）和广泛的社会中成为一股真正的知识力量。在这样的语境之下，大卫·哈维对于人口—资源关系的反马尔萨斯主义的解读看上去突兀而另类。受到 19 世纪激进的经济学家卡尔·马克思（Karl Marx）理论的启发，哈维指出，新马尔萨斯主义是一种意识形态。按照马克思的观点，所有时代的统治思想都是统治阶级的思想。哈维认为，新马尔萨斯主义得以在 20 世纪 70 年代初期大行其道，并非因为其理论客观真实，而是因为它迎合了西方精英的利益，从而才被断言是客观真实的。接下来，我会解释他的观点。

哈维承认，在其自身专业范围内，新马尔萨斯主义是言之有理的。其中既包含抽象的“逻辑真理”（比如，如果假定资源是有限的，如果假定人口成几何级数增长，那将最终导致人口过剩），也包含“经验真理”（比如，不同国家的人口增长率、营养不良发生率和死亡率）。如果后者看上去与前者相对应，如同 20 世纪 70 年早期众多国家和地区所发生的情况，就不难理解为何新马尔萨斯主义对于人口—资源之间的关系不仅提供了貌似合理的解释，而且还是一种符合逻辑的策略响应。然 115
而，哈维的批评并未指出新马尔萨斯主义在逻辑上存在缺陷，也不认为其用以支撑逻辑的证据有任何错误。他针对其中关于自然的假设予以驳斥，正是该假设构成了整个人口过剩论的基础。首先，他质疑了人为维生所需自然资源的量由人类的生物需求所决定这一观点。他认为，维持生活的最低水平是相对于人的“历史和文化环境”界定的（1974：235）。因此，在某一时代某一社会中被视为维生的必要资源，对当前和未来其他社会而言将会有所不同。其次，哈维指出，“自然资源”是由社会、文化和经济界定的。只有在特定的社会掌握了方法并具有对特定事物加以利用的需求时，这些事物才能够成为资源。在满足上述要求之前，自然现象并不算这一社会的资源。最后，哈维指出，资源稀缺也并不是自然原因导致的，而是社会进程带来的结果。哈维认为，这一人为造成的稀缺，其本源在于社会内部的权力关系。与其他社会群体相比较，某些社会群体掌控了过多的财富。更具体地说，哈维的马克思主义观点认为，在资本主义社会中，工人阶级和失业者等底层人群被剥夺了货币财富，无力购买消费资料。因此，哈维认为，新马克思主义所称之“人口过剩”，是资本主义制度让大部分人贫穷、给少数人创造财富的趋势所导致的“相对人口过剩”。

哈维指出，种种关于自然破绽百出的假设，实际上是西方国家的烟幕弹，用来证明它们不愿意向发展中国家重新分配资源的做法是合理的。按照哈维所言，新马尔萨斯主义是一种意识形态。原因有二：其一，隐藏了人口—资源关系的真相；其二，证明西方精英做出的决定是正确的，即把全球财富集中起来，不与那些有需要的发展中国家人口分享。哈维认为，新马尔萨斯主义为人口控制政策或者其他“善意的疏忽”（哈丁的首选）所认可，这是一种狡猾的方式，用以证明穷人的贫穷是理所当然的，并试图对穷人的繁衍进行监控。正如哈维所说：“当人口过剩的理论在社会中占主导……非精英人群不可避免地会经历某种形式的……压制。”（1974：237）哈维为“人口过剩”提供的马克思主义阐释，意在揭露新马尔萨斯主义试图掩盖的事实，并为“自然资源稀缺”
116 现象提供截然不同的价值判断以及政策响应。以下是来自哈维的阐述：

> 让我们思考（新马尔萨斯主义）……的一句话：“人口过剩是因为可获得的资源稀缺，从而无法满足大量人口维生的需求。”如果我们对这个句子中（关于维生、资源和稀缺）的定义加以替换，就可以得到：“世界上人口太多，是因为我们所持有的特定目的（以及我们所具有的社会组织形式），连同我们从希望去使用并掌握了方法去使用的自然中可获取的物质，不足以为我们提供我们习以为常的那些物品。”可以从这句话中把各种类型的可能性提取出来：
>
> 1. 我们可以改变目的，并可改变产生资源稀缺的社会组织。
> 2. 我们可以改变对自然的技术和社会评价。
> 3. 我们可以改变自己对习以为常的事物的态度。
> 4. 我们可以设法改变人口数量。
>
> ……指出世界上人口数量过多，也就意味着我们并未设想，也并不具有愿望或者能力对以上所列 1、2、3 中的方案进行任何尝试。
>
> （1974：236）

哈维对新马尔萨斯主义的批评，在地理学中首开先河，表明关于自然的观点，就其旨在描述、解释和评价的世界而言，并非“纯粹”。他提出了“意识形态”这一概念，即看上去真实的一系列思想，实际上却隐藏了真相，从而进一步推进特定群体的利益（参见框图 3.1）。这就为针对“自然的思想无法反映出自然的事实，而是反映出这些思想所产生的社会语境”而开展的后续研究铺平了道路。有一点值得注意，即哈维并未否认我们称之为“自然”的事物（在他的研究中，指的是资源）的物质存在。归根结底，马克思和哈维的主要灵感都来自一种自称的“唯物主义”（materialist），他们相信，无论我们的思想怎样，真实世界总是存在的。然而，思想却极为重要，因为我们正是通过思想来理解物质世界的。在哈维的研究之后以及在现阶段之前，关于非人类世界“去自 117
然化”表达的另一重要努力，毋庸置疑是丹尼斯·科斯格拉夫（Denis Cosgrove）和斯蒂芬·丹尼尔斯（Stephen Daniels）所开展的工作（参见框图 3.2）。

### 框图 3.1　自然的意识形态

“意识形态”一词拥有多重含义。广义而言，这个词主要由左翼知识分子，特别是马克思主义者当作贬义使用。但情况也不尽然如此。这一词语可以追溯到 18 世纪晚期的法国，意为对于思想的研究，特别是对于那些不存在宗教或者形而上学偏见的思想的研究。然而，由于马克思和他的合作者弗里德里希·恩格斯（Friedrich Engels）所产生的影响，“意识形态”一词具有了更为具体和负面的含义。某些马克思主义者把“意识形态”视为扭曲的思想体系（导致信仰这些思想的人产生“错误意识”），由拥有权力的社会群体宣扬，用以欺骗社会大众，让他们误以为这是自己“真正的利益”。在哈维针对新马尔萨斯主义的批评中，他指出这种关于意识形态的理解依然存在。归根结底，哈维暗示，与新马尔萨斯主义相比较，这种从马克思主义角度对人口与资源关系进行的阐释更好（更准确？）。然而，他审视了“假性意识”的观点，断言任何人都无法置身事外地“按照其本来面目”观察自然。这就提供了意识形态的广义概念，即为了促成特定的社会利益，以选择性的方式描述世界的一系列经过设计的思想。这一广义概念，无疑启发了哈维的学生尼尔·史密斯出版于1984年的著作。史密斯的《非均衡发展》（*Uneven Development*，1984）正式使用了“自然的意识形态”这种表述。对他而言，这是关于自然“常识性的”信仰，因为看上去不会产生任何有害的社会影响，所以它所包含的袒护与偏见被巧妙地掩饰了。乍一看，它们只是关于自然的思想，而非关于社会的。近些年，各个领域的左翼分析家以越来越宽松也越来越模糊的方式使用“意识形态”一词。与此同时，该词也
118 在从政治到道德的各种各样的讨论中频频出现。目前，至少在左翼分析家中，“意识形态”一词惯常可以与“霸权主义”和“话语”互换。在下一部分中，我会就这两个术语进行阐述。

### 框图 3.2　景观的去自然化

大约在哈维的文章（1974）发表10年后，丹尼斯·科斯格拉夫提出了“景观”这一自然的附属概念，同时也是地理学主要分析对象引人注目的论点。在《社会变迁与景观象征》（*Social Formation and Symbolic Landscape*，1984）中，他指出，景观并非仅仅存在于认识、研究、使用或享受的人外在的（out there）物理环境中。他认为，景观是特定的“认识方式”，与16世纪以来欧洲资本主义的兴起同步。当想到“景观”一词时，我们通常会想起呈现在我们面前的大地、河流、树木、天空、田野和牲畜。科

斯格拉夫指出，自古至今，我们都是以特定的方式去看景观中显然客观的事实的。自欧洲文艺复兴时期起，资本主义开始取代之前的生产方式，三维透视以及崭新的制图与测绘技术成为呈现城乡空间的全新方式，很快它（把对于空间的认识）变成了“常识”。科斯格拉夫举例说，作为城市新贵的商人和实业家在郊外购买房产和地产，并请人画下他们的产业。一般而言，这些绘画甚少或者根本不会出现人，这样就为观众提供了对于“自然”的超然的全景透视，看上去高度逼真。科斯格拉夫认为，这种景观视图既是建构而成的，又具有高度的特异性。以他之见，这不仅反映了业主把实物所有权与视觉所有权进行匹配的热切愿望，同时还刻 119
意让农民和农业佣工的劳作不为人所见——他们往往受到驱逐，这样城市精英就能享受看上去和谐有序的乡村环境了。科斯格拉夫认为，风景画对画面进行了“自然化”处理，其根源在于新兴的存在阶级分化的资本主义社会的社会关系；同时，这也是对它的重现。按照他的认识，景观是阶层特有的“观看之道”（way of seeing），与马克思主义所理解的“意识形态”一词相似。科斯格拉夫和斯蒂芬·丹尼尔斯成为“象征性”与“图像化”城乡景观地理学研究的先行者。这一研究开启了“自然文化”思想的大门，我会在本章后文中进行讨论。他还指出，自然的视觉建构与书面和话语建构同样重要。

## （二）非自然灾害：不再强调物理环境的重要性

除了表明关于自然的观点是建构而成的（而非“自然之镜”）之外，哈维的文章还对环境在理解人—环境关系中的相对因果重要性提出了疑问。换言之，哈维认为，一旦穿透意识形态的面纱，环境就不再像通常人们所认为的那样，是环境—社会关系中非常重要的因素了。尤其是他对新马尔萨斯主义的批评，表明那些看上去由自然原因导致的问题（如饥饿），实际上是基于社会原因。这种对物理环境加以去重点化的努力，成为《灾害阐释》的中心。该书的重要性在于，寻求对“自然灾害”的去自然化。按照其定义来看，“自然灾害”似乎在本源上是完全非人类和非社会的。大家可能会有疑问：对于旱灾、龙卷风或洪水而言，哪些是非自然的方面？ 或者，为什么我们习惯于认为自然灾害仅仅是“自然的”？

120

### 活动 3.2

请对一种看起来毋庸置疑“自然的”灾害（如地震）加以思考。你认为，这种灾害的哪些性质算是自然的?

如果我们以地震为例，那以上问题的答案可能如下。首先，地震是自然的，因为它是地球物理过程所导致的，人对其产生的影响甚微。这些过程在地表下方展开，大陆板块发生扭曲和碰撞。其次，无论人们如何考虑地震，也无论人们是否经历过地震，地震总会发生。简而言之，地震看起来不言而喻是自然的。当人被地震影响时（如建筑物坍塌），地震就成为“灾害”。近期一个令人震惊的例子可供佐证，这就是伊朗古城巴姆（Bam）的地震。2003 年 12 月发生的这场地震，强度约为里氏 7 级，导致 40000 人死亡，另有数千人受伤。

对“自然灾害”的自然性开展讨论，看上去是显而易见且无可辩驳的。我们再来罗列一些其他自然灾害，如洪水、龙卷风或者海啸。大多数人都会同意，它们首先是自然事件。在灾害分析和管理领域，休伊特所说的“主导性观点”包含以下要点（1983：5-9）：

- 灾害是极端自然事件，发生频率低，但是强度高。
- 因为灾害带来的影响可被缓解却难以控制，所以灾害是独立变量，社会必须对其加以适应和做出调整。
- 可采用技术方法对灾害进行最佳管理：或者对这些灾害的地球物理成因加以阻断，或者减轻灾害带来的物理影响。

总而言之，休伊特发现，主流观点在于为那些被视为自然发生的事件寻找技术性解决方案，而这些事件在很大程度上是不可预知的和变化无常的。按照这种观点，人们因自然灾害所承受的风险，首先是由灾害 121
自身所决定的，其次才由个人和社群采取的保护性措施决定。

尽管乍一看，主流观点似乎准确无疑，但休伊特认为，这“对于灾害分析和危险管理的质量和有效性的改进而言……是唯一的最大障碍”（1983：29）。如果回顾迈克尔·沃茨（加州大学伯克利分校）的研究发现，我们就能理解休伊特的观点了。迈克尔·沃茨是《灾害阐释》的合著者之一。他为此书撰写了颇具启发性的一章，试图回答以下疑问：为何从前能够成功适应特定“自然灾害”的社会，忽然发现自己在面对这些灾害时变得无比脆弱？一个可能的答案是，灾害变得更为极端（也就是强度更大）。另一个答案是，特定的社会已经失去了应对特定的灾害的经验和知识。沃茨的研究集中关注 19 世纪和 20 世纪尼日利亚北部务农的豪萨人（Hausa peasants）。对他们而言，以上两种解释都不适用。那么，如何解释豪萨人在面对干旱（沃茨所聚焦的特定的灾害）时日渐增加的脆弱性？

为了回答这一问题，沃茨研究了社会内部的情况，而非物理环境本身。与哈维相同，在对豪萨人进行分析时，沃茨运用了马克思主义的观点，并融入了生产方式和道德经济学的概念。生产方式指的是一个社会对其生产活动进行组织的特定方式，包括生产阶级（参与货物生产的人）、生产关系（生产阶级之间的特定关系）、生产方式（生产中所使用的主要技术）以及生产目的（生产所达成的目的）。道德经济学包括规范、信仰和价值观，这就为生产关系加入了秩序和凝聚性，构成了全部生产模式。在成为殖民地之前，尼日利亚的生产模式是农牧式的，以高粱和粟米的种植为基础。家庭生产作物主要供自己维生，并把部分冗余产品（或者其劳动）交付给村落首领，而村落首领又会对地区头领负责，其上还有大约 30 位穆斯林领袖统治着索科托哈里发国（Sokoto caliphate）。这是一个拥有自己的法律、习俗和军队的穆斯林联盟。在这一由垂直和水平生产关系组成的网络中，作物主要是因为其使用价值（供哈里发国内部直接消费）被生产出来的，采用的是劳动力密集型的基本生产方式。

122 尼日利亚北部曾经（并且仍然）是半干旱地区，并且“具有极端的气候脆弱性，无论是现在还是从前，干旱都是（这一地区）自然固有的部分”（Watts，1983：247）。既然如此，当农民所处的这种阶层式生产模式每年都要“吞掉”他们一部分作物时，农民家庭是如何熬过干旱期的？就此，沃茨强调了豪萨人道德经济的重要性。尽管这种道德秩序要求家庭向其头领缴纳贡品，然而在极端气候导致的压力出现时，一种互惠规范就启动了。此时，穆斯林领袖、地区和村落首领会按照需要，适时把储备的粮食重新分配到每个家庭。豪萨社会以这种方式建立起一重缓冲保护，可缓解干旱的危害。

自 20 世纪初期英国开始对尼日利亚进行殖民以来，以上情况就发生了变化。豪萨人分别在 1914 年、1927 年、1942 年和 1951 年经历了严重饥荒，这样的饥荒是 20 世纪之前他们从未经历过的。然而，降水的变化性与数十年前相比并未出现增加（或降低）的极端变化。沃茨认为，殖民统治强加给豪萨人的资本主义生产方式无疑造成这些家庭在面对干旱影响时极为脆弱。简而言之，资本主义生产方式的目的在于通过出售商品获得利润。其中涉及掌握生产资料的人和为掌握生产资料的人工作而谋生的人之间的关系。除了这种“首要的”阶级关系之外，还存在“次要的关系”，同样是以货币作为媒介（比如，在房东和租客之间，或者在贷方和借方之间）。殖民主义的高涨期目前已经结束，其含义是其他政府或者其代表对某一领土的正式占领。按照沃茨所言，资本主义和殖民主义的结合以四种主要方式导致了豪萨人社会的转变。首先，殖民统治者敦促农民家庭种植花生和棉花，而不再种植高粱和粟米。其次，种植这些作物的目的是出口到英国和其他国家。再次，实物交换被货币交换取代，豪萨人种植的作物进入尼日利亚之外的现金经济中。最后，1910 年，英国开始对家庭征税，要求使用现金支付，而不能用作物或者劳动支付。

沃茨表明，这四种变化共同导致资本主义和殖民化之前豪萨人社会
所具有的对抗干旱的缓冲保护的消失。首先，因为家庭转而种植棉花和 123
花生，他们就失去了对其传统食物来源的控制。其次，家庭需要赚足够多的钱来购买食物和支付殖民税，他们已经受制于国际商品市场的变幻莫测了。如果花生和棉花价格出现波动，豪萨的农民可能会缺少足够的钱来购买食物。最后，曾经的道德经济流失殆尽。曾经的村落和地区头领借助其掌握的财富，在农民需要借钱渡过难关时，摇身成为他们的放债人。时过境迁，曾经的互惠关系被商业关系取代，人们在归还贷款的同时需要支付利息。沃茨总结道，豪萨社会之所以在面对干旱时更加脆弱，并非因为这种“自然灾害”无法规避，而是因为真实经济与道德

经济的构成方式发生了改变。与哈维相同，沃茨也并未否认干旱（或者任何其他自然灾害）的真实性。他把干旱视为问题的“触发器”，这些问题的根本源头在于社会经济和政治，而非自然（Abramovitz，2001；Pelling，2001）。

## 三、自然表达

为了阐述哈维、休伊特和沃茨的观点，我已经用去太多篇幅了。他们都是当今地理学者所开展研究的具有洞察力的先行者，致力于把看上去自然的事物进行去自然化。在这一节，我希望把重点放在那些声称“我们所谓之自然的事物不过是一系列思想或者表达”的主张上。在下一节，我会以这些思想和表达所指代的“真实自然”为重点。读者会渐渐明白，我的整体论点在于，关于自然的知识不能被简单地等同于这些知识所指代的物质事物。我的观点与以下三个小节所论及的数位学者的研究产生了共鸣。但这并不意味着我支持任何一方，并且不加批判地认可这些研究者们的观点。即便我明显倾向于这样一种见解，即我们所称之“自然”（无论是直接使用“自然”，还是通过“自然”一词的附属概念来表达），既包含了我们对自然进行思考的方式，又包括了自然本身，但如果我因此去拥护传播这种观点的人，那我就自相矛盾了。毕竟，声称我们总是把对自然的表达与自然的指代物加以混淆，这本身就是一个知识主张，是就他人关于自然的主张做出的主张。因此，我义不容辞要去做的，就是尽可能保持中立。为了保持中立，就必须坦诚看待那些坚持认为自然
124 是一种表达（re-presentation）的人试图通过诸如撰写《自然》这样一本书所努力达成的认知、道德和审美目的。

在当代地理学中，泛泛来看，这种人们惯常会把自然的概念与其所指代的事物加以混淆观点具有三种主要形式。第一，有人关注“迷思”和“正统观念”，亦即错误的信仰具有了影响力。第二，有些地理学者展示了自然的思想如何与霸权的过程交织，亦即通过同意而非强迫来进行统治（参见框图 1.4）。第三，有些地理学者坚持认为，我们所谓之“自然”是话语的结果，表达和现实在其中发生“内爆”。在我针对上述三点开展讨论之前，作为序言，我希望为我对三者的讨论加上一个关于“表达”的简短评论。我们有多种方法来向自己以及他人呈现自然：可以用语言，可以用书写，可以用图像，还可以用声音。在社会中，人们借助诗歌、电影、小说等多种多样的方式传递对于自然的理解。关于被我们归类为自然的那些事物，各种不同的表达形式无疑具有两点共性。其一，无论是我们的身体、海豚、一棵树或是微生物，自然都无法“自明”（speak for itself），因此，我们必须为它“代言”（speak for it）。换言之，我们惯常以自然的“代表”自居来呈现自然，就如同一个政客成为他或她的选民的代表。其二，对所谓“自然”之事物进行的一切表述，都不可规避地涉及表达的第二个要素——“讲述”（a speaking of）。这就意味着表达者会按照自己认为的最适宜方式对自然进行描述、构架或者渲染。例如，海洋生物学家可能仅仅从认知和事实的方面对小须鲸加以描述，而“地球优先！”（Earth First!）参与者可能倾向于对鲸的优雅、美丽和神秘做出充满道德意味的描述。总而言之，文学批评中所谓的表达的“双重会话”（double session），使得自然的表达者兼具代理人（它的代表）和舞台管理者 [ 关于选择性地描述自然的“实际特征”，参见伍兹（Woods，1998），后者有对这种双重会话的示例 ] 的功能。把关于自然表达的上述两点谨记于心，我们现在就可以转向当代人文和环境地理学中自然表达的三种理解方式。

## （一）真相、假相和自然

125 我在前文展示了哈维的观点，即有关自然的思想通常都是意识形态的。在框图 3.1 中，我讨论了意识形态，并指出对于某些分析者而言，意识形态隐含着关于世界的错误的或者欺骗性的信仰。在其最近一篇解释“自然的社会建构”含义的文章中，环境地理学者大卫·德梅瑞特（2002）列明了当代人文和环境地理学中的两类“建构话语”（construction talk）。其中一类，他称之为“反驳式建构”（construction-as-refutation），至于另一类，我将在本章的后文中进行解释。以反驳式建构方式谈论自然的地理学者，寻求揭露关于“自然本质”的错误的和误导性的信念。就此而论，这些地理学者继承了哈维的文章所发起的意识形态批评论的传统，即便他们鲜少使用“意识形态”一词。对这些批评者而言（通常是左翼人士，如哈维），自然的“建构”更多是在表达层面上，而非物理层面上。按照他们的认识，表达决定了我们如何对自然之本质加以理解。在这个意义上，即便是错误的表达，如果持续足够长时间而未受到质疑，那它也能产生影响力。因此，当这些地理学者表明关于自然的特定表达错误时，他们通过揭露曲解其准确性的社会偏见进行驳斥。那么，在这样的语境下，“建构”一词指的是特定的人生产制造关于自然的知识所采用的方式，而非对事实的被动反映。

对自然的错误表达加以揭露的例子，在地理学中比比皆是。在环境地理学领域，第三世界政治生态学者对其所谓之“环境迷思”和“环境正统观念”进行了相当多的揭露。按照伦敦经济学院的蒂姆·弗塞思（Tim Forsyth）所言，这些神话（迷思）和正统观点是“关于环境退化或者导致环境变化诱因的泛化表述……通常被人们当作事实接受，然而如果通过实地研究发现它们在生物物理学上是不准确的……（这样）

就会导致制定出（受到误导的）环境政策”（Forsyth，2003：38）。荒漠化、毁林和土壤侵蚀是发展中国家三个广为人知的“环境问题”，按照弗塞思和其他研究者的观点，人们对它们存在严重的误解。这就引发了两个问题：其一，为何环境迷思和环境正统观念能够大行其道？其二，如何暴露出它们的不准确性，并撤销以之为基础制定的环境政策？以下优秀著作为这些问题提供了答案，它们分别是《非洲景观的错 126
误解读》（*Misreading the African Landscape*，1996）、《土地的谎言》（*The Lie of the Land*，1996）、《荒漠化：迷思的坍塌》（*Desertification：Exploding the Myth*，1994）、《喜马拉雅尺度的不确定性》（*Uncertainty on a Himalayan Scale*，1986）以及《批判政治生态学》（*Critical Political Ecology*，2003）。在此，我仅使用一个案例研究来梳理若干核心问题。

泰国北部处于喜马拉雅山脉的东缘。其中包含一系列低地地区，在这些区域，灌溉种植水稻已经持续数百年之久。这些区域周边是树木丛生的高地，但是森林却被喀伦族人（高山地区的一个原著少数民族）以及来自邻国中国、老挝和缅甸的移民为农业种植的目的清除了。20多年来，泰国北部的环境政策始终受到“喜马拉雅环境退化理论”的影响。按照这一理论，喜马拉雅地区人口高速增长，无疑会增大土地承受的压力，带来的结果就是，在越发陡峭的坡地上开垦与种植，清除具有高度生物多样性的热带森林，进而引发低地区域的环境问题，如山洪泛滥、溪流的淤积。这一理论产生于20世纪七八十年代，当时，若干西方研究者对发展中国家农村地区人口增长带来的环境影响开始感兴趣。例如，1976年，E. 埃克霍姆（E.Eckholm）关于尼泊尔有如下表述：

> 在传统农业技术的背景下出现的人口（增长），迫使农民在更为陡峭的坡地上耕作……即便采用当地令人惊叹的梯田种植技术，这样的土地也无法支持农业种植。与此同时，农民必须到离家更远的地方采集饲料和薪柴，这就导致村庄为日渐扩大的秃山所环绕。
>
> （1976：77）

基于以上对喜马拉雅环境退化的理解，持续 20 多年，该地区的多届政府都把矛头对准高地农民。例如，泰国当局在 1989 年宣布了对一切伐木活动的禁令，并启动了植树造林计划，包括种植柚木、松树和桉树。禁令和植树造林政策共同改变了高地农民的耕种方式。

127 喀伦族人围绕着半永久性村庄开展轮作农业，移民通常也会在开垦土地耕种 10 至 20 年后再开辟新的土地，这两个人群都发现他们的流动性受到了限制。在政府针对极陡坡地耕种发布禁令之后，尤为如此。

弗塞思是试图检验喜马拉雅环境退化理论是否准确的若干环境研究
128 学者之一。正如我将要解释的，他得到的结论是，该理论是错误的。不仅如此，他已经持续多年公开表明这一理论是不正确的。那么，为何该理论风靡如此之久，并持续对包括泰国在内的国家产生影响呢？他认为，“政策和社会因素”是主要原因（1996：376）。首先，弗塞思指出，埃克霍姆等在 20 世纪 70 年代到达喜马拉雅地区的研究者，倾向于受到西方盛行的新马尔萨斯主义的影响。他指出，这些研究者已经具有了先入为主的观点，以为环境的转变会扰乱所谓的“自然的平衡”。其次，在泰国的案例中，北方低地居民和高地居民之间的紧张关系由来已久。从文化、经济和政治角度来看，低地社区在泰国生活中处于更为中心的位置，高地居民则因为与泰国其他地区之间的地理距离，加之与普通泰国人在民族和语言上的差异，仍然被视为“外人”。最后，弗塞思指出，历届泰国政府在高地上采取的环境保护政策，正是为了掩盖对邻近边境的战略高地取得军事控制的企图。

如果喜马拉雅环境退化理论是迷信，要如何把这种虚构状态呈现出来？如何表明这是捏造的和错误的呢？

**活动 3.3**

假设你就是弗塞思。如果你希望重新审视喜马拉雅环境退化理论，你应当如何去做？你会从逻辑层面还是从事实层面，或者兼而有之地对其加以辩驳？

要回答活动 3.3 的问题，显然需要收集经验证据，从而对包括泰国在内的国家以下有待验证的假说中的部分或者全部进行检验：

1. 高地毁林导致低地区域山洪暴发以及河流淤积的增加。

2. 随着人口压力增大，高地居民逐渐在陡峭坡地上开垦种植。

3. 与缓坡农业种植相比较，在陡峭坡地上的农业耕作导致了更为严重的水土流失和地表径流。

弗塞思所开展的正是基于证据进行假说检验的工作。在一篇题为《科学、神话和知识》（“Science, Myth and Knowledge”）的文章中，他展示了在帕多瓦村（Pha Dua）开展的研究。这是中国和老挝移民组成的居民点，位于清莱（泰国最北部省份）。帕多瓦村成立于 1947 年，坐落于高地山谷之中，横跨陡峭的花岗岩、石英岩和砂岩的坡地以及和缓的山谷底部。1995 年，这个村子共有 118 户家庭，大约 900 位居民。

主要种植作物为稻谷、玉米和大豆（种植在非梯田、无灌溉的坡地上），而人们日渐倾向于在山谷的底部采用梯田种植灌溉稻。新居民的涌入、政府柚木种植园的成立，以及村民做出的保留一块林地以供木材之需的决定，共同导致帕多瓦村农用地缺乏。弗塞思自 20 世纪 90 年代中期开始在这里开展研究，包括三个方面。首先，他分析了这一村庄不同年代的航拍照片，用来判断陡峭坡地的开垦是否随着时间而推进。其次，他对土壤剖面中的同位素铯 137 进行了测定。通过与未经开垦土壤中的同位素测定数据进行比较，弗塞思能够获知帕多瓦村发生土壤侵蚀的程度是否高于自然速度。最后，弗塞思向帕多瓦村的居民开展了问卷调查。他询问了村民土地利用情况，以及他们对不同时代发生的土地利用变化的认知。

按照弗塞思所言，这三种信息来源合并在一起，能够“对喜马拉雅环境退化论证伪”（1996：386-387）。首先，他发现帕多瓦村的农民知晓在陡坡上耕作会导致更为严重的水土流失，因此，随着时间的推移，他们倾向于在缓坡上开垦耕作。航拍照片的分析也证实了这一点。其次，弗塞思的同位素分析表明，帕多瓦所发生的水土流失程度并未增大，与未经开垦区域相同。尽管村民日渐承受土壤肥力下降的后果，但这是因为作物吸取了土壤中的营养物，而非因为水土流失。事实上，针对帕多瓦深沟的形成进行的分析表明，泰国北部低地区域出现的河流淤积很大程度上是自然原因导致的，是在花岗岩基岩之上的土壤表面形成的深沟
130 带来的结果。作为这项研究的结果，弗塞思总结道，应当改善环境政策，从而帮助农民保持土壤肥力，而非片面关注水土流失控制措施。总而言之，他的研究表明，把高地农民视为疏忽的土地使用者是完全错误的。即便在某些情况下这可能是事实，但是弗塞思谨慎开展的案例研究正是基于对喜马拉雅环境退化的总括式陈述的质疑而设计的。

在许多方面，弗塞思所推崇的这种对于自然“去除迷信化”的研究方法都会让我们重归“科学”一词最基本的含义。该词 17 世纪时在欧洲首次出现，拥有非常积极向上的光环。它指的是不存在任何偏见或者成见的所有类型的知识，与所谓“文艺复兴”前夕在欧洲社会弥漫的那些宗教的、传统的和君权的信仰相对抗（参见框图 2.2）。当然，时至今日，“科学”一词兼具正面和负面的含义，正如我在第一章针对疯牛病开展的简短讨论中所提及的。毫无疑问，这也是弗塞思不愿意把他的研究加上“科学”二字的原因之一。然而，他坚持认为，证据可以在迷信与真实、神话与事实、观点和实际之间做出判定，这就让他置于地理学的一个谱系之中，可以追溯到哈维对自然的意识形态表达的批评（Sullivan，2000）。[3]

## （二）霸权主义以及关于自然的思想

如果说弗塞思等地理学者致力于揭示错误表达所隐藏的关于自然的真相，那么地理学领域的其他研究者更为关注自然的思想如何在不同的社会中推进了统治精英的利益，无论这些思想正确与否。此处的重点并不在于这些观点所隐藏的“真相”，而是在于对这些思想的普遍认可如何极为讽刺地导致那些认可这些思想的人失去某些东西。意大利马克思主义者安东尼奥·葛兰西把这一接受的过程称为“霸权”（参见框图 1.4）。正如英国文化地理学者彼得·杰克逊（1989：53）所言：

> 霸权指的是说服力，而非强制力……从统治阶层的视角来看……与高压控制相比较，（这）是一种更为有效的策略。它动用较少的资源，减少发生公开冲突的潜在可能，通过确保被压迫者对他们的从属地位的默认而实现。

然而，霸权主义思想服务于社会主导群体（比如，男性相对于女性，多数民族相对于少数民族）的利益，并非畅通无阻。经常会有从属群体“看透了”这些思想，这时主导群体就会寻求用新的霸权思想来扰乱旧有的已经为人们所认可的思想。例如，女性主义者对曾经被视为理所当然的观点——“女性的场地是在家中”——提出了质疑。与此同时，自20世纪70年代起，众多西方政府和商人都倡导个人主义高于社群的观点，试图削弱工会组织的力量，后者的传统信条是“人人为我，我为人人”。如是观之，霸权主义是一个动态过程，主导群体和从属群体在持续斗争着，从而确定在历史中的特定时期，何种价值、规范和信仰会成为人们所共同接受的。按照葛兰西的认识，权力和抵抗并非（或者仅仅）为了含义进行抗争的实际行动。重要的一点在于，葛兰西并未把霸权观点当作错误的或者误导性的观点。这些是对于事实的有所偏颇的或者选择性的表述，但看上去又并非如此，因为它们已经被内化成为公众的“常识”（common sense）。

唐纳德·摩尔（Donald Moore）针对津巴布韦东部的凯尔瑞日（Kaerezi）地区就土地利用发生的抗争开展了研究（Moore，1996），这是一个很好的例子，可以表明关于自然（本研究中为环境）的观点如何对霸权主义的维持和争论产生影响。与弗塞思相同，摩尔也是政治生态学家（服务于加州大学伯克利分校）。此处，我希望着重提到他的一项研究，即20世纪90年代关于凯尔瑞日一个牛群灭虫浸泡池的选址争议的研究。凯尔瑞日是农村区域，位于强降雨带，与津巴布韦尼扬加国家公园毗邻，后者是重要的国际旅游目的地。研究涉及的牛群灭虫浸泡池是由津巴布韦国家农村发展部（MRD）于1988年设立的，主要向当地牲畜饲养者提供，法律要求他们应当使其喂养的牲畜免于患上蜱传播疾病。然而，此后不久，另外一个国家部门，津巴布韦国家公园和野生动物管理部（DNPWM）发现，这个浸泡池的位置与凯尔瑞日河相距不到500米，而河流附近区域已经被列为保护区。让情况更加复杂的是，一个当地鳟鱼钓鱼俱乐部加入了争辩，支持国家公园和野生动物管理部，反对在河流附近设置浸泡池。现在我们所看到的，是不同群体就自然环境中特定地块的“恰当”使用发生的冲突。

读者可能会问，这与霸权主义有什么关系？摩尔认为，当地针对牛 132
群灭虫浸泡池发生的争议，涉及一套岌岌可危的思想，津巴布韦在全国范围内对其提出了异议。尤其是在津巴布韦（曾被称为罗得西亚）遭受殖民统治的漫长时期内，殖民者试图用英国社会的思想和信仰替代土著非洲人的思想和信仰。在凯尔瑞日，首领德兹卡・唐格维纳（Dzeka Tangwena）占有的土地未经其允许就被罗得西亚白种人收购。在殖民地政府的支持下，凯尔瑞日的白人土地所有者声称，因为他们付款购买了土地，所以就获取了唐格维纳的民众占用和使用土地的一切权利。这就导致在很长的时期里，凯尔瑞日的黑人被迫向白人土地主和殖民地政府缴纳税款和租金。除了以货币购买的方式获取土地的物权之外，凯尔瑞日的部分土地于1947年被纳入罗德斯伊尼扬加国家公园（尼扬加国家公园的前身）。这个公园正是日趋高涨的英国（实际上是整个西方）信仰的一种物质表达，即把人们从土地上赶走是对自然环境中的地块进行保护的最佳方式（Neumann，1995，1998；Adams and Mulligan，2002）。然而，这样的信仰却与唐格维纳后裔的主张发生了碰撞。他们主张这个公园是祖先的土地，却被英国人据为己有。

正如摩尔所展示的，所有这些与牛群灭虫浸泡池争议事件的关联在于，这个争端是与殖民信仰的霸权所进行的抗争在当地的缩影，而就霸权进行的抗争自1980年英国从津巴布韦撤出之后就完全浮出了水面，并愈演愈烈。这个浸泡池不单单是土地上一个被注入化学药品的池子，凯尔瑞日河也不仅仅是一条河流。二者都可用关于财产、保护和权利的霸权主义观点加以阐释。一方面，后殖民国家中的一部分人（特别是国家公园和野生动物管理部）已经内化了这样的信念，即环境保护只有通过把人驱离才能最大化实现。然而，另一方面，凯尔瑞日的牧民由国家农村发展部赋予了土地的物权，推翻了这一地区被殖民剥夺的漫长历史。与此同时，当地鳟鱼钓鱼俱乐部的会员全是白人，他们反对设立牛群灭虫浸泡池，就被黑人牧民视为挥之不去的殖民统治的一个例证。

面对分裂的国家机器以及当地白人对浸泡池的反对，摩尔列出了这些牧民如何策略性地利用了延续自殖民时期的财产、保护和土地权利的霸权主义观点并提出反驳：

> 133 一位当地牧民很快抓住了白人钓鱼俱乐部所提出的主张的把柄，他用当地方言要求国家采取行动，保护当地居民的权利。他坐在高高的草地上，其他牧民围着他坐了一圈。他伸出一根骨节毕现的手指，指着（政府）安置官员："你必须出面，与这些人斗争。为什么这些入侵者……进入了为安置人民所购买的土地？"当安置官员反驳说，控制这块土地的并非白人俱乐部而是政府时，这位牧民极富策略地总结道："那么，就是你想杀死这些牛？"政府官员随后出示了一封信，表达了对牛群灭虫浸泡池中的污染物渗入河流的顾虑。牧民回应："这就表明，国家公园试图接管这条河流。但是，浸泡池已经得到兽医服务部门（Veterinary Services）的批准了。"这是津巴布韦另一个部的下属部门。
>
> （Moore，1996：134）

总而言之，摩尔指出，英国殖民占领期灌输的霸权主义思想，成为当地牧民的一种手段，他们借此争取对牛群灭虫浸泡池拥有的权利。牧民对霸权主义思想既拥护又质疑。国家农村发展部代表牧民把白人土地主搬了出来，随后又指出祖先的权利被英国人侵犯，以反驳国家公园和野生动物管理部、钓鱼俱乐部的观点。牧民富于技巧地利用自身相对弱势的位置，通过操纵对凯尔瑞日的表达实现了利益最大化。他们把对英国所强加的规范和价值的批评（比如，把自然公园与人分离），与对英国土地所有权概念的刻意且务实的采纳相结合。

## （三）话语、自然和现实影响

霸权主义这一概念把我们的注意力引向了自然的观点如何成为社会中主导群体和从属群体彼此对抗的战场。正如摩尔的研究所呈现的，地理学中对霸权主义开展分析的研究者的兴趣在于表达事实的方式以及会产生的结果。尽管他们并未否认霸权主义思想的所指是实际存在的事物，但这些分析家的兴趣点在于对事物进行描述的方式，而非事物“真正的自然本性”。在人文地理学领域，另有一些研究者把这种对自然的生物物理事实兴趣的相对淡化更推进了一步。我在这一部分所讨论的对自然的表达开展研究的第三个群体，对自然的思想以及这些思想所指的现象之间的差异提出了质疑。实际上，这一研究导致表达和现实之间 134
的“鸿沟”土崩瓦解，并把后者归入前者之中。它通过强调话语权达到了这一目的。正如人类学家彼得·韦德（Peter Wade）所言：“就生物和自然而言，它们并不具有任何前理论话语的遭遇（pre-discursive encounter）。”（Wade，2002：4）“话语”一词在当代社会科学中具有多种含义。在最为普遍的层面上，它指的是一系列相互关联的表达，“可以在特定的历史和社会条件下……控制其含义的生产”（Smith，2002：343）。地理学和其他专业的话语分析者认为，社会包含多种话语。这些话语有时是相互矛盾的，有时却是相互补充的。话语包含认知的、道德的和审美的知识主张，并且规定了在特定的情况下可以（不可以）知道什么、说什么和做什么。话语与实践直接相连，人们会按照渐趋被他们内化的思想采取行动。例如，设想霸权主义的话语在我们很小的时候就由父母、学校、洗衣粉推销员、医学专家等向我们灌输。这样的话语包含一系列相互关联的表达（比如，污垢 = 疾病，清洁 = 文明，臭味 = 不具有吸引力），进而提醒人们应当如何行事（比如，按时洗浴，穿经过洗熨的衣物等）。

我们都基于各种各样的话语来理解世界并在其中行动的观点，与意识形态、迷思和霸权主义的观点有所不同，这至少体现在两个方面。首先，话语分析者（我们马上就会看到）质疑了对世界的特定表达服务于社会中的特定人群的利益这一观点。事实上，换句话说，他们把话语视为不具有人格的“网格”（impersonal grids）——决定了接触这些话语足够长时间的所有人的思想和行动。无论这些话语的特定来源是什么，它们都被视为随着时间呈现出“自己的生命”。并且只有当崭新的或者与之对抗的话语出现并对其提出挑战和质疑时，它们才会缓慢地发生变化。它们并不总能直接映射到可以辨识的社会行动者的意图或者目标之上。其次，话语分析者认为，不可能以一种非话语的或者超越话语的方式知晓事实。事实上，有些分析者指出，在思想和物质、表达和现实、思想和现实之间存在的那些为人熟知的差异，**其本身正是话语的产物**。

135 在针对话语开展讨论后，我们就能够确认人文地理学中流行的与自然的话语相关的四种主要观点了。我无法一一赘述，仅在下文针对其中两种观点提供案例分析 [ 参见巴雷特（Barrett，1992）对于意识形态、霸权和话语等概念开展的讨论；大多数关于文化研究的入门书也会对这三个概念进行讨论 ]。

1. 自然文化

首先，某些人文地理学者指出，关于自然的话语是由文化形成的，具有文化特异性，并会因文化的变化而变化。就此而言，话语差不多等同于文化的领域。与“话语”相比较，“文化”是一个更为复杂的词语（甚至可以说，与“自然”一词同样复杂）。在 20 世纪 80 年代晚期，人文地理学（以及若干人文和社会科学学科）出现了所谓的“文化转向”之后，其含义开始变成“（文化）是一种媒介，人们借此把物质世界中的世俗现象转化为重要符号构成的世界，并且赋予其含义和价值”（Cosgrove and Jackson，1987：99）。基于此，若干人文地理学者已经确定了特定社会所特有的对于我们视为自然之事物的共同理解。此类研究的范例是威廉·克罗农（William Cronon）的文章《荒野的麻烦，或回到错误的自然》（“The Trouble with Wilderness；or，Getting back to the Wrong Nature”，1996）。克罗农是位于麦迪逊市的威斯康星大学的地理学者和历史学家。在其多种研究兴趣之中，他非常关注在不同文化群体相互接触的区域中，环境如何得到阐述。北美地区正是这样的区域，自 17 世纪以来，涌入的移民（最初来自欧洲）取代了原住民。

正如其标题所示，克罗农的文章研究了美国文化中一个最为有力的观点：荒野。我使用“观点”一词，是因为克罗农认为，荒野并非其看上去那样是“未经人类染指的区域”（《牛津英语词典》中的定义）。按照他的理解，荒野是一种具有文化特异性的概念，可用于“移民社会”的多种自然环境，如美国、加拿大和澳大利亚。当然，对众多环境学者而言，这种对于自然的主张，即荒野并非“未经驯服的自然”，而是一种文化建构，这与他们的直觉相背离。

136

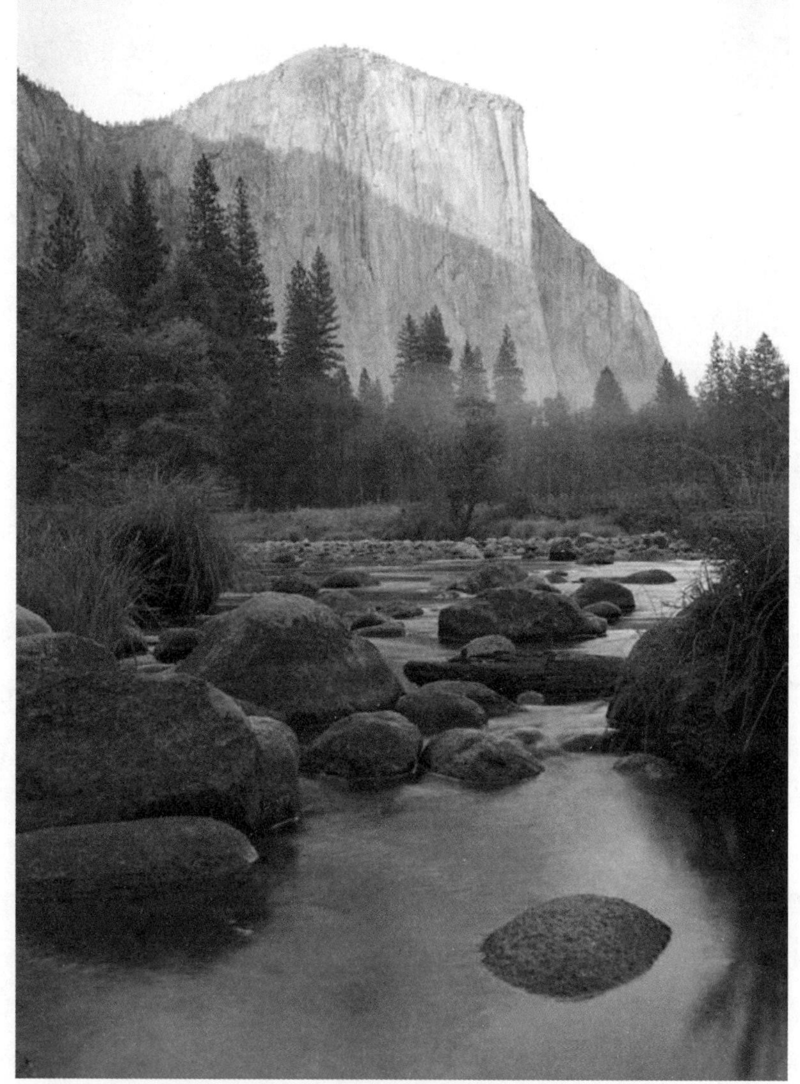

图 3-1 荒野：事实还是虚构？①

① 这一张美国酋长石（El Capitan）和优胜美地山谷的图片，很容易被视为“荒野”。也就是说，这是无人居住、未受干扰的自然美景。然而，此处并非一直如此。经过多个组织（如塞拉俱乐部）以及个人［如摄影家安塞尔·亚当斯（Ansell Adams）］的努力，荒野的观点才呈现出其现代的指称对象与所指。（©Associated Press/Ben Margot）

以美国为例，对于荒野真实存在的信仰成为众多绿色行动主义的基 137
础。例如，在乔治·W. 布什（George W. Bush）的总统任期内，绿色行动主义者反对他所提出的开采阿拉斯加保护区域内石油储备的动议。那么，克罗农是如何支持他的观点的呢？他认为，荒野是一种文化建构，其文化特异性被人为掩盖了。

**活动 3.4**

请先思考“荒野”暗示或隐含着什么，然后回答下列问题。当听到“荒野”一词时，你想到了什么？这一词语可以唤起哪些意义和价值？请逐条列出你的回答。

对于活动 3.4 所提问题的一个明显回应是，荒野意味着非人世界所包含的部分（“自然”一词的第一种含义），其本质（“自然”一词的第二种含义）在于野性且未受到人类影响。除了认知意义外，它还具有自然主义的道德和审美的意义（参见框图 3.3）。从道德上看，很多人认为“荒野”一词具有良好或者积极的属性。该词很轻易地就与城市和工业化生活方式相关的压力和污染形成对照。从审美角度上看，荒野因为其自然性，总是被视为美丽、积极和鼓舞人心的。此外，它还经常与“城镇”粗鄙或者没有灵魂的贬义产生对照。荒野的道德与美学内涵，促使北美和其他地区兴起了价值以百万美元计的生态旅游产业。这一产业正是基于（通常是）城市居民想要在荒野地区爬山、宿营、滑雪或者划艇时体验“真实自然”的渴望。

按照克罗农的认识，认知、道德和审美的含义分层如此密集与复杂，以至于无法是荒野地区“真实情况”的反映。例如，他声称荒野通过在语义上与它相连的事物的一系列分层次对比（自然相对于社会，乡村相对于城市，田园相对于市镇等)，获得了成为一个概念的潜力，这绝非偶然。然而，荒野之所以成为一种充满诱惑的观点，是因为它看上去根本不是一种思想。毕竟，有谁能怀疑阿拉斯加地区的居民相对稀少并且是“野性的”呢?

138 **框图 3.3　道德与审美自然主义**

在克罗农的分析中(1996b)，荒野的观点代表了哲学家们所说的道德的与审美的自然主义。这种自然主义声称可以从被社会归类为“自然”的事物中“读取”道德价值和审美之美(或者丑)。事实上，这等同于“自然无所不知”的论调，认为人可以从“自然的事实”中习得道德和审美价值。在现代社会中，道德与审美的自然主义比比皆是。例如，恐同者(同性恋恐惧症患者)经常说同性恋是“不自然的”。这种断言暗示了:(i)异性恋是自然的，因而是正常的;(ii)任何对异性恋的背离都是异常的，因而应当反对和抵制，并且如果可能，应当完全根除。此处关于同性恋做出的判断直接源自把与之有关的假设视为事实的陈述，就好比有关“应当”的主张(规范主张)可以经由关于“是什么”的主张(认知主张)来机械地确定，参见萨拉加(Saraga，2001)的著作。道德和审美自然主义否认价值是经由社会和文化创造的。它可能是专制的，因为其中暗示，我们的价值是由自然世界为我们指定的。声明道德和审美是由环境或者我们的生物性所决定的，这样的自然主义无疑就隐藏了其倡导人所持有的特定价值观。也就是说，道德和审美自然主义并非总被左翼思想家和激进分子摒弃。如果再以同性恋为例，我们就可以明白，坚持同性吸引和异性恋同样是“自然的”，这可能是有用的。也就是说，因为同性恋和异性恋都是“事物存在方式”中两个同等重要的部分，所以应当对其加以接纳而非羞辱。

正如克罗农所言：“对（荒野的）普遍关注……暗含着一种朴素实在论……即认为我们可以轻易识别自然，并能够在所谓‘好的自然事物’和所谓‘坏的不自然事物’之间做出不那么复杂的选择。”（1996：25- 139
26）克罗农认为，荒野的观点反映出日渐工业化和城市化的社会中的文化价值。在这样的社会中，自然环境似乎在快速消逝。我要再次引用他的话：“我们描述和理解世界的方式，与我们的价值和假设如此错综纠缠，两者绝不可能完全分开。”（1996：26）按照克罗农所言，荒野几乎算是一种陈词滥调或者理想，那些对现代社会进程深感焦虑的人以此作为对照来评价社会。克罗农指出，如果我们点检荒野思想的发展历史，这一点就会得到证实。例如，在美国独立之前，美国东部的欧洲定居者认为荒野是危机四伏、无法驾驭和变化无常的，是有待被征服而非去拥抱或者加以保护的（关于荒野观点的更多研究，参见 Oelschlaeger，1991；Rothenberg，1995；Nash，2001）。

不出所料，克罗农关于荒野的看法被一些北美地区的环保主义者视为挑衅，他们多是生态中心主义群体中较为激进的人士（参见框图 2.3）。这些环保主义者指责克罗农为反实在论者（否认非人类世界的现实存在）以及道德和审美的相对主义者（所支持的观点是，所有的价值都随着人、社会或者文化而起伏不定，因此任何价值都不会比其他价值更好或者更差，参见 Callicott and Nelson，1998；Snyder，1996）。我并不准备就这些批评是否正确加以评价。但是，我必须指出，克罗农并非“反对荒野”。他的观点在于，环保主义者需要更忠实于其信仰的来源。

他认为，这些信仰并非从荒野中萌发的，而是由特定的文化加诸非人世界的某些部分，他们已经忘记了其价值的特殊性与建构性。从这种意义上讲，克罗农表明荒野是完全与文化相关的。按照他的认识，根本没有任何空间可以置身于文化价值体系之外，诸如阿拉斯加之类的区域也应该被放进文化价值体系中进行理解或者评价。以下学者与克罗农具有相同的思路：文化分析家亚历山大·威尔逊（Alexander Wilson，1992）对北美关于环境的话语开展了研究；拉马钱德拉·古哈（Ramachandra Guha，1994）提供了关于荒野观点的比较视角。更具有普遍意义的研究如下：文化批评家安德鲁·罗斯（Andrew Ross，1994）研究了为何自然的观点总是充满文化内涵并且具有文化特异性；科斯格拉夫和丹尼尔斯（参见框图 3.2）则成为针对景观（“自然”的从属概念之一）的文化建构性开展地理学研究的先驱。

2. 自然话语的解构

140 克罗农对于话语的理解，显然缺乏理论的准确性。另有一些人文地理学者提供了关于话语如何运作的更准确的理解。德里达学派，正如其名称所表达的，对于话语的理解来自法国哲学家雅克·德里达（1930—2004）的工作。德里达通常被列为后结构主义者，他所探寻的问题在于结构主义是什么（或者曾经是什么）。德里达所论及的结构主义是瑞士语言学家费尔迪南·德·索绪尔（Ferdinand de Saussure，1857—1913）所提出的。作为语言理论学家，索绪尔所产生的重大影响源于以下主张。首先，他认为，词语、含义和事物之间的关系是完全武断的。这一点可以通过不同的语言使用不同的词语和不同的声音指代相同的事物这一事实来证明。其次，索绪尔指出，含义是在语言内部产生的，语言并不是反映外部社会和自然世界的镜像。实际上，能指—意指—所指链条的确立应当归功于他，我在第一章中已经有所提及。特别值得一提的是，索绪尔认为，在所有社会中，之所以所有词汇和声音都具有确定的含义，唯一的原因在于它们与其他词汇、声音之间的“水平”和“垂直”关系。例如，“总统的权威削弱了，因为他的外交政策要付出昂贵的经济代价”（The President's authority has diminished because his foreign policy has been economically costly）。按照索绪尔的观点，我们之所以理解这个句子，仅仅是因为：（i）我们明白，各个词语的含义是如何由它与这个句子中其他词语之间的关系所决定的；（ii）我们理解各个词语缺位的同义词和反义词（比如，我们可以把“总统”一词替换为“当选领导人”，但这并不会改变句子的含义）。于是，索绪尔认为：“语言并非映射出世界上已然存在的差异，而是创造出这些差异。”（Edgar and Sedgwick，2002：209）最后，索绪尔的结论是，语言是一个体系或者结构，具有明确的规则，可以控制在某一特定的时间里能说什么和不能说什么。正如同比赛规则对玩家的行为加以限定一样，语言的规则（langue）框定了对话者的特定话语表达（言语）。

德里达的“解构性”写作始自 20 世纪 60 年代，这让索绪尔的结构语言学向前迈进了一步。德里达指出，如果一切所指都是任意的，并且所有的含义都产生于语言系统内部，就不可能建立起对事物最终的或者准确的表达。对德里达而言，所有的含义都是通过同步发生的差异和递 141
延的过程创建，这是语言内在的。例如，在任一特定语境之下，“自然”一词的含义都有赖于它与诸如“文化”“社会”等词语的对照。后两个词语是自然的“构成性外部”（constitutive outsides）或者“缺席的存在”（absent presences）。要理解“自然”一词，这些反义词必不可少。德里达据此认为，某一词或声音的含义，总会递延（或者推后）。既然含义无法在所使用的词语或者声音中完全呈现，含义的稳定性就仅仅是表面上的，而非真实的。德里达及其追随者所开展的研究就是对语言加以解构。德里达学派表明了如果对其进行“症状分析”，含义的表面确定性是如何被颠覆的。这并不是说，符号、含义和所指之间的关系不具有相对稳定性。德里达学派所表达的是，这样的关系并非与生俱来的，而是偶然的，并随时会受到挑战。需要指出的是，在德里达学派中，“语言”（language）、“文本”（text）、“表达”（representation）和“话语”（discourse）等词经常被替换使用。

对于德里达思想的上述概述足以帮助我们理解明尼苏达大学的地理学者布鲁斯·布劳恩所开展的一项崭新研究。布劳恩把德里达的观点与后殖民批评相结合，用来分析那些最为关心其命运的群体如何理解一块著名的“荒野地区”。我在第二章中提到了后殖民思想。关于这种思维模式，我们可以明确以下两点。其一，按照萨义德（1978）经典著作《东方主义》所言，尽管西方强权正式殖民占领的时代已经结束，但殖民主义仍然与我们同在。特别是，后殖民批评者指出，关于非西方他者（non-Western Others）的殖民主义观点仍然弥漫于西方文化之中。其二，这就意味着“后殖民”这一词语兼具字面含义和讽刺意味。尽管后殖民批评者承认西方国家不再统治非洲、亚洲和其他地区，但他们质疑我们是否真正进入了“后”殖民时期（或者走出了殖民时期）。布劳恩所研究的出现斗争的荒野地区，是位于加拿大不列颠哥伦比亚省的克里阔特湾。他的分析比克罗农更为准确，当然他们的目标相同，即试图表明为何非人类世界无法以“天然”（in the raw）的方式为人所理解。那么，布劳恩是如何采用德里达学派和后殖民思想对克里阔特湾的自然话语进行细究的呢？其研究又是出于何种目的呢？

142 克里阔特湾位于入海口，这里分布着日渐稀少的年深日久的温带雨林。这一地区在 20 世纪 90 年代初期开始受到国际关注，当时不列颠哥伦比亚省的环保主义者强烈反对政府为林产品跨国公司麦克米伦·布洛戴尔公司（Macmillan Bloedel）颁发伐木执照。尽管不列颠哥伦比亚省的经济在很大程度上依赖木材出口，但这里也是绿色和平组织（1971）的萌生之地，而温哥华作为本省最大的都市，也是众多环保意识强烈人士的家乡。在其标题为《被埋葬的认识论：（后）殖民时代不列颠哥伦比亚的自然政治学》[“Buried Epistemologies：the Politics of Nature in（Post-）Colonial British Columbia”] 的文章中，布劳恩（1997）解构 20 世纪 90 年代早期环保主义者以及伐木游说者分别就克里阔特进行描述所使用的话语。他特别关注争议的双方为了赢得不列颠哥伦比亚省政府和民众的支持而发布的重要出版物。乍一看，这些出版物是在以截然不同的方式对同一片森林（克里阔特湾年深日久的林木）进行描述。麦克米伦·布洛戴尔公司所使用的文件，标题为《砍伐之外》（*Beyond the Cut*），通过易于阅读的格式把精美的照片、文字和图示融为一体。布劳恩向人们表明，这家公司把克里阔特的树木描述为加拿大的珍贵资源。通过采用这种不偏不倚的语言，麦克米伦·布洛戴尔公司一直强调自己是富有责任感的资源管理者，是在代表加拿大人民管理这片树林。布劳恩表明，总体而言，《砍伐之外》呈现出的麦克米伦·布洛戴尔公司的定位是经验丰富且道德高尚的公司，热心为人们创造林业工作岗位，并且谨慎经营，以对环境负责的方式砍伐树木。

不出所料，环境保护主义者对克里阔特湾的描述与麦克米伦·布洛戴尔公司的视角截然不同。借鉴了克罗农所剖析的荒野思想，这些环保主义者以更具感情且生态中心主义的方式对克里阔特加以描绘。布劳恩关注了《克里阔特：与自然同在》（*Clayoquot：On the Wild Side*），这是一本极受欢迎的咖啡桌上书，由加拿大西部荒野委员会（20 世纪 90 年代早期积极参与反对麦克米伦·布洛戴尔公司伐木的运动）出版。与《砍伐之外》不同，这本书的故事大部分以视觉方式进行讲述 [ 包括 160

余张自然摄影师阿德里安·多斯特（Adrian Dorst）拍摄的照片]。照片把克里阔特塑造为“崇高、复杂又迷人的景观，其中充满了强大的力量
143 以及错综复杂甚至微妙的关系”（Braun，1997：19）。大部分照片关注的是自然世界（特别是克里阔特的参天大树），极少数包含明显的人类活动迹象。布劳恩指出，在有人出现的照片中，人们或是在自然景观的庞大之下相形见绌（参见图3-2），或者看上去“与自然景观和谐相处”。就后一种情况而言，有几张克里阔特当地原著居民的照片被收入书中。按照布劳恩的解释，这些图片把本地人描述为“与自然合一”的非侵入性存在，其传统生活方式以自然环境为中心，与木材资源及其理性管理的科学话语形成对照。《克里阔特：与自然同在》把这一地区表达为壮丽的景观，认为其价值不仅在于这里的林木的稀有性，更在于未受破坏的特征。

这一切都还说得过去。按照我目前为止提供的概要，布劳恩的分析似乎是准备开展意识形态批评、去神秘化或者霸权思想批评。然而，事实并非如此。布劳恩的观点在于，除了表面上具有的差异外，伐木游说
144 者和环保主义者其实是在以相同的方式对克里阔特进行表达。换言之，把两者关于这片森林的意图和动机放在一旁，双方在不知不觉中都对非人类世界使用了相同的话语（尽管他们的措辞有所不同，一种冷静，另一种则浪漫和充满道德意味）。按照布劳恩所言，这是一种殖民话语，即认为克里阔特的“真实”特征在于其自然性（没有人类存在）。之所以称它是一种殖民主义的话语，是因为这种话语擦除了（或者最小化了）本土居民的存在。布劳恩指出，在《砍伐之外》中，克里阔特仅仅被描述为大量珍贵的木材，而在《克里阔特：与自然同在》中，它被当作原始荒野加以呈现。

145

图 3–2　以野性自然的一面被呈现的克里阔特①

这两种表达方式，似乎都对无法自我表达的无声的自然（树木）进行了呈现。按照德里达的观点，布劳恩认为，这样的表现是借助“自然—文化”和“传统—现代”语义的对立达成的。他认为，把克里阔特框定为一个自然空间，只有少量尊重环境的原住民居住在其中，这是特定文化话语导致的结果，可以上溯到 19 世纪 50 年代英国人刚刚抵达此处之时。这种话语声称按照自然原本的样貌进行了表达，然而实际上却仅仅是通过话语自身内在的一系列二元论获得了意义。这些二元论中的每一面都“横向”看待它的对立面，而非从其真实世界的所指中“纵向”产生。一个多世纪之前，这一省份成为英国的殖民地。数十年前，加拿大不再是英国的领土。但是，布劳恩认为，殖民主义依然存在，并

① 阿德里安·多斯特拍摄的这张照片，把克里阔特描述为由壮美的树木、植物、苔藓和动物之间错综复杂的生态关系构成的古老的自然景观。（© Adrian Dorst）

展现在这个关于环境的斗争之中。英国人把本地居民置于“保护区”之
146 内，限制他们占用不列颠哥伦比亚的森林、山谷和山脉。即便是在我们所认为的后殖民时代，布劳恩也向我们表明，麦克米伦·布洛戴尔公司和环保主义者的表达仍把本地人限制于特定的空间之中。这些表达既未列明原住民被移位的历史，也未列明他们要拥有和使用克里阔特以及加拿大其他地区的当前主张。总之，布劳恩认为：“所有被当作自然的事物，都无法先于它的（话语）建构而存在。”（2002：17）把某些事物贴上自然的标签，是一种另辟蹊径的政治（Braun，2000；Braun and Wainwright，2001；Magnusson and Shaw，2003）。

3. 话语、规训、自然和福柯

批判地理学者理解自然话语的第三种方式，把我们带离了非人类世界的研究，带向了“人类自然”，也就是人的身体和心灵。正如我在第二章结束时所提到的，人文地理学中文化左翼，共同努力把我们对主体性/身份和肉身性的理解加以去自然化。尽管并非全部，但在很多情况下，这些研究学者都采用了哲学家和历史学家米歇尔·福柯的崭新观点。福柯的很多著述都对人的身体和心灵是与生俱来的这一说法提出了抗辩。尽管他承认，人生来就具有神经与体能，从而使其与其他物种有所不同，但他把这些能力视为表面，认为随着时间的推移，话语在其上发挥着缓慢却持之以恒的作用。换句话说，福柯认为，人的精神和身体特征在很大程度上是社会的产物，而非由其生物学构造所预设。

福柯认为，社会包含多种多样、相互叠加并且经常彼此冲突的话语。与马克思主义所提出的意识形态和霸权主义有所不同，福柯认为，话语并不服务于社会中任何主导群体的利益。相反，社会中的话语更为弥散和匿名。在他针对精神错乱、犯罪和性的相关话语开展的历史研究中，福柯表明了话语如何构成了它们旨在表达的现象。例如，他的《性

史》(*History of Sexuality*，1979)追溯了西方社会对性别身份和性行为不断变化的理解方式。正如其标题所表示的，这本书表明，性取向会随着时间变化，并非恒定的，也绝对不是永恒的生物必然性。就性别身 147
份而言，《性史》表明了个体的性别自我理解如何在很大程度上是由其所在时代流行的性话语赋予的。这些话语为人们提供了可供他们占据的范围有限的“主体位置”，如异性恋、同性恋或者双性恋。人们被“招募”到这些位置中，而非经由自我选择。此外，福柯还指出，这些主体位置通常是既有的判断和惯例。因此，那些认为自己是异性恋的个体被视为(以及自认为)“正常的”，而那些被贴上“同性恋”标签的人，则自古以来就承受着被指为“不正常”“反常”甚至“堕落”的沉重负担(参见框图 3.3)。就身体实践而言，福柯指出，性话语不仅是内化的心理，还会成为被实践的话语，因为个体会按照这些话语对其性习惯进行调整。这些习惯经由重复而“例行化”，并贯穿人的一生。正如福柯(1979：105)所言：“不应当把性视为有力量对其加以控制的天生之物，也不应把它视为可通过知识逐渐揭露的晦涩领域。”[关于西方社会中对于性的不同理解方式，参见西格尔(Segal，1997)。]

那么，按照福柯的观点，性话语以及更多诸如此类的话语“控制”了人的身份和他们的身体举动。他认为，主体性(subjectivity)和肉身性(corporeality)随着时空的变化而具有延展性，正如在完善的话语中所呈现的那样。这些完善的话语是通过学校、监狱和医院等重要的机构传播的。尽管在后期著作中，福柯指出对于话语的抵抗可能会发挥作用，但是在大部分作品中，他都把话语和权力视为紧密联系在一起的。毕竟，如果人无法寻找到话语之外的空间，那就只能够按照为其设定(而非由自己设定)的方式思考和行为。福柯认为，权力并非从重要的社会机构(如政府)中产生的或者为它们所持有的东西。权力以“毛细血管”渗透的方式通过社会机构产生，多种多样的话语日复一日地作用于人的身心。因此，在福柯的大部分理论中，权力都是“生产性的”，它创造出与主导话语相称的符合身份的类型和行为模式。

毫无疑问，以上关于福柯思想的概述绝非面面俱到，但已经呈现了相当多的细节，足以与若干地理学者针对人的主体性和身体行为开展的研究建立联系。尽管福柯从来没有关于自然的正式著作，然而自然的概念及其诸多从属概念（性别和性行为）都与他所分析的话语密不可分。
148 福柯特别指出，在很多社会话语中，“自然的”等同于“正常的”，“不自然的”等同于“异常的”。例如，如果在一个社会中，异性恋和相关的性行为被视为“正常的”，那么同性恋者可能会感觉到需要隐藏他们的性取向和性行为。此处与地理学的关联在于，所有的主导性话语都是在多种多样的物理场所中发生并通过这些地点重现的，这些物理场所的布设方式能够强化（或者挑战）这些话语。例如，英国酷儿地理学者（queer geographer）吉尔·瓦伦丁（1996）研究了公共空间的异性恋规则（heterosexual coding）及其对同性恋的时间—空间行为所产生的影响。除了性取向之外，另有一些地理学者，如格拉斯哥大学的克里斯·菲洛（Chris Philo）采用了福柯的观点去研究关于理智和疯狂的话语的地理构成（Philo，2001）。在其研究之中，自然的观念再次发挥了作用（因为精神失常通常会被视为在人的头脑中产生的先天性疾病，是一种“精神功能错乱”）。

就激励人文地理学者对身体和心智加以去自然化而言，福柯并非唯一重要的思想家。朱迪斯·巴特勒（Judith Butler）、朱丽娅·克里斯蒂娃（Julia Kristeva）、雅克·拉康（Jacques Lacan）和皮埃尔·布迪厄（Pierre Bourdieu）等人也处于这一行列（Lechte，1994；Edgar and Sedgwick，2002）。例如，英国文化地理学者史蒂夫·派尔（Steve

Pile）使用从精神分析理论中获得的见解，来研究在城市环境中不同身份是如何形成的（Pile，1996）。特别值得一提的是，采用福柯和其他理论家关于身份和肉身性的理论，批判人文地理学者对性别、种族和性行为进行了去自然化。我前文之所以重点论及福柯，不仅是因为他把身份和身体置于同一个分析框架中，还因为话语在他的思想中被置于中心位置。需要注意的是，与德里达不同，福柯的研究表明了对话语高度物化（materialistic）的理解。话语“直达”人的身心，因此具有可感知的实体性。就此而言，福柯以及深受其启发的研究学者逐渐与以下“重塑自然”一节所讨论的物质建构主义（material constructionism）相融合。[4]

4. 超现实与虚拟自然

我希望关注的自然话语的第四种——也是最后一种——在一定程度上受到了同时代德里达和福柯的启发。让·鲍德里亚（Jean Baudril- 149
lard）是哲学家、文化批评家和媒体理论家，他提出一个著名的观点，即我们日趋生活在一个模拟的世界中。正如英国社会学家马克·史密斯（Mark Smith）所言：

> 鲍德里亚指出，已经难以采用常规方式对表达和现实做出区分，而常规方式假定表达所指代的是现实存在的事物。按照鲍德里亚的认识，所有类型的表达都仅仅是对早已产生的含义的“模拟”。他把这种情况描述为超现实，其中“事实”与“虚构”之间的差异被模糊化了。在超现实中，含义并非生产而来，而是经过模拟以及对模拟的模拟如此往复的过程重现而来。
>
> （Smith，2002：282）

在鲍德里亚的研究中，“话语”一词指的是图像、词语、文本和声音的复杂排列，人们借此就其所生活的世界进行交流。也可以说，这一通称不仅限于语言，还包括塑造了我们对于事实的理解的标记和符号的任一组合。鲍德里亚认为，在现代，人们对于事实的体验日趋以间接和通过媒介的方式获取。按照鲍德里亚所言，电视、视频游戏、电影、主题公园以及诸如此类的东西，成为越来越多的人日常居于其中的“现实”。在后期的著述中，鲍德里亚所持有的先入为主的观点是，知识的守门人（如 CNN、BBC）如何促成整个社会对世界的体验。例如，他的一部作品的标题颇具讽刺意味——《海湾战争并未发生》（*The Gulf War Did Not Take Place*，1995）。该书指出，盟军国家的人民所经历的海湾战争是一种媒体建构。鲍德里亚认为，这场媒体之战利用了关于阿拉伯人的公认的表达，这就意味着，“事实的表达……超越了事实本身，（因此）已经不再是表达，而是成为……模拟”（McGuigan，1999：61）。

英国地理学者罗布·巴特兰（Rob Bartram）和莎拉·肖布鲁克（Sarah Shobrook）吸纳了鲍德里亚的观点，并把它用于西方社会对自然的体验中（2000）。以伊甸园项目（Eden Project）为例，他们认为，我们通常所认为的“第一自然”，意即未受人类染指的自然，实际上是经过模拟的自然，绝非真实存在的事物。与克罗农的介入相同，他们提出这一观点的语境在于西方社会关于“自然之终结”越发加重的焦虑
150（请回顾第一章“关于自然的七个故事”中的第六个故事）。伊甸园项目位于英格兰的康沃尔郡。巴特兰和肖布鲁克认为，这一项目正可作为这种焦虑的症候。此项目建设成本为 7400 万英镑，是英国千年庆典的一部分。表面上看，此项目（作为全球众多同类项目之一）试图警告经由进化而来的非人类世界的消失。项目所使用的圣经中的名字，试图唤起

前现代的图景。在那样的时代里，人与自然和谐相处。项目的发起者（职业环保主义者）认为，这样的图景是对当今环境破坏的批判。以植物为重点，此项目的多面体穹顶温室重建了遍布全球的生物群系（潮湿的热带、温暖的温带等）。项目对于细节一丝不苟，各个生物群系都包含了在其对应的真实世界生态系统中发现的生物种类。穹顶温室采用了最新的技术，可以谨慎控制内部的温度。游客能够在各个温室之中漫步，以微观的方式体验在现实世界中生物群系以何种方式受到伐木和修路等人类活动的威胁。实际上，该项目的目的在于，通过让公众直接进入这样的环境，来对他们进行关于自然环境复杂性和价值的教育。如果没有这一项目，游客要想亲身感知不同温室所重建的生物群系，必须周游世界。

巴特兰和肖布鲁克拒绝接受伊甸园项目为公众呈现的对于自然的明显的解释。他们并不认为项目的穹顶温室是细节完整真实的现实生物群落的微缩版本，而是认为这是一种模拟或者虚拟的自然。按照鲍德里亚所言，在穹顶温室中聚集的植物生活并不能“代表”或者呈现世界各地“真实的植物生活”。巴特兰和肖布鲁克（2000：371）认为，它所代表的是关于环境的“过去的事件、图景和观点”，反映出的是西方人长久以来对人类之外的种群消逝所具有的焦虑感。巴特兰和肖布鲁克写道：“太荒谬了。我们越深入（伊甸园项目中的）现实世界，就越发与它疏远和背离。”（2000：372）尽管游客在穹顶温室中所体验的自然看上去是直接的、核心的和第一手的，但按照鲍德里亚式逻辑，情况无疑与之相反。正如巴特兰和肖布鲁克所坚持认为的，项目中的穹顶温室只不过是脚本化道德剧的一部分，游客亦然。值得一提的是，穹顶温室中并没有自然世界中常见的害虫和疾病。

151

图 3-3 伊甸园项目：是自然保护，还是对自然的推测？①

① 这些具有测地线穹顶外观的温室中所容纳的“自然生物群落”，意图再现它们的真正种类。然而，穹顶温室到底是对现实的忠实复制，还是一种虚拟现实？（© Science Photo Library）

巴特兰和肖布鲁克认为，这并非实际需要，而是一种文化隐喻：与 152
无序、疾病和退化相比较，秩序、纯净和天真被赋予了极高价值。伊甸园项目的访客在到来之时，已经内化了关于“第一自然”的一系列文化信仰，此项目仅仅是对自然生物群落貌似“逼真的”重建的一种**确认和再现**。

必须提醒读者的是，巴特兰和肖布鲁克并不认为伊甸园项目所重建的自然是“赝品”。他们认为，虚假和真实之间以及表达与现实之间的差异已然消失，我们所谓的“现实”是话语所导致的结果。即便看上去这是话语及其外在的世界之间存在的差异，但实际上是话语内部所具有的差异。持怀疑态度的读者可能会指出巴特兰和肖布鲁克是错误的，因为完全可以通过把项目中的生物群系与所模拟的真实的生物群系加以比较，来验证项目中生物群系的真实性。但是，相反的观点在于，人们会以完全相同的文化信仰看待所谓的“真实生物群落”。巴特兰和肖布鲁克认为，这就让伊甸园项目成为一种模拟。

在另外一种语境下，历史学家和文化理论家蒂莫西·米切尔（Timothy Mitchell）让这种观点变得非常有力。受到鲍德里亚（以及德里达和德国哲学家海德格尔）的启发，米切尔的《殖民埃及》（*Colonising Egypt*，1988）审视了 19 世纪晚期法国人和英国人是如何看待埃及的。米切尔详细叙述了 1889 年巴黎世博会对老开罗城中某一区域进行的“诚实的”重建，并据此向中产阶级公众提供教育。与英国和法国的街景相比较，开罗的街景看上去很脏，相当混乱，并且呈现出传统的样貌，其中包含曲曲折折的不规则街巷和悬垂的立面。对于到过埃及的观展者而言，这条仿造的开罗街道看上去栩栩如生，而对于未曾到过埃及的观展者来说，这条街道看起来也是真实的，因为它是对照原物按比例建造的，并且与典型的英国或者法国街道景观具有显著的差异。该分析的出乎意料之处在于，米切尔声称，即便是那些到过（或者未来将会到访）开罗的人，也跳脱不出有关埃及的一系列文化表达。这些表达建立在一系列二元对立上，即西方与东方、白种人和有色人种、秩序与混乱、清洁与污秽、文明与野蛮之间的二元对立。这不仅决定了当时西欧人看待埃及的方式，也决定了他们看待所有发展中国家的方式。因此，展览中仿造的开罗街道所表达的“现实”，实际上并非古老的开罗城中的一
153 条街道，而是假定的现实似乎能确认的一种图景或者成见。正如米切尔（1988：10）所言：“尽管展览致力于建构出对外部真实世界的完美表达，然而门外的真实世界却更像是展览的延伸。”让我们返回巴特兰和肖布鲁克的研究。对于他们而言，伊甸园项目所描绘的自然既非“第一自然”，也非“第二自然”（意即经由人为干预而发生了实质性变化的自然），而是一种“第三自然”（Wark，1994）。这种“第三自然”只是话语性的，能让模拟和现实之间存在的区分土崩瓦解。这与我在第五章中所讨论的非表象理论（non-representational theory）相关，参见史密斯（Smith，2003）的著作。

## 四、重塑自然

认为自然在表达层面上是经过“建构的”，这样的观点似乎忽视了自然的表达所指的生物物理世界。在人文和环境地理学领域开展的建构主义研究的第二个主要分支，关注的正是这个世界。这类研究具有先入为主的物质建构主义的观念：在这一过程中，社会对自然进行了实质性的重建，因此，它就不再是自然的了。德梅瑞特（2002）针对人文地理学者近期开展的这类研究的综述，把这种研究列为社会建构主义的第二

种类型。相关研究认为，在其最为强烈的形式之中，自然彻头彻尾是一种物质建构，因此，再称其为“自然”已经毫无意义。即便并非总是在理论实质方面，至少在精神上，这种研究是建立在休伊特和沃茨等人早期开展的工作上的。正如我们所知道的，后者认为，自然的物理能力的确定总是与特定的社会组织形式相对应。在这一部分，我列明了当代人文和环境地理学者对自然的生物物理能力加以认真对待的两种主要方式（更深入的讨论，参见 Bakker and Bridge，2003）。在后文中，我们会看到，这些能力被视为社会关系、过程和行动的本体论产物。为了能够聚焦于这一讨论，我专注于马克思主义地理学者在农业食品研究（或者曾经的农业地理学）和自然资源分析等领域开展的研究。这并非人文和环境地理学中针对自然的物质重建开展的唯一研究（参见框图 3.4），然而，它的确是探讨这一主题的重要研究之一。[5]

**框图 3.4　批判地理学以及自然的物质建构** 154

除了研究物理环境转变的马克思主义地理学者，至少另有一群左翼地理学者投身其中，他们都持有物质建构主义的观点。聚焦“环境不公”问题的研究者针对“环境恶物”（如有毒垃圾场）与穷人和边缘化人群的相对分布开展了研究。他们认为，环境危害是由工业社会主动（当然，通常情况下是非故意的）造成的。在环境不公研究者和马克思主义学者之外，也有一些人文地理学者对非人类世界对人产生的重要影响感兴趣。这些地理学者不一定会把非人类世界视为实体性“建构”，但也不一定会视其为与人类干预完全分离的领域。举一个例子，英国文化地理学者杰奎·伯吉斯和卡洛琳·哈里森（Carolyn Harrison）1988 年针对人们城市公园和绿地空间的日常依恋开展了研究。伯吉斯和哈里森承认

> 这些公园和空间经过了规划师设计，但他们也向我们表明，这些场地的实体性特征，如颜色、气味和物理布局等，对当地居民如何使用和评价它们产生了显著影响。同样，许多第三世界政治生态学学者表明，经由人类活动产生的物理环境，对本地和超出本地层面的不同个体和群体需求的满足和抑制发挥着积极作用。

从知识梳理而言，这项马克思主义研究是随着加州大学地理学者玛格丽特·菲茨西蒙斯（Margaret Fitzsimmons）撰写的一篇重要的文章兴起的。在《自然之事》（“The Matter of Nature”，1989）中，菲茨西蒙斯对左翼地理学者进行了驳斥，认为他们忽略了社会导致物理环境发生转变的方式。菲茨西蒙斯认为，非人类世界的生物物理特性在两个方面具有重要意义。一方面，它们对于社会而言非常重要；另一方面，对
155 于人文地理学者而言，它们也应当非常重要。我们下面所讨论的研究，就是聚焦于物理环境所“直接面对的”经济部门，即采掘业（采矿业、渔业）和种植业（农业、水产养殖业、林业）。

## （一）非人类的物质性

无论怎样对其进行表达，非人类世界都具有明确的物质特征。这对社会产生了障碍，也为它带来了机会。当今众多马克思主义地理学者都是这样认为的。这些物理性质对不同社会如何使用环境设置了限制，又赋予其可能。此处所讨论的并非环境决定论（即认为社会是一个被动的因变量），而是社会—环境辩证关系。辩证关系指的是一种相互影响并进行调节的动态双向关系。正如我在讨论迈克尔·沃茨的研究时所说，马克思主义地理学者对于资本主义社会如何分配自然资源格外感兴趣。换言之，他们是对资本主义社会特定历史中存在的社会—环境辩证

关系感兴趣。有赖于经济和环境等特定要素，这样的辩证关系会因地域而发生变化。对于诸多马克思主义地理学者而言，非人类世界仍然具有一定程度的独立性和能动性，即便当前人类对世界的控制似乎已深达基因和分子的水平（Hudson，2001：ch.9）。威廉·博伊德（William Boyd）、斯考特·普鲁德姆（Scott Prudham）和雷切尔·舒尔曼（Rachel Schurman）把握住了从地理学者的视角出发对世界开展研究的良机：“一方面，存在对自然产业（nature-based industries）中生物物理世界的意义加以忽视并陷入纯粹物质建构主义的危险；另一方面，它也可能陷入环境决定论的窠臼。”（2001：557）

针对“纯粹物质建构主义”的负面评价表明了某些马克思主义地理学者的决心，他们不会把非人类世界仅仅视作现代社会的掌中之物。实际上，在马克思主义学术群体中，一个更为普遍的状况是（跨越了数个学科），在过去大约 10 年的时间里，一个“环保化”（greening）的过程出现了。其中就包括，对非人类世界如何实质性地决定了社会实际上能够（和不能够）做什么的重视和严肃对待。这就把对资本主义社会 *156*
内部结构的关注，与对这些社会为了获取食物、住所、温暖以及凡此种种所依赖的资源和环境的物质特征的关注结合了起来。正如博伊德等人（2001：557）所言：“尽管社会建构主义者认为（环境）……不应该（实际上是不能够）被去历史化（也就是被置于人类历史……以及社会关系之外），这种观点是正确的，但我们却赞同有人所说的，环境对于（社会）……过程而言是一种物质性的‘他者’（material other）。”

这种类型的“兼而有之”（both/and）研究既不把环境完全当成独立之物，也不把它完全视为社会过程的产物。其中一个例子正是我自己对猎捕海豹业开展的调查（Castree，1997：1-12）。即便这是一项历史研究（主要关注的是 19 世纪末北太平洋毛皮海豹的过度猎捕），但必须承认，该研究所采用的知识框架具有当代相关性。加文·布里奇（2000）以及罗伯茨和埃米尔（1992）所开展的研究也给出了同样的提示。他们在研究当今铜矿和地下水开采时所采用的马克思主义研究框架，与我1997年的文章所使用的框架相差无几。我会对这一框架进行讨论，作为对我早先就哈维和沃茨的著作开展的马克思主义讨论的补充。但是，在此之前，我会先就1870—1911年发生的所谓“禁止在白令海猎捕海豹之战”进行概述。

在不足40年的时间里，俄罗斯东部、日本、加拿大西部和美国加利福尼亚州的四支猎捕海豹的船队和两家陆地猎捕海豹公司几乎导致北太平洋毛皮海豹种群灭绝。这一种群非常珍贵，因为其毛皮可被制成温暖又无比奢华的服装，如冬季外套和披肩。这种服装非常有利可图，在伦敦、纽约、巴黎和莫斯科等城市中，受到热衷于时尚的中产阶级消费者的追捧。毛皮海豹贸易的主要参与者是位于普里比洛夫群岛（自1867年美国购买了阿拉斯加之后，这些岛屿已属于美国）的两家公司，以及四支海豹猎捕船队（在北太平洋的两侧各有两支船队）。之所以有如此多的参与者，原因在于毛皮海豹天然的迁移性[一种“流动资源”（fugitive resource）]。每年它们都要经过俄罗斯东部、日本、英属哥伦比亚和美国西部的水域迁徙，在普里比洛夫群岛停留两个月，在此交配和生育后代。在美国购买了阿拉斯加后，一群旧金山资本家意识到在普里比洛夫群岛捕杀海豹能够大赚一笔，并且当时的美国政府为其颁发了为期20年的许可执照。

158 随后（自1890年起）第二家公司获得了陆上海豹猎捕专有许可证。1870—1910年，这两家陆上猎捕海豹的美国公司平均利润超过100%，这足以证明当时毛皮海豹猎捕利润之丰厚。同一时期，英属哥伦比亚这一新省份中的定居者意识到，通过每年早春毛皮海豹沿海岸游过时对其进行射杀或者刺杀，他们也能获取不菲的经济回报。与此同时，具有猎捕海豹传统的俄罗斯人和日本人继续在每年夏末毛皮海豹离开普里比洛夫群岛的时候进行猎捕。20 世纪早期，这四个国家的海豹猎捕者已经导致毛皮海豹的数量由 350 万只（1870）降低到数万只。毛皮海豹种群几近灭绝，这无疑是 20 世纪首个国际性“环境问题”。这一问题甚至差点把相关国家卷入战争之中，因为每个国家都坚称自己有权不受任何限制地猎捕毛皮海豹。经过数年外交斡旋，这一问题才终于得到解决，相关国家于 1911 年签署了《北太平洋毛皮海豹公约》（*North Pacific Fur Seal Convention*）。这一开创先例的协定寻求对毛皮海豹加以保护，同时以有所控制的方式猎捕海豹赢利，而非屠杀。该公约特别提及，禁止所有海洋海豹猎捕活动，因为在普里比洛夫群岛开展的海豹猎捕（由美国控制）是对每年猎杀毛皮海豹数量进行准确计数的唯一方式。作为对失去海豹捕猎船队这一损失的弥补，普里比洛夫群岛的海豹猎捕者每年都会拿一定份额的利润与加拿大、日本、俄罗斯和美国（加利福尼亚州）分享。

从马克思主义视角来看，1911 年之前海豹种群所受到的破坏，正好可以作为一个例子，表明资本主义社会对其自身自然资源基础的破坏所负有的责任。换句话说，这证明了一个事实，即资本主义是一个“生态非理性的”经济体系，环境问题的产生是其“正常”功能运行的必然产物。下面，我来加以解释。在前文中，我讨论了马克思主义关于生产方式的概念。生产方式是特定社会中商品和服务得以生产的特定方式。在资本主义社会中，商品和服务是按照以下方式生产出来的：

$$M \cdots C \begin{cases} MP \\ LP \end{cases} P \cdots C^{*} \cdots M + \Delta$$

159 在这里，一家公司预付一笔钱（M）去购买商品（C），后者包含生产资料（原材料、机器等，MP）以及劳动力（人的工作能力，LP）。当两者在物质生产（P）过程中结合时，生产资料（MP）和劳动力（LP）会产生出新商品（C*），其销售价格等于原始投入金额加上一个增量（利润）。尔后，利润又被投入到下一轮的生产之中，如此往复，实现螺旋式增长。资本主义生产方式有别于其他生产方式，主要体现为以下三点。首先，它具有两个主要的生产阶级（也就是企业主以及为他们工作的人）。其次，生产的首要目的在于利润（马克思称之为“为增长而增长”），而非使所有人达到体面的生活标准。资本主义企业最感兴趣的在于其生产出的商品的交换价值，而不是其使用价值。最后，资本主义企业之间是竞争关系，它们必须彼此争夺市场份额。

这与北太平洋毛皮海豹案例有何关联？首先，19 世纪 70 年代以来，人们开始以货币尺度而非道德尺度对毛皮海豹进行估价。与资本主义社会的生产目的相对应，它们沦为人们从其身上获取利润的纯粹工具。毛皮海豹之所以珍贵，是因为它们的毛皮交换价值高，而并非因为这些毛皮被认为是“内在好的”或者“可贵的”。其次，因为海上海豹猎捕者与陆上猎捕公司彼此有竞争关系，所以对于他们而言，不管三七二十一地猎杀海豹是“合理的”，尽管他们知晓有朝一日，毛皮海豹种群可能会因此灭绝。由于捕猎公司属于不同国家，这就减少了采取有所控制和更加合作的方式猎捕毛皮海豹的机会，最终导致事态加剧。以上两个原因使得在 20 世纪初之前，毛皮海豹被滥捕滥杀成为意料之中的事。然而，并不能仅仅把这种滥捕滥杀归咎于资本主义反环境的“逻辑”，同时还应考虑到毛皮海豹的“自然本性”。

### 活动 3.5

基于前面两段所列的马克思主义分析，请思考毛皮海豹在哪些方面是“重要的”（matter），毛皮海豹的自然特征以何种方式塑造了北太平洋毛皮海豹的交易。

按照菲茨西蒙斯（1989）的观点，活动 3.5 中出现的“重要的”一 160
词具有双重含意。这个问题让我们思考，1870—1911 年，毛皮海豹的天然物性（“重要的”的第一个含义）如何让其对于涉及毛皮海豹贸易的四个国家非常重要（“重要的”的第二个含义）。回答这一问题的一个可行的方式，在于辨识出毛皮海豹的身体构造对海洋和陆上海豹猎捕者带来的可能性和障碍。简而言之，可能性如下。其一，因为海豹具有浓密的皮毛，所以创造了由这些皮毛制作的服装的市场。其二，毛皮海豹数量大（1870 年为 350 万头），这就使得商业性海豹猎捕具有了可行的前景。其三，每年毛皮海豹会聚集于陆地达两三个月之久，这就使得海豹猎捕对两家美国公司产生了吸引力。其四，毛皮海豹每年会穿过北太平洋迁徙 9 至 10 个月，这就使得海上猎捕海豹对于加拿大、俄罗斯、日本和美国（加州）的捕猎者而言具有了吸引力。就障碍而言，以下所列两点是非常显著的。其一，显而易见，人们难以对海洋中的海豹进行计数，这也就意味着，海洋猎捕者无法确定被捕杀的海豹与存活的海豹数量之比。其二，人们难以确定海洋中皮毛海豹的性别，这也就意味着，很多怀孕的海豹可能会被捕杀。随着时间的推移，这会破坏毛皮海豹种群的繁殖能力。

从马克思主义的视角看，北太平洋海豹种群的案例展示出资本主义社会过度开发其自然资源基础的系统性（而非偶然性）趋势。这样的过度攫取是把特定的生产方式与资源和环境具体的物理能力相关联所导致。这些能力相当真实和具体，但却并不是绝对的。相反，我们可以认为它们是与生产方式加之于其上的需求相对的。

### （二）自然的生产

前一小节所探讨的社会—环境辩证关系，如果你愿意的话，可以被称为一种“外在的”关系，其中涉及社会所面对的那些不能够轻易进行物理操纵的自然现象的情况。这些现象能够被社会损坏，但却并非由社会创造或控制。正如博伊德等人（2001：557）所言，资本主义社会的行动者“把自然视为一系列外生的物质财产（material properties）”。
161 在采掘业（如采矿、渔业、海豹捕猎以及捕鲸）中，这一点尤为正确。例如，钻石是天然存在的，实验室能够仿制钻石，但却不能做得一模一样。然而，对于农业和林业而言，情况有所不同。这是以耕作为基础的两个经济部门。这些行业部门已经寻找到方法，可以完全生产出自然，也就是实体性的自然。“自然的生产”（the production of nature）是尼尔·史密斯于1984年提出的。当时，距离转基因作物、转基因动物和转基因树木的出现尚有十多年，而这一切的出现使得这一概念成为先见之明而非幻想。作为马克思主义者，史密斯认为，在资本主义经济中运营的企业寻求克服非人类世界所导致的“积累的障碍”（barriers to accumulation）。他认为，为了获利，这些企业设法“让自然服服帖帖”（making nature to order）。就此而言，非人类世界成为服务于赢利目的的纯粹的手段，而赢利是资本主义社会压倒一切的目标。所以，史密斯认为，自然开始变得渐趋“内化”于资本主义社会的逻辑。这是一种“第二自然”，与因进化作用而产生的“第一自然”相去甚远。

鉴于转基因生物已成为生物技术企业 [ 如孟山都公司（Monsanto）] 产品范围中得到认可的一部分，史密斯的观点今日看起来已经相当明显。然而，从他的视角出发，准确理解非人类世界的特定部分如何被“生产”出来，以及会产生何种（社会的和生态的）后果，在当前依然非常重要（Smith，1996）。此外，史密斯于 1984 年撰文之时，并未预料未来，仅仅论及了当下和过去。换句话说，他认为，非人类世界中的部分很长时间以来都是被物质生产出来的。他认为，社会和环境是两个分离的物理领域这种被普遍持有的信仰蒙蔽了人，让人们看不到眼皮子底下发生的事，即大量资本主义企业出于赢利的目的而非任何其他更为高尚的理由在对非人类实体进行刻意的改变。马克思主义社会学家杰克・克洛彭堡（Jack Kloppenburg）针对之前年代里的自然的生产提供了现在看来堪称经典的分析。他的著作《种子最重要》解释了资本主义企业以何种方式以及出于何种原因取得了全世界商业性农业的生物基础种子的实物所有权。我即将概述的关于种子的分析，可作为对尼尔・史密斯所提出理论的经验性验证，即资本主义的公司日渐制造出非自然的自然，这可能会给人类和环境带来可怕的后果。

种子“是作物生产必不可少的核心”（Kloppenburg，1988：xi）。 *162*
农民在种植农作物时几乎都需要种子，因此，对于资本主义企业而言，种子蕴含着极富吸引力的赢利可能性。然而，从历史上看，资本主义种子行业的发展存在一个天然的障碍，即种子能够自繁殖。在自然中，每一次新的收获都会为来年的作物产生出种子。农民千百年来一直享有现成免费的种子供应。正如马克思主义社会学家曼（Mann）和迪金森（Dickinson）所恰当表述的：“资本主义的发展似乎要在农业的这个门槛前止步了。”（1978：467）然而，到了 20 世纪初，这种情况发生了改变。克洛彭堡开展了极为细致的分析，表明农场外种子产业发展所面对的自然障碍已经被克服了。以玉米为例，这种作物在现代农业中一直具有无与伦比的重要性。玉米是自由授粉或者异花授粉，因此，与自花授粉的作物（如小麦）不同，玉米植株是经过独特杂交的产物，一块田中的玉米处于“持续不断的基因流动状态下”（1988：95）。显然，这种自然混杂为可能的作物育种专家带来重大的自然障碍：具有理想性状（如抗病性）的“优势”玉米植株总是会与“劣势”玉米植株混杂。

那么，如何对玉米的繁殖加以控制呢？其后果会怎样？聚焦于美国的情况，克洛彭堡对于第一个问题的回答是，遗传学者乔治·孟德尔（Gregor Mendel）的发现意外地为杂交玉米的开发开启了大门。也就是说，可以在农场之外培育具有优势特征的玉米。孟德尔在 19 世纪末开展的实验，表明以一种有所控制且系统化的方式对作物进行杂交育种是可能实现的。19 世纪 90 年代，美国政府创立了一个由赠地大学和农业研究站构成的系统，致力于帮助美国农民改进其所生产的玉米的品质，同时提升玉米的产量。这些大学和研究站聘用的科学家很快就能够改变包括玉米在内的最重要的作物的特征了。正如其中一位科学家所说：“育种者认为（玉米）品种具有可塑性，必须用这种崭新观念取代玉米品种只是偶然起源的某种固定形式的传统观念，因为后者长期以来都在为进步制造障碍。”（Kloppenberg，1988：69）通过复杂且耗时的程序，奥尔顿（W. A. Orton）等作物育种专家能够培育出极高产量的玉米品种（参见图 3-4）。这种“双杂交”玉米种子的复杂性还在于，即便具有高
163 产量的特征，却仍然是“自然不育的”。换句话说，双杂交玉米收获的种子，在种植后所产生的仍是低产量的玉米。这就使得农民不得不继续求助于前一年为他们提供改良玉米种子的大学和研究站。这样一来，出于偶然的而非刻意设计的原因，20 世纪早期的美国出现了一个崭新的玉米种子的潜在市场。正如克洛彭堡所列出的，玉米以及其他杂交作物

的商业意义得到了快速认可。数位为政府工作的植物育种者寻找到私人投资，离开了工作岗位，开始在新成立的种子公司里生产改良种子出售给农民（参见图 3-5）。到了 20 世纪 30 年代，这些公司已经对美国大部分作物的繁殖建立起生物控制。他们意识到，需要对种子的“发明”进行法律控制了。正是私营种子公司的多方游说最终导致了 1930 年植物品种保护法的出台。此法案让这些公司对其生产的种子取得了完全的法律控制，从而确保在未提供经济补偿的情况下，作为竞争对手的生产者不能复制这些种子。

总之，克洛彭堡的书展示了自然（在本案例中为种子）以何种方式以及出于何种原因，作为资本主义企业自觉的积累策略的一部分被物质生产出来。克洛彭堡所研究的种子公司的活动并不仅限于“篡改”或者“扰乱”作物的生物物理功能，还主动重建了这些作物的“自然属性”。种子生产带来的结果，正好可以与当今世界部分地区针对转基因作物所持有的愤怒情绪进行有趣的比较。从环境角度来看，克洛彭堡呈现了杂交品种如何导致单一种植在美国农业中占据了主导地位。单一种植指的是具有遗传一致性的农田。尽管这些农田产量很高，但却需要使用大量的杀虫剂和除草剂来让自己免受杂草和害虫的影响。其带来的环境影响，是让土壤和河流持续数十年受到污染（雷切尔·卡森《寂静的春天》一书对此有所呈现）。这些不良影响正是对农业自然的故意生产所导致的“意想不到的后果”。就社会角度而言，克洛彭堡的分析指出，商业农业中“凌驾于自然之上”的做法，会造成剥夺公民权利的后果。在近乎一个世纪的时间里，美国及美国以外的农民已经丧失了曾经拥有的免费的、“公共领域”内的“好物”。现在，他们常常需要付出高昂的成本：不仅要购买种子，还要购买化学药品——只有为基因工程作物施用这些药品，才能确保其健康生长。从史密斯和克洛彭堡等马克思主义者的视角来看，只有时间才能够告诉我们，经过基因修饰的作物是否会加剧杂交作物所带来的环境和社会弊端。

164

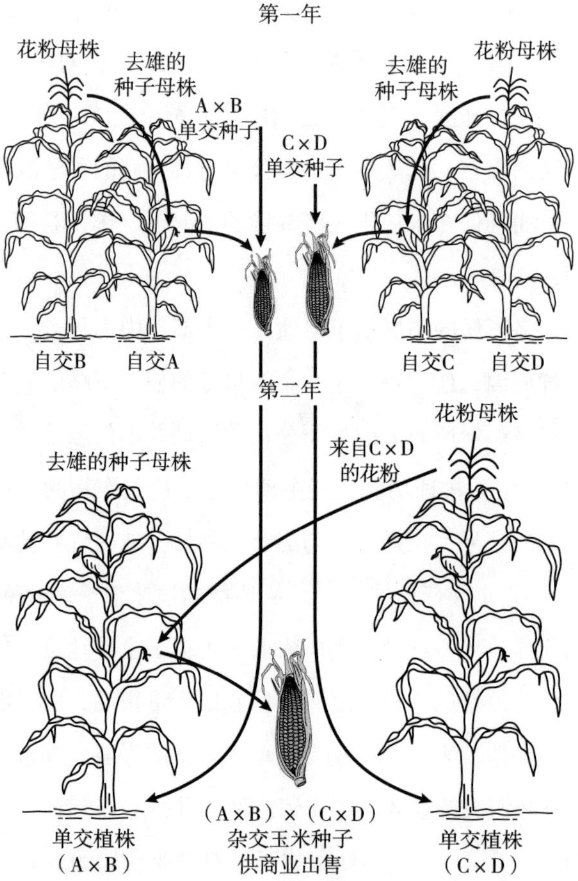

图 3-4 采用人工去雄方法生产双杂交玉米[①]

① 这个过程从两对纯合的自交系（A、B和C、D）开始。每一对自交系先进行杂交（A×B，C×D），即手工去除产生花粉的雄性花穗，让交替排列的另一株的花粉落在这株去雄的雌花上（这个过程为去雄）。只收集雌株母本上的种子，以确保不收集自交种子。这个单交种子繁殖的下一代（A×B）和（C×D）用同样的步骤进行杂交，再从雌株上收集种子，这就是双杂交种子，用以出售给农场进行生产。

165

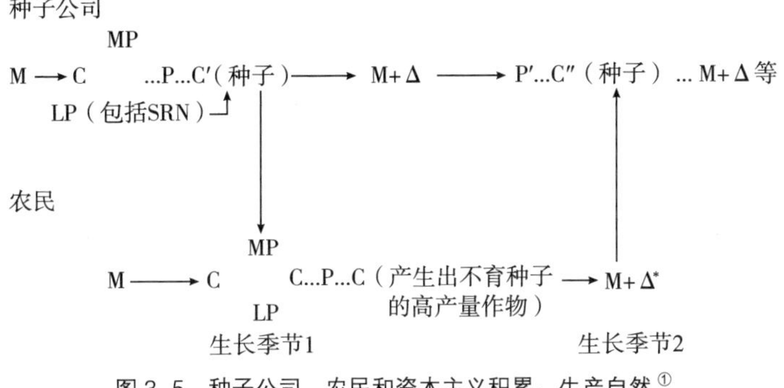


图 3-5 种子公司、农民和资本主义积累：生产自然[①]

我希望读者能够明确，我在前文中对史密斯、克洛彭堡以及其他具有相似思想的马克思主义者的观点的讨论，并非等同于荒谬地主张资本主义公司已经完全控制了非人类世界。对于这些研究者而言，非人类世界的相当大一部分实际上是以最为物质化的方式加以“建构”的。但是，这并不是说被生产的自然缺少自身的特定能动性和不可预见性。例如，持续 10 年大力推广转基因作物的生物技术公司承认，他们无法预料这些作物会对其他动植物带来何种影响。

无论影响如何，从自然的生产视角来看，这正是内部辩证关系的一 166
部分。这是资本主义体系内的辩证关系，而非资本主义体系与未经生产的自然两者之间的。

## 五、为何声称自然是一种社会建构?

本章，我探讨了当代人文和环境地理学中关于自然的建构主义观点的两条主线。与物质建构相比较，我在表达建构上用了更多篇幅，因为

① 援引自 Castree（2001a）。

在过去大约 10 年的时间里，这条主线在人文和环境地理学者关于自然的分析中占据了主导地位。这些方法都把我们对于自然是什么、它如何运转、应当如何评价和使用自然的理解进行了明显的去自然化。我将在第四章更为详细地解释，上述去自然化的理解方式与自然地理学者理解自然的方式构成了强烈的对照。在地理学之外，或者更普遍来讲，在学术界之外，很多人都发现自然并非自然这种提法是荒谬的甚至可耻的。例如，环境保护主义者强烈反对克罗农关于荒野是一种思想而非现实的观点。在本章中，我还分析了是什么促使如此多的当代地理学者宣称我们所言之自然其实是一种社会建构。为了能够与我关于自然的整体态度保持一致，我探讨了如果能够说服学生、学术界以及大学之外的群体自然并非其看上去的那样（即“自然的”），将有何种收获（以及损失）。请注意，我故意未对社会建构主义的各位研究者提出的观点是正确的还是错误的进行讨论。已有他人就此开展激烈辩论，我把它留给读者自行判断（参见框图 3.5）。

**活动 3.6**

依你之见，那些基于研究表明自然是社会建构的地理学者，其动机是什么？换一种表达，即这些地理学者从“自然是自然的”这一观点中发现了哪些问题？

167 **框图 3.5　自然是否是一种社会建构？**

关于自然是否为一种社会建构的辩论，延伸到了地理学科之外。环境与身体社会学家、环境史学家、科学社会学家、人类学家、环境人类学家和哲学家（以及其他研究者）最近全都就这个问题开展了争论。这一辩论无比复杂，通常也非常激烈。任何关于“自然是否是一种社会建构”这一问题的合理答案，都必须谨慎列明讨论的是何种“自然”、何种“社会建构”（表达建构或者物质建构）以及所涉及的是何种程度的建构主义［激进的或温和的，参见德梅瑞特（2002）的论述］。在地理学中，关于自然的社会建构的辩论，主要聚焦于环境（Proctor，1998，2001；Demeritt，2001b；Peterson，1999；Cronon，1996）。地理学领域之外，在索尔和雷西（Lease）1995 年的文集中，雷西、谢泼德（Shepard）、海尔斯（Hayles）和索尔等人撰写的文章大有裨益，同时还可参见班尼特（Bennett）和查卢普卡（Chaloupka）1993 年编辑的选集。另外，也请参阅 Bird，1987；Burningham and Cooper，1999；Gifford，1996；Greider and Garkovich，1994。但是，这也上升到有关现实（或者有关现实的知识）的社会建构的辩论。实在论者和相对主义者在此针锋相对。这类对抗的一个最佳例子，是先验实在论者安德鲁·塞耶与持有更为后现代和后结构主义观点的若干人文地理学者之间的对抗（Sayer，1993）。在地理学的特定分支中，就自然的社会建构展开的辩论也同样明显。例如，诸多对残障人士感兴趣的地理学者提出了疑问：“残障”到底是一种生理和心理的事实，还是对特定人群身体和心理状态的一种社会建构（Butler and Parr，1999；Kitchin，2000；Imrie，1996）？同样，近年来，乡村地理学者质疑了乡村比城镇更加自然的观点（Bunce，2003；Castree and Braun，2005）。从社会科学视角对社会建构提供的概述，参见格根 168
（Gergen，2001）和伯尔（Burr，1995）。在社会科学界，针对（人类）自然本性的社会建构开展激烈辩论的三个主要领域是身份、身体和人种。其中“人种”因为种族分类的显著原因而成为颇具争议的话题。种族分类往往基于可按照人的身心特征对其加以区分的主张，长期以来都被当作歧视特定人群的工具。关于地理学内部和地理学之外就人种、自然和社会建构主义开展的辩论的更多信息，参见 Duncan et al.，2004：ch. 16；Wade，2002；Miles，1989；Malik，1996；Banton，1998。

回答活动 3.6 所提问题的一个有效方法，在于把认知的、道德的和实践的原因加以区分。请回顾第一章所列，即认知主张是对真实世界现象的描述性和 / 或解释性主张（或者关于这些现象的既有观点）。道德（或者伦理）主张则是关于特定的事物或者思想的价值判断，它们可以是规范性的，列明我们应当如何对事物或者思想加以评价。基于我们看待（认知）和评价事物的不同方式，实际上会产生特定的后果。通过这种三元模式，我们就能理解社会建构主义者的观点对于其追随者所产生的吸引力了。从认知上讲，我在本章提及其工作的地理学者，即便他们的理论与经验重点有别，但却具有一个关键的共同点。他们都认为，当我们（作为地理学者和作为普通人）论及或者把某事物归为“自然”（就这个词的三个主要含义中的任何一个而言）时，经常会犯一种归类错误：我们常常会混淆表达与表达所反映的现实，或者未能明确这样的现实已经不再是“自然的”了（就未受社会干扰这个意义而言）。因此，并非只有去神秘化研究（如弗塞思所开展的研究）或者意识形态批判（如哈维的观点）坚持这样的一种信念，即对于理解自然是什么而言，存在“正确”和“错误”方式之分。本章讨论的所有地理学研究，都在一定程度上主张，认定“自然是自然的”并不正确。

169 这种认知上的进步所具有的道德含义非常深远。首先，它把我们带离了伦理自然主义的拘囿。伦理自然主义认为，自然为人类提供了道德训导，我们应当遵从（参见框图 3.3）。伦理自然主义可能是非常独裁的。

这种思想试图从其所认定的“自然的事实”中“读取”道德准则，从而杜绝一切对适宜的道德行为展开的讨论。从那些把自然视为社会建构的地理学者的视角来看，伦理自然主义是言不由衷的。它掩盖了这样一种情况，即通过把某种道德归为非人类的领域，或者视为不可改变和天生注定的“人类天性”的一部分，使得某人的道德被悄然拔高。例如，有一种说法曾经在西方国家中非常普遍，即女性天生富有同情心、感情丰富和善于体贴照顾，男性则天生理性且善于分析。从上述两个关于男性和女性的自然“事实”中汲取的道德训导是：女性留在家中养育孩子，男性出门赚钱养家。借助于当前的见识，现在，我们可以说，这样的道德并不能反映出事情的自然状态，这只是父权社会中的规范。在这种社会里，男性曾经（并且目前仍然）高度重视如何对女性的人生际遇加以控制。

其次，伦理自然主义的批评意味着我们应当对所有道德价值观的社会建构更为坦诚。对于社会建构主义者而言，非自然主义的道德是相当自由的（liberating）。它向我们表明，被我们视为道德上好或者坏、正确或者错误、公平或者不公平的，是一种社会性选择，而非由假定的非社会的自然为我们决定的。这也就意味着，无论出于何种原因，那些反对主流道德规范的人都应当拥有对它们提出挑战的权力：他们只是提出一种不同的道德，并非要求把某种非社会领域当作价值的来源。

再次，这并不意味着社会建构主义地理学者不关心那些社会通常认为“自然的”事物（如水獭、树木或者臭氧层）。它的含义在于，大部分上述地理学者都认为，道德价值来自社会，而非来自自然。因此，恪守“绿色”道德的生态中心主义者，也可以同时是表达或者物质建构主义者。但是，他必须承认这样的道德并不是由非人类世界强加而来的，而是来自一系列偶然的价值观，后者恰好把那个世界视为珍贵的和重

要的。也就是说，必须承认，无论是在社会建构主义阵营内部还是在其
170 外，甚少有地理学者着手去培养一种生态中心主义道德。我怀疑，左翼地理学者对于伦理自然主义做出的反应太过强烈，以至于他们都不情愿把自然加以道德化，即便是在社会建构主义框架中。总体来看，地理学的“社会左翼”和“文化左翼”已经把残存的“绿色左翼”压制住了，尽管某些研究者（如加文·布里奇）开始认真思考人类行动产生的环境影响。

复次，那些已经对于人的身份和肉体存在（而非“外在自然”）有了先入为主的观点的社会建构主义地理学者，更可能成为道德多元论者。他们对于伦理自然主义的批评，旨在为那些被伦理自然主义归类为“不自然”而加以污名化的身份和身体行为正名。例如，对生理和精神残障人士开展研究的批判地理学者，提倡对残障人士采用“社会”角度的解释，而非从“医学”角度去解释。他们已经表明，残障人士的污名化并非仅仅是其与身心健全的人之间存在的客观差异的结果，同样也是关于残障人士的根深蒂固的社会态度所带来的结果。因此，许多批判地理学者质疑残障人士在社会中扮演的角色由其生理状况所决定这一观点，他们创建了一个道德空间，而残障人士的需求、权利和资格被放置在与社会中所有其他人相同的位置上（Imrie，1996）。更进一步的研究，包括若干左翼地理学者采用对主体性和肉体加以去自然化的方式，表明看上去统一的群体内（如女性、有色人种）道德目标的多元化。例如，第二波女性主义地理学者通过强调被人们归为女性思想和行动的多样化方式，对女性的生理和心理是相似的或者普遍共有的观点提出了质疑。这些女性主义者展示了女性在多种话语（有关性别、人种、阶层等）中是如何被询唤的，以至于她们的道德价值观和愿望千差万别（Pratt and Hanson，1994）。就这个意义而言，他们的研究是“反本质主义”的。

这种思想认为：“被本质主义者自然化的事物……实际上是由社会构建的差异。”（Valentine，2001：19）

最后，社会建构主义者的观点对于那些建构主义者希望进行去自然化的现象而言，可能具有深刻的意义。在第一章中，我们已经获知，“自然”一词的主要含义之一是“事物的本质”。如果某人的身心或者非人类世界具有某种本质，那它应当是被关注的现象中相对固定且不会变化的方面。然而，正如我们在本章中所看到的，批判人文和环境地理学 171
者表明，对于非人类世界或者人的身心提出的主张罕有“纯良无害的”（innocent）。[①] 例如，大卫·哈维在 1974 年对因新马尔萨斯主义的论断所采取的实际行动提出了批评，即实施人口控制或者不作为（让那些“生养过多的”人口挨饿致死）。对于左翼地理学者而言，这样的政策是压迫性和冷酷无情的。同样，如果社会中流传黑人是“天生的运动员”这种表达，也可能产生有害的后果。正如彼得·杰克逊（1994）对于葡萄适（Lucozade，葛兰素史克旗下一款饮料）广告主演、奥运会十项全能运动员戴利·汤普森（Daley Thompson）的分析所表明的，这样的表述相当于在默许某些政策——使黑人在追求从事脑力职业而非体力职业时甚少得到支持（Lewis，2001）。针对本质主义主张提出的这种批评的另一方面在于，建构主义地理学者强调了我们的世界里诸多看似无法改变的事物所具有的潜在可改变性。正如德梅瑞特（2002：769）所言：“去自然化的（一项）……任务在于，表明某事物是坏的，如果其发生了彻底改变，我们会变得更好。一旦我们意识到它是被社会建构而成的，并且我们自己有能力去改变，这就成为一种可能。”

社会建构主义观点所隐含的认知的、道德的和实际的意图，并非以

---

① 此处原文疑似有误，译文有所纠正。原文如下：Critical human and environmental geographers have shown that claims are made about the essence of the non-human world or the human mind and body are rarely innocent。——译者注

上所列的批评（参见框图 3.6），但是，它们却成为关于自然是什么、如何（或者应当如何）对自然加以评价，以及应当对那些惯常被认为是“自然的”事物做些什么的鲜明而强烈的态度。学术界以及社会各界很多人所持有的关于自然的观点，是建立在自然与社会分离或者有别于社会的假设之上的，社会建构主义地理学者则坚决反对这样的分离。这些地理学者甚少把时间耗费在关于非社会的自然的本体论、因果关系、道德或者其他推论上。对他们而言，这样的推论即便并非完全不诚实和虚伪，那也必定是误入歧途的（参见框图 3.7）。

## 六、小　结

本章探讨了当代地理学对自然加以去自然化的途径。在对这些途径的先例进行讨论后，本章对社会建构主义及其表达建构主义和物质建构主义分支提供了解释。随后，关于为何当前众多地理学者热衷于为通常被视为自然的现象生成去自然化理解，本章对其原因进行了讨论。

172 **框图 3.6　自然的社会建构：三项准则**

关于我们所谓之“自然”，左翼人文和环境地理学者无疑会遵循某些准则。准则指的是思想相似之人理所当然地视其为真实、准确或者确定无疑的信仰。它们是特定人群共同认可的假设。在社会建构主义地理学者中，关于自然的三项准则格外醒目。前两项分别涉及非人类世界以及人的身心的社会主流表达中对自然进行描述的方式。第一项准则是，这些表达通常都与自然的稳定性和持久性相关。本章，我们已经看到若干例子。从哈维到布劳恩，这些地理学者都针对自然凭借其“本质特征”为人类提供道德的或者实践的“训导”的说法提出了批评。就目前来看，这些批评是合理的。毫无疑问，诸多邪恶的信仰和实践都为了达成自身目的而求诸“自然的命令”（natural imperatives）。例如，无论是过去还是现在，种族主义和性别主义之所以能取得合法性，是因为它们灌输的信念是人与人之间存在无法改变的“自然差异”。然而，正如韦德（Wade，2002）所指出的，提及非人类世界或者人类的心理和生理“自然本性”，并不一定意味着永久性和固定性。例如，当今，西方社会诸多领域都痴迷于有意识地改变人体。节食、健身和整形手术等实践全部有赖于以下观点，即人的身体可以发生变化，它并非人体自然本性中无法规避的事实。健身俱乐部、健康食品企业以及生物医药公司对于推动这样的实践都拥有浓厚的兴趣，而非强调身体的“被给予性”。针对第二项社会建构准则，我们可以提出的质疑是，大部分对于自然的固定性的说法都服务于有权势者的道德和现实利益。尽管这项准则具有极大的合理性，但它忽略了一个事实，即被边缘化或者受压迫的诸多个体和群体完全可以把认定他们的身体或者心智无法改变的主张拿过来为自 173
己所用。例如，假定某人提出，同性恋者的性别取向是遗传因素造成的，是人与生俱来的，这一观点就可用来表明同性恋与异性恋一样，都是人类生物学中“正常”的一部分。我们可提出质疑的第三项社会建构主义准则，与去自然化观点的现实意义相关。例如，对于“为何声称自然是一种社会建构”这一问题，社会建构主义地理学者强调那些看上去固定和自然的事物的潜在可变性。然而，人们并不清楚为何当表明某事物是“社会的”时，会让它更易于发生变化或者改善。毕竟，社会权力、社会关系和社会态度，往往如同人类DNA或者月球轨道一样难以改变。再如，按照福柯学派的论证，主流话语极难撼动，因为它们深植于人们的思想和行动之中。

**框图3.7 人文地理学、社会科学以及“新自然主义”**

在过去大约10年的时间里，自然被若干社会科学学科“重拾”。但与人文地理学相比，社会科学采用了更加书面化的（也就是非社会建构主义）方式。例如，社会学和人类学的研究试图把自然科学关于人类生理学、人类心理学、非人类世界的见解，与社会科学关于人为何以特有的方式思考和行动的见解相互结合。在其激进的形式中，这样的结合寻求通过直接参考自然现象的方式来对社会现象提供解释。例如，“社会生物学”致力于探寻人类
174 的遗传构成与其特征行为模式之间存在的关联。在其最为粗陋的形式中，社会生物学是生物决定论，这在种族主义者的书中有所表达，如赫恩斯坦（Hernstein）和默里（Murray）的《钟形曲线》（1996）。然而，如果认为从人类和非人类自然的角度对社会现象加以解释的所有努力都是反动的和保守的，那肯定也不对。例如，激进的社会学家特德·本顿（Ted Benton）认为，人类的生物学需求为我们提供了一个参照点，可供对发达资本主义社会中人类对非人类世界和人类自己的身体造成的伤害提出批评（Benton，1994）。关于社会科学中针对新自然主义的初步且时有微词的讨论，参见Barry，1999：ch. 8；Benton，1994；Dickens，2000；Ross，1994：ch. 5。

我并不会针对“自然”是否为一种社会建构提供任何评价。尽管这是读者应当考虑的一个重要问题（参见框图 3.5），但我的重点却聚焦于众多地理学者以何种方式以及出于何种原因生产出“对自然持怀疑态度的”知识。在第四章里，我希望对一系列差异巨大的有关自然的知识进行剖析。它们是有关非人类世界（而非人类身体）的知识，但与本章所呈现的有所不同。这些知识是由自然（以及很多环境）地理学者生产的。我们很快就会发现，这些地理学者认为他们对于自然的表达，**能够并且的确**表达出了不能被简单等同于人类思想或者人类行为的自然世界。这些地理学者否认自然是（或者仅仅是）一种社会建构，他们试图使大学内外的人们相信，与我在本章中提及的其他人所传播的知识相比较，他们的知识更为可取。这样，我们就发现，研究者在自然知识上存在着竞争。但必须承认，这样的竞争非常含蓄，少有摆在明面上的。这是有关谁的知识最准确、最合适的角力。

## 七、练　习

• 如果人们觉得连“如实”谈及自然都是不可能的，请列出可能会产生的若干问题。给你一点提示，其中一个问题在于，当环境问题出现时，如果我们无法确定无疑地将其识别出来，那么我们的行动必定迟缓，175
并将承受它们带来的后果。

• 你是否认为关于哪些是（或者不是）自然的事实主张能够从关于自然的道德主张中分离出来？例如，可思考“人种”这一问题。人种差异通常被认为是（基因型以及 / 或者表型）生物学差异。如果正如社会建构主义所认为的那样，人种差异并非与生俱来，那对此加以证明会导致何种与道德相关的情况？随之而来的，会不会是对那些对人种差异持自然主义观点的人的谴责或批评？

## 八、延伸阅读

显而易见，读者应当去查阅本章讨论的哈维、沃茨、弗塞思、摩尔、克罗农、布劳恩、巴特兰、肖布鲁克、卡斯特利以及克洛彭堡（1988：chs 1 and 2）等人的作品。建议在读完本章后，立即阅读文中提及的作品。关于自然的社会建构辩论的更多信息，参见框图 3.5 所列的阅读材料。本章各部分的后续阅读范围广泛，并且与自然的话语和物质建构的主体部分相关。框图 3.5 也列出了部分阅读材料。

关于人口与资源之间关系的更多信息，参见 Woods，1986；Bradley，1986；Findlay，1995；Halfon，1997；Maclaughlin，1999；Norton，2000；Petrucci，2000；Taylor and Garcia-Barrios，1999。后休伊特时代的自然灾害研究，在阿布拉莫维茨（Abramovitz，2001）、布莱基（Blaikie et al.，1994）以及佩林（Pelling，2001；2003）等人的作品中得到了不错的讨论。

当前，地理学者针对自然的表达积累了大量研究成果。这些研究往往与本章（以及其他节）我列出的四种表达方法相互混合和对应。10 年来持续发表这一领域研究成果的地理学期刊有《环境与规划 D：社会与空间》（*Environment and Planning D：Society and Space*）、《地球论坛》（*Geoforum*）和《生存圈》[*Ecumene*，现更名为《文化地理学》（*Cultural Geographies*）]。关于环境的后结构主义和福柯学派理论的更多信息，参见康利（Conley，1997）和达里耶（Darier，1999）的著作。关于社会—环境辩证关系（“内部”与“外部”）以及“自然的物质生产”马克思主义观点的更多信息，参见卡斯特利（2000；2001a）和博伊德等人（2001）的研究。

自然的表达和自然的物质性对于地理学中第三世界政治生态学和动 176
物地理学这两个分支而言，分别发挥着重要影响。人们就第一种情况表达出的顾虑是，对环境话语的关注会导致对真实生物物理世界理解的削弱。对于后者而言，强调动物的能动性与人文地理学者忽略非人类领域生物体的趋势恰好相反。关于第三世界政治生态学的更多信息，参见 Peet and Watts，1996；Robbins，2004b；Zimmerer and Bassett，2003。关于动物地理学的引介，参见 Wolch and Emel，1998；Philo and Wilbert，2000。

并无专门的文献列明人文地理学者如何对人们关于人的身份和主观性的理解加以去自然化。但是帕内利（Panelli，2004）的著作相当不错（尽管其结构并未围绕着去自然化这一主题深入展开），同时邓肯等人著作（2004）的第 7～8 章、16～18 章也提供了很多有用的信息。概括地讲，巴克（Barker，2000：ch.6）为理解主观性和身份所采用的去自然化方法提供了不错的概述。凯·安德森（Kay Anderson）在她的著作《人种》（*Race*，2001）中，分析了精神和生物本质主义的概念如何被用来为歧视辩护；同时，还可参见彭罗斯（Penrose，2003）的研究。

我在本章和第二章中都指出，无论是在自然主义模式还是去自然化模式中，地理学者都甚少提及自然的伦理。以下列出的是开展伦理与自然研究的寥寥数位人文地理学者：罗（Low，1999），林恩（Lynn，1998），琼斯（Jones，2000），格里森（Low and Gleeson，1998：ch.6），普罗克特（Proctor），史密斯（Proctor and Smith，1998：section Ⅲ）。《人文地理学进展》（*Progress in Human Geography*）中关于伦理的年度“进展报告”会列出人文地理学者对自然伦理贡献的新文献。普洛克（2001）讨论了有无可能拥有对自然持怀疑态度的自然伦理观，彼得森（Petersen，1999）也参与了这一讨论。这两篇文章非常重要，有助于我们理解自然的“社会建构主义伦理观”是否可行或可取。

## 第四章

# 两个自然？：地理学的分与合

> 我们（与其他地理学者）分道扬镳，因为我们承认了识别与研究“真实”……过程的可能性。
>
> （Slaymaker and Spencer，1998：248）

> 在某种意义上讲，自然所具有的自然性是不言而喻的。
>
> （Adams，1996：82）

## 一、引 言

第一句题头语引自《自然地理学与全球环境变化》（*Physical Geography and Global Environmental Change*），这是对第三章所讨论的对自然进行去自然化的方法的抨击。与所有自然地理学者相同，斯雷梅克和斯宾塞都认为自己是科学家，也就是致力于生产出关于非人类世界如何运行的准确知识的人（他们把有关人类身体的研究留给地理学领域之内和之外的其他人）。尽管这两位卓越的地貌学家并不否认我们所谓之“自然”在某种程度上是“非自然的”，但他们坚信，自然具有独特的运行方式，等待人们去客观理解。换句话说，他们认为，不应该把自

然简单等同于特定的社会表达和实践，而应当对其展开相对无偏见的
178 分析。同样，被环境地理学者比尔·亚当斯（Bill Adams）视为公理的是，自然全部或者部分是“自然的”。亚当斯的著作《未来自然》（*Future Nature*，1996）反映出地理学“中间领域”众多研究者的观点。该书认为，地理学者应当研究人类对于环境的使用和破坏，从而制定出更为有效的保护和恢复政策。正因为它们是建立在准确理解之上的，所以是有效的。

上述我所援引的斯雷梅克、斯宾塞和亚当斯等人的话，表达出对社会建构主义的怀疑。这看上去非常合理，并可以用若干原因加以解释。首先，人们可能会指出，非人类世界（就这个问题而言，人类的身、心也包括在内）诸多方面的存在，与我们以何种方式对其加以表达无关，如大陆板块或者珠穆朗玛峰。其次，即便我们积极地生产关于自然的知识，也不可能由此让自然变得虚假、不正确或者不真实。正如斯雷梅克和斯宾塞所指出的，我们对于自然的表达可能是经过建构的，但只要经由恰当的程序，就可能是**准确的建构**。再次，尽管马克思主义地理学者（以及其他研究者）认为社会实际上能够“完全”生产出我们称之为“自然”的某些部分，但以这种方式生产出来的部分无疑具有并不能等同于最初导致其产生的社会过程的“自然本性”。最后，我们也可以对应用于自然诸多方面的“建构”的隐喻提出质疑，如酸沉降。这种环境问题无疑是人类行为所导致的。但是，作为一种现象，这是人类活动造成的无意的后果，其本身具有特定的生命（源于人力无法对跨越海洋和陆地的多种污染性氧化物的大气动力学传输进行控制）。因此，酸沉降应当被视为一种“人造风险”（Beck，1992），而非“社会建构”。在某些地理学者眼中，后者暗示具有一定程度的刻意性和控制。在这个例子以及其他众多人类改变环境的情况中，并不存在这样的刻意性和控制。

出于以上四个原因（以及未提及的其他原因），与社会建构主义一方相比较，自然地理学者和众多环境地理学者更倾向于持有“自然认同”立场。他们认为，以下所列是理所当然的：无论我们如何对其进行表达及采取行动，非人类世界都独立存在；无论从理论上还是从实践上，我们都能以近乎准确的方式理解自然。本章，我希望探讨自然地理学者为何坚持非人类世界具有真实性并且能够被人客观理解的信念，以及他们以何种方式遵循这样的信念。我着重关注的是自然地理学，因为这个 179
学科给自己加上了“实在论”（realist）的标签。我在这里使用“实在论”一词，包含以上所列的两种信仰，其一即所谓“本体实在论”，其二为所谓“认识论实在论”。[1]这与自然地理学把自身视为科学紧密相关。可以说，大部分自然地理学者都认为自己是科学家。正如克利福德（Clifford）充满信心地断言：“首要前提在于自然地理学是……一项科学活动。”（2001：387）实际上，自然地理学可能是地理学中仍然公开且自然而然地把其所开展的研究称为“科学”的唯一分支。由于这个词往往与追寻物质世界的真相和客观性相关，因此自然地理学会习惯性地规避斯雷梅克和斯宾塞为自然研究的社会建构主义方法戴上的明显反实在论的帽子。同时，大部分自然地理学者旨在生产认知型知识，并理所当然地认为关于事实的表述和关于价值（道德和美学）的表述应当被加以区分。实际上，自然地理学的自然主义恰恰是当代人文地理学去自然化趋势的对立面[环境地理学则是一个分裂的领域，因为其具有“分裂的忠诚”（divided loyalties）]。正如特纳所说：“自然地理学以科学自居，而人文地理学的大部分研究则致力于开展多种尝试来对这样求知的方式提出质疑，二者之间的鸿沟看上去越发张裂。”（2002：62）

下一节，我会讨论自然地理学者如何对他们所开展研究的特征进行界定，以及从广义上说，他们如何就其对非人类世界准确知识的探索进行辩护。随后，我会通过对“即便是关于自然的科学知识也是一种社会建构”这一观点的分析，质疑自然地理学的认识论实在论的所谓凭据。之后，我会针对自然地理学者如何就其生产的知识所受到的社会建构主义批评加以回击开展讨论。我会向读者表明，自然地理学中的重要辩论都是围绕着“生产的并非关于生物物理世界的准确知识（这种可能性在很多时候都被视为理所当然），而是关于这个世界的较为准确的知识”展开的。[2] 本章结尾，我会思考自然研究的建构主义方法和实在论方法的共存如何成为人文地理学和自然地理学日趋疏远的核心原因。在本章开始之前，我必须承认本章的讨论存在一个重要缺失。因为我把自然地理学视为一种实地科学（field science），这就不可避免地忽略了那些重要的但并非在实地开展的研究活动，如数值模拟、计算机建模。

## 二、环境现实：目标和依据

180 自然地理学者甚少正式思考到底是什么让他们的研究成为一种“科学”。当然，他们无疑会使用这一称呼来描述他们的研究。“科学”一词背负了太多意义。这个词语之所以具有力量，根本原因在于它与真实、客观和准确的理想具有独特的关联（参见框图 4.1）。正如艾伦·查尔默斯（Alan Chalmers）在他的著作《科学到底是什么？》（*What Is This Thing Called Science*?）中所说：“科学知识（被当成）经过证实的知识。”（Chalmers，1999：1）这就呼应了知名科学思想家卡尔·波普尔（Karl Popper）的观点：“科学是少数的甚至可能是唯一的人类活动，在这样的活动之中，错误会受到系统性的批评，并往往能够及时得到纠正。而在大部分人类付出努力的其他领域，改变时有发生，进步不会出现。”（Popper，1974：216-217）“科学”一词，其含义并不仅限于一套研究程序——任何希望成为科学家的人，只要想生产出关于特定现象的准确知识，都必须采用这样的程序。更为尖锐地说，科学还是一种“夸张的”武器。正如我在第二章中所解释的，地理学作为一个整体，自 20 世纪 50 年代起即把本学科自然而然地当作一门科学。这是对来自地理学科之外的压力的回应，也是促成地理学科内部知识改变的手段。尽管在地理学萌生之初，这个学科就使用“科学”一词自我表述，但自 20 世纪中叶起，“科学”一词有了更具实质性的含义。在后文中，我会针对实质性含义提供更多分析。此处，我只是提醒读者，“科学”这一称呼兼具政治和知识的目的（Castree，2004a）。就自然地理学而言，它不仅允许对先前占主导地位的研究方法展开批评 [ 比如，戴维斯关于地貌发育的思辨观点 ]，同时还让自然地理学者得以把他们的研究与物理学、化学和生物学等“具有声誉的”学科相提并论，从而提升其在地理学内部和外部的形象。

50 多年来，大部分自然地理学者都想当然地把自己视为科学家。他们所开展研究的科学地位也被视为理所当然的。这可能提示我们，自然地理学者肯定会针对其探索世界的模式的“科学性”开展主动且频繁的讨论。然而，事实上，这样的讨论罕有发生。在《自然地理学：本质与方法》（1986）以及《地貌学的科学性》（1996）这两部著作出版之前以及它们先后出版的间隔时段，自然地理学者甚少开展关于科学的正式讨论。自此之后，此类讨论更是少有听闻。

### 181 框图 4.1 科学和自然地理学

“自然”的定义并非只有一种。由科学史学家和哲学家提供的定义，倾向于积极的或者规范性的定义。积极观点的科学定义，参照了那些自称为“科学家”的人实际开展的研究。与之相对应，规范性的科学定义设定了一个模板，列明如果研究者希望成为科学家，那他们应当以何种方式对这个世界开展研究。简而言之，我们可以这样说：任何对科学（或者应当以何种方式开展科学研究）所下的完整定义，都应当提及三个方面，即一套公理化的信仰（“科学世界观”）、一种研究程序（“科学方法”）以及上述两者所生成的产品（“科学知识”）。在自然地理学中，如下所列是若干被视为公理的基本信仰（显而易见，不同研究者所持有的基本信仰有所不同）：非人类世界是真实的，其特征不应当被等同于任何加诸其上的人类认知或者实践（这一信仰有时被称为“唯物主义”）；非人类世界具有其内在的秩序，尽管非常复杂，但却能够被发现；尽管我们会从道德和审美的角度评价非人类世界，但科学首要关注的是认知的方面（如事实、解释、预测等）。普遍来看，众多自然地理学者乐意采纳罗伯特·默顿（Robert Merton）早在 1942 年就列明的“科学规范”中的第三条和第四条，即科学是价值中立的（不包含任何偏见），以及科学是有组织的怀疑主义（只认可能够被证明真实准确的关于世界的陈述）。基于这些广泛的共同假设，自然地理学者同样广泛坚持对事实开展探索的一种模式。他们认为，只要采用这种模式，就能够生产出准确捕捉到真相的知识。尽管并不存在自然地理学者通用的唯一的科学方法，舒姆（1991）

所言也很可能是正确的，即大部分从业者[①]共同遵循的若干通用研究步骤确实存在。本章“生产真实的环境知识”一节将对此加以
讨论。最后，正是因为严格遵照这些步骤开展研究，自然地理学 182
者才会对自己所生产的知识的真实无伪具有信心。正如舒姆所说：“方法与方法的使用者所具有的客观性同样强大。”（1991：26）

基本上，自然地理学者倾向于“做事”，而非对自己做事的方式进行哲理性思考。对他们来说，他们所开展研究的科学性在开展研究的过程中得到了准确展现。换言之，自然地理学者并未能提出开展研究应当遵循的理想的科学（Science）模型。尽管自然地理学者从科学哲学家和史学家处获得了启发，但他们并未机械地遵照关于如何开展“恰当的科学研究”的得到认可的准则。

其部分原因在于，众多上述准则都来自实验室科学（laboratory science），而大部分自然地理学者认为自己是实地科学家（Phillips，1999：482）。与实验科学家不同，实地科学家是在“真实”而非“人造”的情境中对非人类世界开展研究的。[3]实地科学通常是“综合性”学科，其目的在于综合推理。他们把来自其他科学的知识加以组合，并应用于对复杂且通常呈现为动态的环境的理解之中，而这些环境并不容易被实验控制。因此，自然地理学从物理学、化学、数学和生物学中获取知识，从而取得关于生物物理现实的理解。但是，依赖于其他学科获得知识和理解并不能让自然地理学成为一门纯粹的派生学科。自然地理学的独特性和独创性在于，它寻求理解其他自然科学相对独立地研究的现象如何在特定的时空背景中达成一致。正如肯·格利高里（Ken Gregory）在

① 指自然地理学领域的大部分从业者。——译者注

其给出的著名定义中所列："自然地理学关注的是地球表面及其外部圈层的特征以及对它们加以塑造的过程，强调的是空间差异……以及时间变化，这对于理解……地球环境而言必不可少。"（Gregory，2000：9）与地球科学和环境科学相同，自然地理学"关注的是诸多相互作用的部分所产生的现象"（Malanson，1999：747）。例如，一位研究砾石河床河流的河流地貌学家需要理解以下因素之间的关系：（i）水量、流速
183 和紊流；（ii）河床卵石的特征；（iii）水生动植物的自然特征；（iv）沉积物负荷；（v）河岸材料的侵蚀（以及其他）。因为河流是"开放的系统"，因此对以上关系开展研究的方式与实验科学家针对"封闭的系统"开展研究的方式有所不同。针对"封闭系统"开展研究，研究者可以把感兴趣的变量分离出来并使之保持恒定。总之，简单来讲，自然地理学在科学领域中的地位在于其生产出关于相互作用的准确知识。正是这样的相互作用让非人类世界在特定的时空尺度上具有了特定的性质。[4]

基于上述讨论，就自然知识而言，地理学显然是一门分裂的学科。正如第三章所提供的解释，研究自然的人文地理学者所关注的是被称为"自然"的事物如何被人所理解并导致实质性改变。尽管他们都声称自己关于所谓"自然"的知识是准确的（但受到其他人的怀疑），然而大部分人文地理学者都不会把自己采用的方法或者研究发现视为"科学的"。他们之所以放弃使用"科学"这一称呼，原因复杂，但其中包含这样一个事实，即当前的人文地理学从知识角度而言太过多样化，以至于无法使用"科学"的标签对其进行恰当的描述（Demeritt，1996：486-490）。与之相对照，自然地理学者感兴趣的是非人类世界本身，而非社会理解非人类世界的方式，或者导致非人类世界的特征发生改变的社会实践和力量。正如厄本和罗兹（Urban and Rhoads，2003：224）所列："自然地理学的领域在于生物物理世界。如果他们也把人纳入考

虑之中，则只会考虑（人类）活动的作用……而非隐藏在这些作用之后的动机。”自然地理学者认为自己的研究是科学的，其含义有二：第一，他们开展研究的对象是真实存在的非人类世界，其运转绝对或相对独立于社会之外；第二，他们的研究的确有可能如实呈现非人类世界。关于第一点，正如布鲁斯·罗兹（1999：765）引用的哲学家伊恩·哈金（Ian Hacking，1996：44）所说：“在最基本的层面上……自然地理学者……认同一种普遍的……观点，即‘存在一个能够开展科学探究的世界，存在一个能够加以科学描述的现实，（并且）存在一个对于所有科学探索者平等开放的真相的整体。”关于第二点，我们会发现，某些所谓“真理的对应理论”（correspondence theory of truth）涉入其中。在这种理论中，科学知识被视为生物物理世界的“镜子”。我们还可能注意到， 184
就我如上所列的两个方面来看，对于“自然”一词的三个主要含义而言（如第一章所列），自然地理学者是实在论者。他们不仅相信非人类世界的真实性，而且相信它具有能够被发现的本质特征。他们往往对内在力量感兴趣，如能量流，认为正是这些内在力量决定了生物物理世界中不同部分的结构和联系。

有人认为，这表明地理学内部关于自然的研究出现了令人欣喜的分工。按照这种观点，自然地理学者研究非人类世界的“真实自然本性”，而人文地理学者研究那些被我们称为“自然”的（人类和非人类）事物的不同社会表达以及加诸其上的行动。与此同时，环境地理学者根据具体情况，会对两个方面的研究都有所涉及。按照这种解释，地理学这一学科为我们提供了对于自然的真正全面的理解：从自然本身到社会加诸自然的话语和物质建构。[5]这种乐观的解释与我在前面提出的解释形成对照。我认为，地理学科关于自然的知识是分裂的，但这种关于地理学者如何瓜分自然研究的乐观态度过于简单。对于自然地理学者所声称的科学的和实在论的凭据，我们不必太过当真。为了与第一章中的观点保持一致，我建议把它们视为这个高风险游戏中的步骤。在这个游戏中，众多行动者和机构努力争夺，试图让各自生产的关于我们所谓之“自然”的事物的知识被社会中的重要人群接受（并对其施加作用）。尽管自然地理学者的确生产出了相对而言不具有偏见的关于非人类世界的可靠知识，但我本章所关注的是自然地理学者以何种方式以及出于何种原因声称他们做到了这一点。

按照这种思路，有必要思考为何当代自然地理学者希望他们的研究被视为既是科学的又是唯实的。活动 4.1 是为了让你思考，当自然地理学者以实事求是的口气告诉学生、其他研究学者和非学术群体，他们所生产的环境知识（或者致力于做到）真实可信时，这会带来何种风险。

185 **活动 4.1**

设想你是受聘于一所大学的全职自然地理学者。你主要的专业兴趣是滑坡。因为开展这种研究耗资甚巨，所以你的研究需要外部机构（如政府部门）提供资助。研究同样具有应用意义，因为很多人生活在潜在滑坡地区。为什么对你而言，强调或者至少不淡化你所开展的研究的科学性和唯实性如此重要?

对于活动 4.1 中问题的回答可如下：宣称能够生产关于真实环境现象（本案例中为滑坡）的准确（亦即科学的）解释，是一种取得信任的方式。比方说，这样可以得到资助机构和政策制定者的信任。如果研究者否认滑坡的真实存在，或者研究者本人被视为“不具有科学性的”研究者，那么，其所开展的研究就不可能得到资助，更别说取得人们的信任了。因为学术界以及非学术界的大部分人都是实在论者，所以声称对现实开展“科学的”探究成为一种主要手段，研究者可借此为他们的知识确立一种特权。正如吉伦（Gieryn，1983）所说，科学是一个规范性的术语，它允许那些适合的人开展“划界工作”（boundary work）。通过自称科学家，研究者就把自己与那些生产被认为“较弱”知识的人（也就是非科学家）明确地区分开来。正如德梅瑞特所言：“关于科学的辩论……正是关于何为真正知识的辩论，也是关于在对科学加以界定的种种努力之中应当聆听谁的声音的辩论。”（1996：485）或者，如同德雷克·格利高里所说的与此类似的话：“科学是一个含糊词……它被当作表达认可或者谴责的词大肆使用（和滥用），用以代表我们所忠于追求的知识体系。”（1994：79）

我并不想说自然地理学者是一群大阴谋家，或者纯粹出于自私的原因而使用“科学”这一标签的人！如果这样说的话，就太愤世嫉俗和有失公允了。我只是在问，他们的自我理解为何如此根深蒂固地执着于科学的和实证主义的观点。把信任和边界的事情搁置一旁，关于自然地理学者为何一直坚持认为他们开展的研究是科学的和实证主义的，另有因由可循（可以从最近的文献中获知端倪）。首先，我们生活的时代，无 186
论是政府还是公众，都对人为原因导致的非人类世界的改变充满焦虑。这就为自然地理学者提供了一个绝佳的机会，去迎合日趋增长的准确理解人为活动所导致的环境变化的需求。如果无法达成这种理解，我们无疑就面临着制定错误的环境政策或者无法及早识别出生物物理问题等风险（Graf，1992）。其次，暂且不提人类造成的改变以及应用研究，就自然环境本身的诸多方面而言，我们目前并未取得对它们的良好理解，如海洋—大气耦合关系的复杂性。最后，毋庸置疑，过于分析性的环境研究是“不切实际的”，因为它从知识方面切断了相互关联的环境现象之间的联系。在这样的情况下，自然地理学（把现象）加以综合化的雄心，对于准确理解非人类世界如何运行而言似乎是必要的。这也正是斯雷梅克和斯宾塞（以及其他学者）对地貌学、水文学、生物地理学和气候学的学科分支深感惋惜的原因。

总之，我们可以引证很多不错的理由，去相信关于生物物理世界的准确知识是为人们所期待的（并且能够获取）。对于那些能够对自然的和受到人为因素改变的环境的“真实本质”提供“专家”见解的研究者来说，政府和广大公众是充满期待的听众。当我们审视反实在论（或称“相对主义”或“因袭主义”）所受到的抵制时，这一切又进一步得到巩固。对那些自行归类为科学的学科而言，这种情况受到来自科学史学家和思想家最为激烈的驳斥。简而言之，相对主义者认为，关于自然的所有知识（包含科学知识）都是视情况而定且经过建构的，并非对现实的真实反映。因此，就我们称其为“自然”的事物，所谓的事实就被视为是相对于观察者或研究者的视角而言的，科学家也不免于此。下一节，我将就相对主义的一个流派进行讨论。此处，让我们先来看看对其表示强烈反对的若干观点。自然地理学者很少感到有必要提出反对观点（原因有待解释），但显然他们拥护他们所开展的研究是实证主义的这一说法。首先，可以反驳说，相对主义者不可能是正确的，因为生物物理事实终将与对其真实特征的错误表达发生矛盾。其次，即便有人认为科学知识在一定程度上是科学家思维定式（mindsets）的反映（参见下一节），情况也依然如此，即知识无法纯粹是自我指涉（purely self-refer-
187 ential）。相反，这些知识总是与自身之外的某事物相关，即那个独立的外在世界。如果情况并非如此，研究者就会没有任何可供研究的事物！因为世界难以被轻易改变，更不要说加以建构（比如，大多数人都同意我们无法“建构”尼罗河，而只能对其进行描述），所以我们可以认为，实在论者的知识绝非无依据的捏造。这些知识具有真实的所指对象，这就界定和限制了研究人员对那些所指对象加以表达的方式（关于科学中相对主义—实在论之争的明晰介绍，参见 Kirk，1999；Okasha，2002：ch.4）。

## 三、科学知识的社会建构

一般来说，研究程序让自然地理学者对他们所生产知识的唯实性具有了信心。在我开始讨论研究程序之前，我希望探讨一下这样的信心出错的可能性。我在前文中提到，自然地理学者几乎不会感到有必要严肃正式地对他们所使用的环境研究方法进行辩护。大多数情况下，他们理所当然地认为自然地理学是一门科学，只为自然地理学到底是哪种类型的科学留出了争辩的余地（大家会在后面两节中看到）。这非常奇怪，原因有二。首先，在过去的 20 年里，一个被称为“科学知识社会学”的研究领域出现了，其更为人所知的名称是“科学和技术研究”（STS）。这个研究领域对科学家研究发现的客观性提出了质疑。基于对不同学科不同研究机构中大量科学家的活动开展的研究[6]，科学知识社会学研究学者提出，即便是“科学知识，也是虚构而成的，和神话故事、儿歌一样”（Demeritt，1996：484）。科学知识社会学对于所谓“科学战争”而言极为重要，我在序言中也有所提及。在其批评者（Gross and Levitt，1994）眼中，它是“反科学”。其次，近年来，因为公共健康领域出现的一系列恐慌之事，如禽流感和疯牛病，科学知识的形象受到一些贬低。正如我在第一章中所列，科学家对这些人为风险的不知晓或不确定，动摇了公众对于科学家专业性的信心。有鉴于此，人们可能会期待自然地理学者为其开展的研究的科学性做出抗辩。然而，正如我所说，事实 188

上，这些自然地理学者鲜对“科学”进行争辩。为何如此？我想，原因完全与专业相关。从历史上看，正如理查德・乔利所做的妙趣横生的分析，当争辩变得过于哲学和抽象时，自然地理学者本能地拿起了他们的土壤取样器。除此之外，当代人文地理学出现的去自然化转变可能也被自然地理学者忽略了——只要并未指出自然地理学对自然的表达是被建构的。换句话说，因为沉浸于一个独特的学科语境中，自然地理学者很少感觉到有必要去解释他们是在以何种方式展开研究，以及为什么他们生产的知识是关于生物物理现实的如实描述。

近年来，情况发生了变化。在一系列重要文章中，伦敦国王学院的人文暨环境地理学者大卫・德梅瑞特把科学知识社会学的见解应用在自然地理学者所开展的研究上（Demeritt，1996；1998；2001c；2001d）。换言之，德梅瑞特把众多人文地理学者“自然怀疑”的态度延伸到自然地理学领域，而自然地理学的声誉却在于声称告诉人们自然是如何“真实运转”的。德梅瑞特之所以得以开展这项研究，原因在于他拥有地球科学背景（包括他在服务于加拿大环境部期间所积累的气候建模经验），这与大部分人文地理学者不同。德梅瑞特的研究令人信服，因为他对自然地理学者的研究实践所知甚细。也可以说，他关于科学知识建构性的观点并非建立在哲学层面上，而是通过了经验论证。因此，自然地理学者难以忽视他的观点，正如施耐德（Schneider，2001）针对德梅瑞特（关于全球变暖的科学知识是如何被建构的）的一篇论文所做出的简洁回应。我之所以提及德梅瑞特所掌握的自然科学的专门知识以及他对于科学实践的关注，是因为在他之前，若干针对自然地理学者使用的科学方法提出的批评都被忽略了。例如，吉利恩・罗斯在1993年援引了女性主义科学史学家的研究，认为自然地理学者的知识具有“大男子主义”的内在特征。但是，因为她的观点是理论推想，缺少准确性，所以无法让自然地理学者们相信她的观点可能是重要的。

在此，我无法对德梅瑞特观点的充分性做出判定。因此，我只能为读者打开一扇窗户，先对科学知识社会学的主要论点加以归纳，随后展示德梅瑞特如何把科学知识社会学应用到环境研究的某一方面。科学知 189
识社会学起源于大卫·布鲁尔（David Bloor）、哈利·科林斯（Harry Collins）、巴利·巴尼斯（Barry Barnes）、布鲁诺·拉图尔（Bruno Latou）以及史蒂夫·伍尔加（Steve Woolgar）20 世纪 70 年代的开创性工作。以上五位哲学家、社会学家和历史学家的研究兴趣都在于科学知识如何产生并合法化。科学知识社会学研究者坚持“对称性原则”。也就是说，他们认为，应针对那些被视为正确的科学信念，采用与那些被认为是错误的观点同样的、社会建构主义的方式开展分析（参见图 4-1）。这些研究者认为，如果我们希望理解科学家发现的关于自然的真相，就需要去审视科学群体本身，而非自然世界。科学知识社会学研究者认为，科学事实不会“不言自明”，而是由科学家为其代言并进行操纵的。这并不是说，科学家刻意欺骗众人，或者故意编造错误的结果。相反，科学知识社会学研究者认为，这是科学实践中无意识的、默契的和被视为理所当然的要素所导致的。例如，数据采集和分析的惯常方式，会不可避免地生产出被建构的而非真实的知识。实际上，科林斯（1985）认为，科学家无法真正知晓他们对于世界的理解到底是正确还是错误。例如，当科学家内部出现分歧时，并不能明确到底是用来研究现实的方法出现了问题，还是因为采集到的数据可能是准确的，但却与主流的（但却错误的）科学信仰发生了抵触。[关于科学知识社会学、科学和技术研究，汉斯（Hess，1997）和西斯蒙多（Sismondo，2003）分别撰写了很好的文章。]

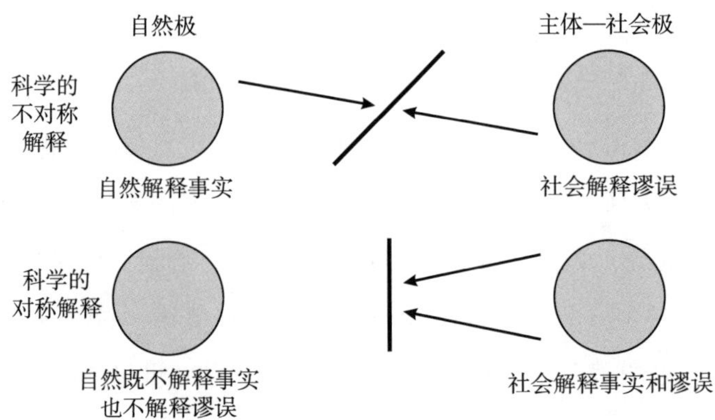


图 4-1 对科学知识的准确性和错误性进行解释的两种途径[①]

190 通过援引科学知识社会学的观点，德梅瑞特在一篇文章中进行了自我批评。他对自己就美国东北地区平流层火山气溶胶的气候影响所开展的“科学研究”进行了反思。这项研究是在他阅读科学知识社会学文献之前，于 20 世纪 90 年代初期开展的。在这项研究中，德梅瑞特致力于寻找 19—20 世纪火山喷发与新英格兰州的气候变化之间可能存在的因果联系。作为研究的一部分，他使用了抄录自多个气象站的长期气温数据，并尽可能搜寻带有“噪声”的火山信号。尽管这样的相关性研究看上去很合理，似乎可以认为气温数据是对随着时间的流逝而发生的真实气温变化的可靠记录。但是，按照德梅瑞特所言，这一点其实无法得到证明。在数十年甚至上百年的时间里，这些温度数据是在何处、何时被读取的，数据读取的方式是否仔细认真等，都未可知。德梅瑞特当时只是简单地假定气温数据是可靠的。实际上，这些数据是一个“黑箱”，其真实性无法得到验证。即便德梅瑞特能够确信两百年前的温度数据严谨规范，但是，他问我们，何种程度的严格才算合乎要求呢？每天每个气象站提供 10 个气温读数是否足够？要对美国东北沿海地区的气候条

① 改编自 Latour（1993）。

件进行真实的描述需要多少个气象站？德梅瑞特认为，这些问题的答案并不是由自然环境决定的。它们是经由选择和判断而确定的。这样一来，问题就出现了。如果德梅瑞特所使用的温度数据是我们所拥有的“真实气温”的唯一直接证据，那我们就永远无法获知数据到底是反映了现实，抑或与现实相悖。因为时间无法倒流，我们无法对数据加以检验，所以，我们不得不按照它们表面的样子接受这些数据，把它们当作对从前气候的反映。

德梅瑞特在其研究中所持有的关于数据品质与数量的先入为主的看法，对于自然地理学（以及实际上所有研究领域）而言可以引出更为广泛的问题。自然地理学者惯常使用其他研究者和机构所创建的数据集，并相信这些数据集具有相当高的真实价值。同样，这些地理学者也生成自己的原始数据。按照德梅瑞特的分析，人们可以质疑，当针对某一特定环境现象收集数据时，这些地理学者如何知晓这些数据的品质与数量是否“符合要求”呢？概括地说，科学知识社会学的观点会引导我们对自然地理学者开展的每项研究及其各个阶段加以审视。从所使用的理论和假说到所应用的设备，再到所采用的数据分析方法，这些都被包括在
内。需要强调的是，德梅瑞特并不认为他在分析科学知识时所采用的建 191
构主义方法是反科学的。相反，他的目的在于让自然地理学者以及其他地球科学家参与到关于其所生产知识的地位的更为坦诚的讨论中来。自然地理学者是否会正式参与对科学知识社会学主张的抗辩？我们可以拭目以待。但是，德梅瑞特的研究已经开启了可能之门。此外，正如我们将在“理解生物物理事实”一节的结尾所看到的，少量自然地理学者已经有了与德梅瑞特相似的思路，即便他们并未对科学知识社会学有任何参考。

# 四、生产真实的环境知识

自然地理学者较少反省自己所生产的环境知识真正的或者潜在的准确性，他们更关注与方法相关的问题，从而充实所开展的研究中科学性的部分。正如河流地貌学家基思·理查兹（Keith Richards）所说："科学作为一项活动或者实体，似乎并非由它是什么而决定，而是由如何开展所界定。"（Richards，2003a：25）几乎所有自然地理学者都认为，非人类世界在本体论的意义上是真实的，并且非人类世界中的绝大部分都具有与人类世界本体论意义上的不同。同样，几乎所有自然地理学者都认为，非人类世界能够以相对而言不偏不倚的方式被人知晓。这也正好可以解释，为何在自然地理学中关于科学的讨论通常都是围绕着方法展开的。正如舒姆（1991：2）所观察到的："大部分科学家认为，正是其开展研究时使用的方法，让科学迥然有别于人类其他的努力。"

## （一）自然地理学中的科学方法

我所使用的"方法"一词具有最为广泛的含义，指的是在对生物物理世界开展研究时遵循的一系列步骤。也就是说，"方法是按照固定的计划做任一事情的方式"（Haines-Young and Petch，1986：10）。换言之，我对此所产生的顾虑，并非在于数据收集或者分析（如土壤角点或者碳年代测定）中某一特定的定性和定量方法。罗伯特·默顿（1942）有一个著名的说法，即"科学的普适性"。按照他的观点，这基于所有经过适当训练的人都能够遵照这些步骤开展研究的事实，与性别、肤色
192 或阶层等没有关联。那么，这些步骤是什么呢？

## 活动 4.2

延续活动 4.1，设想你希望确定世界某一地区出现滑坡的原因（之前甚少对此地开展滑坡研究）。为了开展分析，你觉得应当采取哪些主要步骤?

你的答案可能会包含以下所列的全部或者一部分。首先，研究的起点是一个尚未得到解释的环境现象。如同伯德（Bird）所言："科学方法始自某种类型的问题。我们也可以这样说，问题导向是科学探究之本质。"（1989：2）这种对问题的关注通常呈现的形式是提出"为什么"或者"以何种方式"等有待回答的问题。在这个案例中，问题是"滑坡为什么会发生"。[7] 其次，对于所研究滑坡的初步观察能够产生若干观点，可能会对为何发生滑坡提供解释。当然，这些想法并非仅仅经由观察产生。相反，初步观察已经为研究人员掌握了滑坡相关研究文献这一事实所束缚。因此，他们已经熟知基于世界上其他地点开展的研究所提出的有关滑坡的主要解释。在分析到底何种原因导致了其所研究的滑坡时，他们可能会引用这些知识。因此，研究者将以模型或者理论（以及自然地理学的诸多研究方面以定律）的形式提出一种可能的解释。就其基本含义而言，模型是对现实的简单化表达，旨在描述重要的因果变量或者发生作用的相互关系（或者"噪声中的信号"）。理论则更为复杂和详细，试图对现实提供理性解释，包含一系列相互一致、符合逻辑的陈述，从而对研究的现象进行解释。同样，定律表述了两个或者多个变量之间的恒定关系（确定性关系或者或然性关系），这在自然之中几乎是普适的。[8] 运用模型、理论或者定律，研究者就可能推导出某些可被经验检验的假说。[9] 在这个案例中，假说可能是对某些可能因素的陈述，如坡度、土 193

壤含水量、土壤孔隙度以及诸如此类，同时还包括对这些因素之间关系的陈述。随后，通过对滑坡（以及即将发生的滑坡，也就是未来斜坡上的土壤和植被可能出现滑落）的分类、测定和进一步观察，这些假说将得到经验审视。这可能会涉及开展控制性的实地实验，进行计算机模拟，甚至可能会开展若干实验室实验（比如，用水浸泡地形的成比例模型并观察结果），然后按照这些假说对数据进行分析。这种分析可能导致对所提出的全部或者部分假说加以确认、补充或驳斥。如有必要，还可能对新的或者经过修改的假说开展进一步检验，以期获得适用于所研究滑坡的稳健可靠的理论或模型（参见图 4-2）。

当然，这是一种理想化的典型解释。在实际情况中，大部分自然地理学研究并未遵循这种严谨规范的程序逐步开展。特威来（Twidale）的坦白无疑仍然是正确的："所谓'方法'，实际上是无计划的、直觉的甚至偶然的……当科学家试图记录导致有所发现的一系列事件时，他们所描述的是他们认为应当去做的，而非事情的真正样貌。"（1983：55）这可能正好解释了为何舒姆（1991）选择讨论相对宽泛的"科学的途径"（scientific approach）而非严格的方法（罗兹 1999 年则列明了至少七种自然地理学中的"获知的方式"）。即便如此，前文所呈示的研究程序也算是大致接近大多数情况下自然地理学者开展研究的实际。我对这一程序进行描述的方式，隐藏了若干已经被赋予单独标签的方法论问题和原则，但是，这些实际上在任何一位自然地理学家所开展的研究实践中都是经过混合与匹配的。这些问题和原则有必要被简要提及，因为在自然地理学者眼中，它们与科学方法如何生产出关于生物物理世界更为真实准确的知识相关联。我不得不再次加以简化和泛化，以便梳理出众多自然地理学者如何开展研究的若干核心维度。

 194

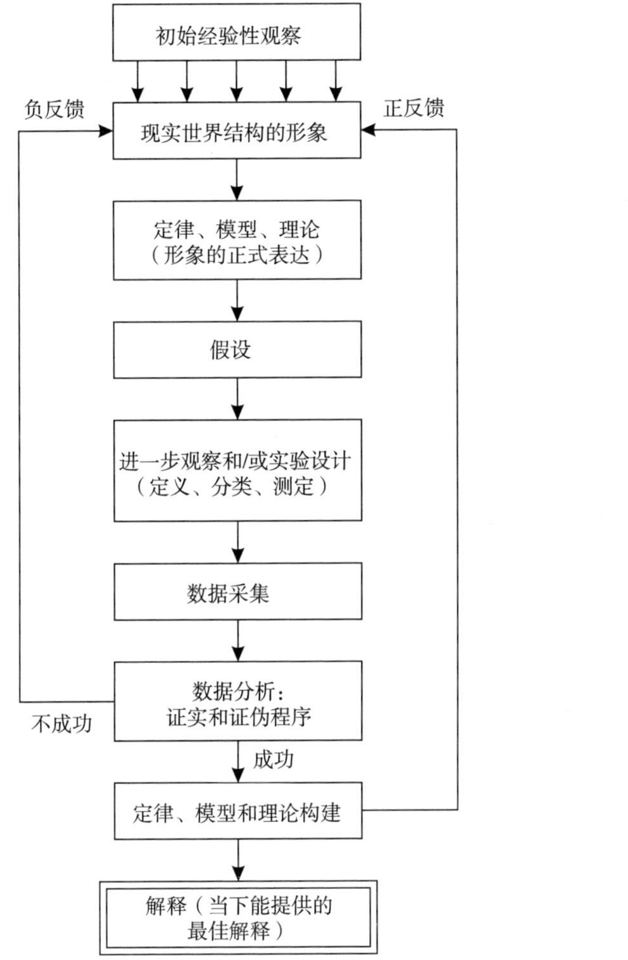


图 4-2　对现实开展研究：一种科学的程序[①]

## （二）科学方法的问题和原则

我主要对自然地理学者所采用方法的六个问题和原则加以讨论。其 195
一，归纳是自然地理学者研究实践中不可或缺的一部分，但无疑不能成

① 改编自 Harvey（1969）。

为自然地理研究的唯一基础。从字面意义上看，归纳指的是：(i)通过纯粹的、无任何预设的观察过程所形成的对真实世界的印象；(ii)在对相同现象开展一系列特定观察的基础之上，对这种现象加以泛化和概括。因此，归纳法的思想在于，只要通过客观观察允许一系列事实“不言而喻”，就可以对其加以概括（推论）。尽管自然地理学者在开始任何分析时都会对生物物理世界展开初步观察，但这绝不可能是一个清晰明确的过程，当然也得不到关于所观察的是什么以及如何对所观察现象加以解释的明确结果。相反，正如波普尔数十年前所指出的，在任一研究项目开始之时，科学家就已经确定了哪些类型的现象值得观察；关于这些现象产生的原因，他们也已经在原有研究的基础上形成了观点。物理学家沃纳·海森堡（Werner Heisenberg）的表述如下：“我们所观察到的并非自然本身，而是暴露于我们的提问方法中的自然。”（Heisenberg，1958：12）在这个意义上，针对物理环境的任何初始观察，都被视为是为理论所渗透的（即便不一定是由理论确定的）。此外，从有限的观察中进行概括，总是被视为不安全的，因为未来的观察可能会颠覆人们之前做出的概括。

其二，在自然地理学中，科学方法经常会涉及演绎。例如，伯特（Burt）认为：“当前，自然地理学完全被视为一种演绎科学。”（2003a：59）演绎指的是从已知的定律、理论或者模型推理中得到可能能用这些定律、理论或者模型加以解释的未知的或者未做研究的现象。研究人员以既有的“经验事实”（通过先前的观察产生）、既有的“逻辑事实”（比如，由数学家和统计学家列出的事实）以及关于所研究案例的事实信息（“初始条件”，参见框图 4.2）为基础，推导出哪些事情已经、应当或者将会发生。[10] 即便如此，马歇尔（Marshall，1985）的观点也是正确的。

他认为，显而易见，所有实证研究（自然地理学之内以及之外）都是归纳性的，因为其所依赖的数据在未来研究中可能会被证明与事实相悖。 196

其三，当自然地理学者通过归纳与演绎相结合的方式，为了针对他们在景观中所做的观察提出一个合理的观点时，当前公认的是，多重有效假说（multiple working hypotheses）比单一裁断性假设（single ruling hypothesis）更为可取（Chamberlin，1965）。其原因在于，对于多种假说的检验，使得识别出关于被研究事物的正确观点的机会得以最大化，同时还会加快科学发现的速度（参见图 4-3、图 4-4）。巴塔比等人（Battarbee et al.，1985）的论文，正是在一个研究项目中运用多重有效假说的经典示例。

### 框图 4.2　科学解释的演绎—律则模式

被用来解释世界的演绎—律则（或者“覆盖律”）方法是由所谓的维也纳学派在 20 世纪二三十年代首次确定的。这个学派的哲学家和数学家认为，科学可以与非科学划清界限，因为科学所应对的只有两种类型的真理，分别是经验真理（也就是通过无偏观察确定的事实）和逻辑真理（如 1+1=2）。卡尔·波普尔随后提出，前者的达成最好是通过证伪而非证实的方式。这两种类型的事实都可以用科学模型、理论和定律加以表达。按照维也纳学派的认识，它们应当具有绝对或者相对的普遍性，甚至能覆盖目前尚未观察到的现象，只要这些现象与作为既有模型、理论和定律的基础的那些已经被观察到的现象相同。这也就意味着，实践科学家（如滑坡研究者）可以在新的经验背景中使用这些模型、理论和定律，而不需要在每次开展研究的时候都会创建新的。换言之，推定科学知识具有相对或者绝对的普遍性，“使得（科学家）……能够把他们关于个别已知事件的知识……加以联系，并对尚且未知的事件做出可靠的预测”（Braithwaite，1953：1）。正如两位自然地理学者结合其研究领域对此所做的表述：“关于莱茵河输沙量发生变化的原因，人们并没有多少兴趣去了解；但是，如果关于莱茵河泥
197 沙输送的知识能够帮助我们理解适用于埃克斯河、莱茵河以及亚马孙河的输沙量的统一原则，情况就会大不相同。”（Favis-Mortlock and de Boer，2004：164）演绎—律则解释会采取以下形式：

L1, L2……Ln （定律、理论和模型）

T1, T2……Tn

M1, M2……Mn

\+

C1, C2……Cn （初始条件）

E （过去、现在或者未来的事件）

此处，通过一系列得到充分论证的定律、理论和模型，结合拟开展解释或者预测的地点盛行的与本地情况相关的事实性信息，必然能对一组经验事件进行描述、解释以及/或者预测。例如，如果水文学家掌握了关于土壤孔隙度和水流通过的一系列普遍规律，同时还获取了当地土壤类型和前期含水量的相关信息，那他就能够解释并预测为什么以及是否在特定暴雨期间发生了坡面流而不是潜流。在自然地理学中，由于生物物理世界具有开放系统的本质，所以演绎—律则解释往往会采取可能性而非严格确定性的形

式。此外，在实践中，演绎推理与演绎和溯因推理紧密相连（关于后者的讨论，参见框图 4.5）。

演绎—律则解释方式往往等同于科学的实证主义观点。自然地理学通常被视为实证主义（按照一些人的观点，人文地理学曾经也算实证主义）。但是依我之见，这一标签的滥用实在毫无意义。多年以来，该词在文献中泛滥，它的含义早已模糊不清。

198

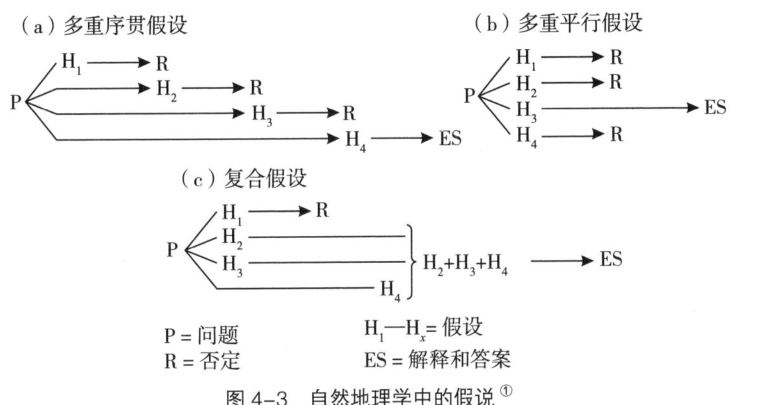


图 4-3　自然地理学中的假说[①]

其四，因为波普尔众所周知的批判理性主义方法，众多自然地理学者纷纷认同，对于假说的检验而言，验证是一个逻辑不充分的基础。验证指的是识别出与特定假说相符合的证据。波普尔指出，这是一种存在逻辑缺陷的检验方法：即便有 10000 次观察与任一给定的假说相符合，但是第 10001 次观察仍有可能对假说证伪。因此，波普尔赞成把证伪作为检验程序，意即研究者应当积极寻找证据证明假说的错误。在自然地理学中，海恩斯·杨和佩奇（Haines-Young and Petch，1986）以及理查兹（Richards，2003a）大力倡导批判理性主义，理由为这是一

① 改编自 Schumm（1991）。

种辨别正确和错误假说（以及理论、模型和定律）的严谨有效的方法。

其五，大部分自然地理学者都对他们所生产的知识的真理价值非常慎重。人文地理学者通常认为他们没有思想，即自然地理的同仁都是简单的认识论实在论者，相信自己所生产的知识的正确性（True），并加了一个大写的“T”来表示强调。

199

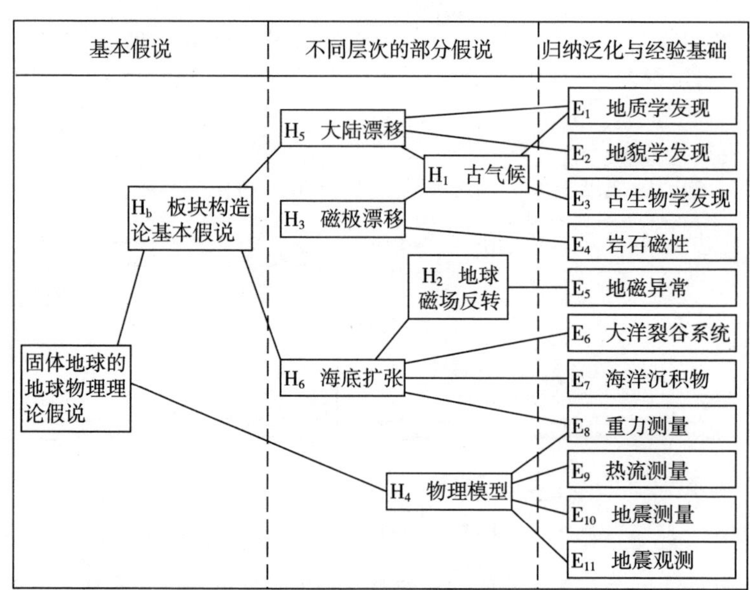


图 4-4 以板块构造为例的科学假说检验①

然而，这样说完全不公平。实际上，大部分自然地理学者都认为，其所生产的知识是有条件的，并非绝对正确。他们生产出来的知识是目前可供获得的关于生物物理世界如何运行的最佳表达。这一点与众所周知的科学是“有组织的怀疑”的观点相一致：一个始终如一的程序，用以对物质世界的既有知识加以检验、补充和提升。

其六，如果认为所有自然地理学者都坚持“相仿的”或者“对应的”

① 基本假设被转换成为可供实证检验的假设，随后对照各种各样的证据加以评价。援引自 von Engelhardt，Zimmerman and Fischer（1988）。

知识观，那就错了。正如我在前文中所说，这种看法认为，科学知识如同一面镜子一样对现实加以反映。因此，它回避了知识是对感知数据进行压缩和筛选的过滤器，这使我们永远不能知晓事实“本来的面貌”（我在第一章中已深入讨论了这一观点）。但是，一些自然地理学者对他们研究生产的知识持有连贯性和功利性（或者工具性）的观点。前一种观点是，如果与既有知识体系保持一致，同时看起来能够经受经验检验，那么关于现实的知识就可能是正确的。后一种观点是，如果关于物质环 200
境的知识是切实有用的（比如，滑坡的一种理论或者模型能够成功预测出未来滑坡将在何时发生），那这就是其价值的主要标准。

以上讨论并不能以任何方式对大量的方法论问题和自然地理学研究文化中“渗入”的繁文缛节做出公平的判定 [Haines-Young and Petch，1986；Inkpen，2004（chs 2-5）；Richards，2003a]。但是，我想我的主要观点是正确的，即大部分自然地理学者并未就物理环境是否可知提出追问，他们所探寻的，在于如何以最佳方式捕获其真实本质。正如瑞普尔（Raper）和利文斯敦所说：“自然地理学者……认为在关于外部世界的实在论框架之内，表达能够让真实实体和心理概念相连。”（Raper and Livingstone，2001：237）一个事实可作为证明，即保罗·费耶拉本德（Paul Feyerabend）的观点对自然地理学者影响甚微。费耶拉本德是一位直言不讳的科学史学家，致力于揭开自然科学中的“方法迷思”。在相当前卫的著作《反对方法》（*Against Method*，1975）中，他指出科学方法的繁文缛节一直为从业的科学家所藐视。按照费耶拉本德的观点，科学家是方法多元论者，并未遵照某一种研究程序开展工作，即便他们声称努力做到了这一点。正如海恩斯·杨和佩奇所做的归纳：“（对于费耶拉本德而言）在任何情况下都无可辩驳的唯一的方法论原则在于……在科学之中，怎么都成（anything goes）。”（1986：99）简而言之，费耶拉本德把“方法迷思”视为一种策略，用以说服社会相信科学知识能够为世界如何运转提供独特客观的见解。正如同自然地理学者忽略了科学知识社会学提出的质疑，大部分自然地理学者对于费耶拉本德的异议也置若罔闻（Haines-Young and Petch，1986：ch. 6）。[11] 这样就不难理解，为什么费耶拉本德对“科学是有关事实的而非幻想的，是有关真相的而非谎言的”这一观点提出了质疑。也就是说，众多（如果并非所有）自然地理学者都承认，他们的研究并非仅仅遵循所收集到的证据开展的冷静且不偏不倚的实践。框图 4.3 提供了不错的例子。

201 **框图 4.3　自然地理学中的知识之争**

如同知识探索的任何其他领域，自然地理学的特征在于研究者会针对研究过程和结果的所有方面提出争论。最为激烈的争辩包括与证据的质量和显著性相关的若干争论：关于生物物理世界，一组特定的证据能告诉我们什么？如果自然地理学者是机器人，而非他们现在的样子（意即会思考和有感觉的人），那么可以设想关于证据的争辩能够得到快速且“理性的”解决。然而，现实要复杂许多。萨格登（Sugden，1996）提供了一个绝佳的例子。20 世纪 90 年代中期，关于南极东部冰盖的历史有两种水火不容的描述方式，自然地理学者和地质学者均涉入其中。一个学派（动态学派）认为，大部分冰盖是在上新世晚期消失的。另一个学派（静态学派）认为，冰盖非常稳定，即便是在气温自然升高的时期仍然如此。两个学派都提供了支持各自的说法的证据。显然，判定二者之中哪个是正确的，其意义绝非只限于学术重要性。无论如何，如果我们当前正在经历“全球变暖”，那么知晓“动态主义者”是否正确是非常重要的。（如果这种观点正确）鉴于南极所储存的水量，海平面明显升高（以及其他情况）将成为未来可能遍及全球的情形。萨格登研究了动态学派阵营中的学者如何“应对”静态学派提出的证据，前者在 20 世纪 80 年代占据主导地位。这些证据不仅范围广泛，甚至对动态学派观点的主要事实基础提出了质疑，即从横贯南极山脉的 33 个高海拔地点提取到的所谓“天狼星组”（Sirius Group）沉积物。对天狼星组沙土和砾石开展的硅藻分析表明，温带森林在上新世晚期存在，与现今巴塔哥尼亚的情况近似。为了驳倒这一证据，静态学派在 1994 年出示了新的证据，表明硅藻并非南极洲的本土生物，而是经过大气输送被带至南极洲的。萨格登向人们展示出，动态学派的学者在面对这一棘手的 202
新证据时，如何采用多种策略来“保卫”自己的观点。策略之一是，挑起人们对于静态学派所提供证据的可信度的怀疑。例如，一项证据与火山灰有关，很显然其在整个上新世相对未受干扰，这引发了人们对于动态学派提出的该区域重大环境改变的观点的怀疑。作为回应，萨格登（1996：499）报道了两位动态学派学者到处寻找理由来对明显无可辩驳的证据提出质疑。他们指出，火山灰可能覆盖在沙土之上，并在融冰期发生了移动。总之，萨格登表明，自然地理学中的知识争论并不能通过求助于“事实”而彻底解决。相反，根深蒂固的观点往往被证明难以撼动，因为研究者在这些观点形成的过程中投入了时间、金钱以及他们自己的声誉。

## 五、理解生物物理事实：若干重要争辩

尽管大部分自然地理学者对于自己研究程序的严谨性抱有信心，但这并不能表示他们具有同样的认识论与本体论的信仰。即便他们都认为存在一个“独立于人类心智之外的生物物理现实”（Phillips，1999：7），但这并不等同于他们就如何知晓世界以及世界是何种结构达成了一致。所有研究者，包括自然地理学者以及其他研究者，都具有认识论与本体论的信仰（实际上所有人都具有这样的信仰，参见框图 4.4）。这样的信仰构成前一节所讨论的研究步骤的语境。如果你愿意，也可以说它们是研究者的“基石假设”。本体论信仰指的是关于何为真实（或者何为切实存在）的普遍信仰。认识论信仰指的是关于我们作为人类应当如何去知晓现实的普遍信仰。尽管之前我并未使用过这个词，但我已经解释了大部分自然地理学者从本体论而言都是唯物主义者。也就是说，他们相信物质世界的存在（或者现实，对应着“真实”一词）。这个物质世界独立于或者至少不能够被简单等同于任何关于世界的人类感知或者加诸其上的人类行动。但是，我们将在后文中看到，并非所有的唯物本体论都是相同的。

203 **框图 4.4　本体论与认识论**

不管我们是否知晓，我们每个人都具有本体论和认识论的信仰。尽管普通人甚少对这些信仰进行反思，但专业研究者即便不经常，也会定期对其加以思考。弄清楚研究者的本体论和认识论的信仰是有必要的，这样就可以对他们加以细察甚至提出质疑。本体论信仰明确了何为真实（或者何为切实存在），认识论信仰则列明了我们如何知晓现实。广义而言，那些相信有一个独立于人

的感知与认知的现实世界的人是本体唯物主义者（或者本体实在论者）。相反，那些相信人类的思想决定了对于我们而言何为真实的人是本体唯心主义者，如话语建构主义者（参见第三章）。同样，我们可以对本体原子论者和本体整体论者进行区分。前者相信现实是由相互作用的不同部分组成的，后者则认为各个部分的运转有赖于它们在这个完整的系统之中彼此之间的关系。事实上，唯物主义、唯心主义、原子论和整体论都有若干派别。例如，尽管某些唯物主义者相信，非人类世界的行为具有内在的秩序，但另外一些唯物主义者却相信非人类世界是不稳定和混乱的。从认识论上看，那些相信“眼见为实”的人是经验主义者。相反，那些相信眼睛无法看到大部分事实（比如，重力或者决定男人和女人如何交往的社会规范）的人是非经验主义者。本体论和认识论信仰成为一切研究的基础。例如，如果某人是本体整体论者，这将对他在研究中如何对观察到的现象进行分类产生深刻影响。因为人们无法轻易“在连接之处把生物物理世界切断”（像原子论者认为应当做到的那样），所以决定使用何种概念框架的认识论行动就变得很重要。被使用的概念框架，有可能对从本体论上而言“具有内在联系的”现象进行错误切割。

从认识论上看，自然地理学者是一个多样的群体。对于众多人文地 204
理学者而言，那些刻板的脚穿惠灵顿靴子的自然地理学者是经验主义者。也就是说，他们相信我们能够真正知晓的，只有那些我们亲眼见到的（无论是直接看到，还是借助于照片、显微镜、记录设备等看到）。然而我们马上就会发现，这种刻板印象可能相当不靠谱。

读者可能心存疑问：为何我在本章的这部分涉入哲学的领域？我不

准备继续讨论自然地理学者感兴趣的“真实环境”了吗？对于后一个问题，我的答案是否定的。对于前一个问题，我的回答则包含两个方面。首先，自然地理学者中的认识论和本体论之争，揭示了他们在如何理解非人类世界的“真实本质”方面存在的重要差异。这些差异并非否认“外在的”真实物理世界的存在，而是在应当如何获知这个世界及其如何构成上存在颇多分歧。其次，这些争辩与“生产真实的环境知识”一节所讨论的方法论问题直接相关。换句话说，这些争论向我们表明，就自然地理学者而言，对于物质环境的“恰当”理解并非仅关乎方法，同样关乎引导方法在实际中使用的更为广泛的假设。以下所列并不全面，但却能够让我们窥见自然地理学中少数强硬的研究者关于生物物理环境展开的复杂争辩之一斑。其中，以自然地理学的最大分支地貌学的学者最为典型。

### （一）本体论问题

有四个本体论相关的争辩值得一提，它们切中了自然地理学者如何理解生物物理世界“本质”的核心。尽管这些辩论与思考世界所使用的最恰当（也就是现实的）方法相关，但为了与本书的基调保持一致，我建议把它们都看作关于这个生物物理世界的相互竞争的想象。在呈现这些争辩之前，我要先指明一个事实推论，即自然地理学在很大程度上是一门实地科学，而非实验室科学。自然地理学必须应对多尺度的研究对象，包括最为细微的时空尺度和最为宏大的时空尺度（参见图 4-5）。尽管在 20 世纪五六十年代“空间科学”革命发生之后，自然地理学者收缩了他们的研究重点，但是近期出现了针对大尺度现象开展研究的回归，如厄尔尼诺现象和全球变暖问题（Spedding，2003）。

205

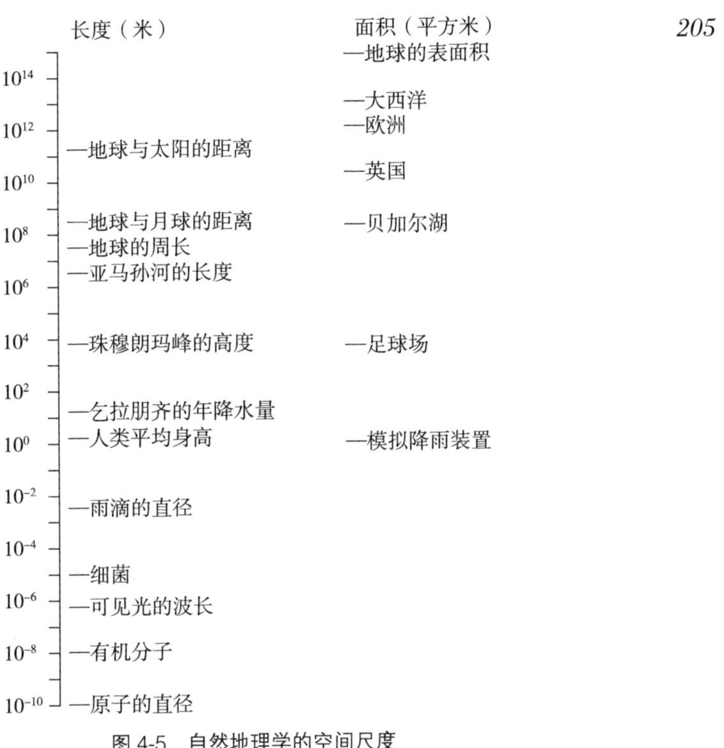


图 4-5　自然地理学的空间尺度

二者之间的领域（中尺度研究，有时被称为“区域自然地理学”）依然少有人耕耘。因此，在当前针对环境过程及其影响所开展的深入的微观尺度研究与针对环境变化所开展的宏观尺度研究之间，自然地理学开始开枝散叶。

首先，关于生物物理世界在何处分层存在争论。在这一语境下，“分层”一词指的是非人类世界的一种本体论“分层”。如果这一世界是分层的，那就意味着在某一时空尺度上被认为是正确的，在更高或者更
低的层次上可能不正确。生物物理现实中的每一层，都由较小尺度存 206
在的实体构成，然而却并不能够把两者简单等同。舒姆（Schumm）和利克蒂（Lichty）所撰写的经典论文暗示分层是自然地理学者研究世界的重要部分（Schumm and Lichty，1965）。他们认为，自变量解释变

量和因变量解释变量会按照研究的时空尺度的不同而发生改变 [ 参见表 4.1（a）、4.1（b）]。40 年过去了，自然地理学者仍然不能够确定，在某一尺度上开展的分析在多大程度上适用于其他尺度。众多针对环境过程开展小尺度研究的学者尽力把他们的发现进行尺度放大。但是，正如斯蒂芬・哈里森（Stephan Harrison）所说，这其中暗含着还原论者的本体论观点（Harrison，2001）。也就是说，他们认为“所探究对象的真正本质，可以在微观的基本尺度上被看到”（2001：330）。用另外一位评论者的话来表述，就是“还原论研究……已经成为大量科学研究的操作方法，（并且）通常在极为详细的空间和时间尺度上开展。还原论用于细致研究小型系统，以汇集关于更为广泛的系统的信息”（Barrett，1999：709）。作为对这种方法的反驳，我们可以指出较大尺度的环境现象具有所谓的“涌现性”（emergent properties），这是无法从较小尺度现象所具有的特征中“读取”的。例如，如果想获知为何山脉要历经长时间才得以形成，有必要去理解山脉中所有岩石类型的分子特性吗？有人可能会回答“不需要”。分层和还原论之争尚在持续，仍未解决。正如萨金等人（Sudgen et al.，1997：193）的断言，这是“必须被打开的坚果”（Burt，2003b）。

其次，关于自然地理学者是否对所谓“自然种类”开展研究，也出现了争论。自然种类指的是现实世界中具有以下两种性质的任何部分。第一，它与其他部分具有本体论的差异和不同（尽管实际上它可能会与其他部分存在关联）。第二，无论所处特定环境如何，它都保持了自身的物理恒定性。因此，如果能够表明一块花岗岩与其他类型的岩石不同（质的不同），并且无论在碎石坡还是在海底发现的都是花岗岩，那它就可能被视为一个自然种类。人们通常认为，“硬科学”（如物理学）研究的是自然种类，意即生物物理世界的基础“构成单元”。但是，像自然地理学这样的实地科学是否同样在研究自然种类？活动 4.3 邀请你为这一具有挑战性的问题提供答案。

表 4.1（a）　在递减的时间跨度内河流变量的状态[①] 207

| 河流变量 | 在特定时间跨度内的变量状态 | | |
|---|---|---|---|
| | 地质年代 | 现代 | 当今 |
| 1　时间 | 自变量 | 不相关 | 不相关 |
| 2　地质 | 自变量 | 自变量 | 自变量 |
| 3　气候 | 自变量 | 自变量 | 自变量 |
| 4　植被（类型和密度） | 因变量 | 自变量 | 自变量 |
| 5　地势 | 因变量 | 自变量 | 自变量 |
| 6　古水文学（长期来水来沙量） | 因变量 | 自变量 | 自变量 |
| 7　河谷尺寸（宽度、深度、坡度） | 因变量 | 自变量 | 自变量 |
| 8　平均来水来沙量 | 自变量 | 自变量 | 自变量 |
| 9　河槽形态（宽度、深度、坡度、形状、模式） | 自变量 | 因变量 | 自变量 |
| 10　观测到的来水来沙量 | 自变量 | 自变量 | 因变量 |
| 11　观测到的流动特征（深度、速度、湍流等） | 自变量 | 自变量 | 因变量 |

表 4.1（b）　在递减的时间跨度内流域变量的状态[②] 208

| 流域变量 | 特定时间跨度内的变量状态 | | |
|---|---|---|---|
| | 周期 | 分级 | 稳定 |
| 1　时间 | 自变量 | 不相关 | 不相关 |
| 2　原始地势 | 自变量 | 不相关 | 不相关 |
| 3　地质 | 自变量 | 自变量 | 自变量 |
| 4　气候 | 自变量 | 自变量 | 自变量 |
| 5　植被（类型和密度） | 因变量 | 自变量 | 自变量 |
| 6　基准面上部的地势、流量或系统 | 因变量 | 自变量 | 自变量 |
| 7　水文（在系统内部单位面积的产水产沙量） | 因变量 | 自变量 | 自变量 |
| 8　河网形态 | 因变量 | 因变量 | 自变量 |
| 9　坡面形态 | 因变量 | 因变量 | 自变量 |
| 10　水文（系统的来水来沙量） | 因变量 | 因变量 | 因变量 |

① 援引自 Schumm and Lichty（1965）。

② 援引自 Schumm and Lichty（1965）。

209 **活动 4.3**

设想你在一个晴朗的日子站立在高山之巅，环视周围的山峰和山谷。从你所处的高位，你可以看到裸露的岩石、多种多样的植被斑块（包括树林）、河道以及冰川。你希望解释为何你面前的自然景观呈现出它当前所具有的地形特征。这样的景观是一种自然种类吗？其中无疑包含了自然种类（如特定类型的岩石、特定的植物和动物种群等）。但是，你是否肯定，当这些自然种类汇集在一起时，它们组成了一个存在于更大尺度（景观尺度）上的自然种类？是否有可能你是在你所看到的事物周围武断地划出了边界，并把它作为一个独立的景观看待，但是事实上这样的边界完全不“自然”？

如果活动 4.3 让你一头雾水，那正是因为关于自然地理学者是否对自然种类开展研究存在极大的不确定性，分析的时空尺度越大，其不确定性就越多。有人认为，诸如自然地理学等实地科学并不对自然种类开展研究，它们研究的是自然种类之间的关系。按照这种观点，自然地理学实际上精心制造出了它的研究对象 [ 参见后文我对“圈合”（closure）和“自然种类”的讨论 ]，因为河流、森林生态系统和气候等都是复合现象，它们是“本体模糊的”，只能凭借其基础构成而存在（参见图 4-6）。但是，与之相反的观点与涌现性相关，认为正是因为自然种类之间存在的关系，所以才产生出与这些自然种类不同的新种类。按照这种观点，自然地理学者的确是对“真实的”环境现象开展研究，因为这些现象“大于其各个部分的简单相加”（Keylock，2003；Rhoads and Thorn，1996）。

再次，自然地理学者日渐质疑，生物物理世界是否以一种规则、恒定且确定的方式运转。数十年来，他们一直假定生物圈、水圈、岩石圈、冰冻圈、土壤圈和大气系统中存在一种恒定的秩序。20 世纪五六十年代，所谓“功能性”研究致力于识别出生物物理世界中的规则的空间格局（如河曲和低气压）的特征和原因。

210

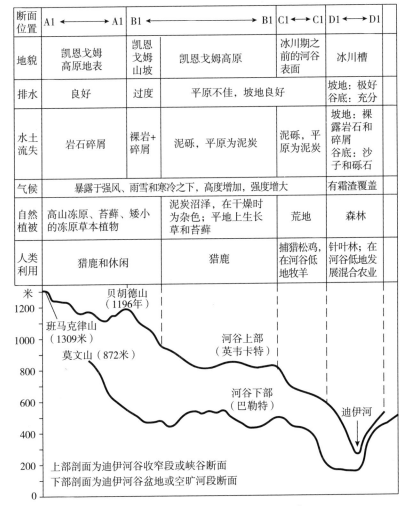

| 断面位置 | A1 ←→ A1 | B1 ←→ B1 | | C1 ←→ C1 | D1 ←→ D1 |
|---|---|---|---|---|---|
| 地貌 | 凯恩戈姆高原地表 | 凯恩戈姆山坡 | 凯恩戈姆高原 | 冰川期之前的河谷表面 | 冰川槽 |
| 排水 | 良好 | 过度 | 平原不佳，坡地良好 | | 坡地：极好<br>谷底：充分 |
| 水土流失 | 岩石碎屑 | 裸岩+碎屑 | 泥砾，平原为泥炭 | 泥砾，平原为泥炭 | 坡地：裸露岩石和碎屑<br>谷底：沙子和砾石 |
| 气候 | 暴露于强风、雨雪和寒冷之下，高度增加，强度增大 | | | | 有霜渣覆盖 |
| 自然植被 | 高山冻原、苔藓、矮小的冻原草本植物 | | 泥炭沼泽，在干燥时为杂色；平地上生长草和苔藓 | 荒地 | 森林 |
| 人类利用 | 猎鹿和休闲 | | 猎鹿 | 捕猎松鸡，在河谷低地牧羊 | 针叶林；在河谷低地发展混合农业 |

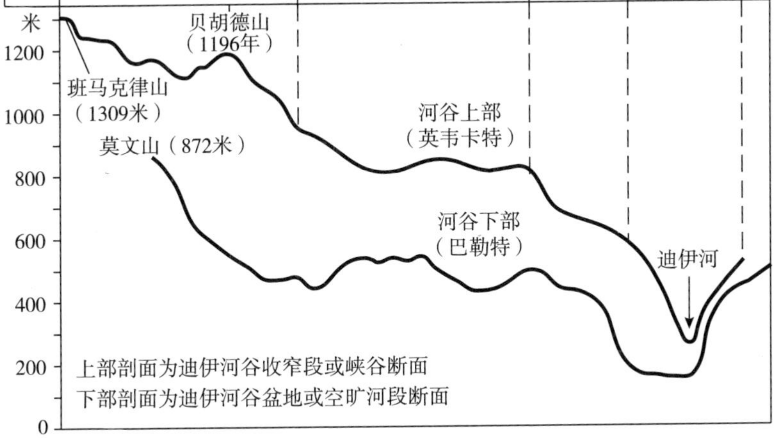

图 4-6　苏格兰凯恩戈姆山脉景观横断面[①]

① 你所看到的到底是“自然种类”，还是自然种类的组合？如果是后者，那这个横断面是否可以算作一种武断的或者被人为设定的分析单元？

211 这些模式通常出现在中观和宏观尺度中。后来，小尺度过程研究表明，这些模式并非如同之前人们所认为的那般规则，因为导致它们出现的过程受到多种“干预因素”的影响。即便如此，这些过程研究仍然倾向于假设环境过程（如空气和水的运动）、环境模式和形式（如植被高度和河流剖面）之间存在一系列相当恒定（复杂）的关系。但是，最近，若干自然地理学者针对本学科中颇为流行的“平衡”观点提出了质疑（参见框图 4.5）。简而言之，平衡观点认为，环境系统中的所有部分都由通过其中的能量流和物质流进行调节。任何对于系统平衡状态的扰动（除非非常强大）通常都将导致“负反馈”过程，使系统恢复到最初的状态（即动态平衡或自我调节的过程）。然而，平衡的思想在当前受到混沌理论、复杂性理论、量子力学以及所谓“新生态学”的挑战。[12] 自然地理学中这些观点的先导，主要与环境阈值相关（Brunsden and Thornes，1979），在一定程度上受到突变理论的启发（Graf，1979）。这些不同类型的非平衡观点认为，生物物理世界以一种不规则、不恒定和不确定的方式运行。它们指出，依环境决定，生物物理世界会在稳定和不稳定行为之间“转换”（Phillips，1999）。简而言之，非平衡思想对从本体论层面上认为非人类世界各种部分之间存在一种内在“平衡”的观点提出了挑战。此外，这对于环境管理而言也具有重大意义。例如，如果作用于环境的相同的人类活动基于环境条件的不同会产生截然不同的影响，管理措施就必须适应这样的可能性，而非进行无差别对待。菲利普斯（1999）提供了一个具体的示例。他分析了美国大西洋和湾区海岸的阔叶乔木木本植物沼泽对外力作用（如海平面变化或者人类影响导致的泥沙输入的改变）的响应。他表明，即便作用变量出现的变化很微小，也可能导致阔叶乔木木本植物沼泽内部和相互之间出现不同的响应。菲利普斯的研究表明，沼泽的行为因时间和空间而有所不同，并非以相同的方式做出响应。在某些情况下，它会保持稳定，在另外一些情况下则会干涸或者淹水。

### 框图 4.5　平衡本体论 212

即便是在不久之前，自然地理学领域关于生物物理系统倾向于达成“平衡状态”的信仰仍是非常普遍的。简单笼统地讲，平衡观点认为，生物物理系统中不同的组成部分会随着时间相互调整，直至达成相对稳定的关系。事实上，在多种生物物理系统中，这种关系被认为如此稳定，以至于随着系统复归平衡状态，任何扰动或者外部“作用力”都将最终被抵消（所谓“自平衡响应”）。例如，地貌学长期存在一个观点，即地貌是长期以来作为对主导性环境过程的响应发育而来的。同样，生物地理学者数十年来一直认为，“顶级群落”是植物界的常态。顶级群落由完全适应了普遍的环境条件（如气候）的植物组成，即便会受到土壤、地势等局部变化的影响。实际上，自然地理学者在其开展的研究中使用了一系列平衡思想。但是，我们可以在静态（或者稳态）平衡与动态（或者缓慢变化）平衡观点之间做出广泛的区分。20 世纪 70 年代后期，地貌学家开始对这些观点加以修改并提出质疑。例如，舒姆（1979）提出了内部阈值和外部阈值的概念。阈值指的是环境系统发生突变的点。当突变发生时，进出系统的能量流和物质流不一定发生变化。在突变发生后，系统可能会达成一个新的平衡。继阈值思想在自然地理学中受到部分学者认可之后，复杂性理论、混沌理论、量子力学以及新生态学纷纷被纳入自然地理学者的本体论假设。当前，人们已经认同，诸多环境系统并不符合平衡行为。
自然地理学中的平衡与后平衡思想，直接指向第一章所讨论的“自 213
然”一词的第三个定义，即自然是一种“固有力”。争议围绕着“固有力”到底以何种形式呈现而展开：到底是有序（平衡）还是无序（混沌、复杂性）？关于自然地理学中针对平衡观点开展的讨论，参见英克彭（2004：ch.7）的研究。

最后，与复杂性和差异性的争论相关的，是对环境现象加以解释时一般因素和特殊因素之间的平衡。作为实地学科，自然地理学的研究对象既包括“内在”过程，又包括“构成”因素（Simpson，1963）。换句话说，自然地理学研究的过程可能是一般性和普遍性的（比如，由牛顿力学定律或者热力学定律所决定的过程）。但是，自然地理学同样会研究这些过程如何在两者兼具并且与相关现象（如地貌、天气系统）结合的基础上运行。作为梅西（Massey，1999）所谓之“物理钦羡”的一部分，自然地理学长期以来无疑都被固定于识别引发特定环境现象的一般过程。这种专注可以回溯到 20 世纪五六十年代“空间科学革命”发生之时（参见第二章）。但是，这样的平衡近期已经发生了变化，人们开始更加关注组成的重要性。理由在于，所谓的“普遍”过程，无法从过程运行的特定条件中抽取出来。也就是说，一般过程的“初始条件”会深刻影响这种过程对景观产生的作用。例如，河流地貌学家开展的功能研究，通常呈现出大量的“散点”或者“噪声”，无法通过一般的理论、模型和定律加以解释。但是，20 世纪 80 年代以来，这样的散点不再被视为“异常”，而被视为所研究现象的特异性（甚至独特性）的重要指标。因此，全尺度研究（reach-scale studies）就为针对特定河流弯道、急流、汇流处以及类似对象开展的小尺度深入研究所替代。这些研究表明，生物物理世界比自然地理学家之前所认为的更加分化。一般过程（如重力和能量守恒）在不同时间和不同地点会产生不同的影响，在小尺度之
214 下尤为如此，河床或者河岸形态等特异性因素都可能改变受控于力学一

般定律之下的过程的作用，如紊流（Lane and Roy，2003）。总之，自然地理学者当前所争论的，在于他们的学科到底是研究普遍性的实地科学（关注作为多种模式和形态的基础的一般过程），还是具体的实地科学（关注以一般过程和特定的局部条件的独特组合为基础的独特的模式和形态）。

## （二）认识论问题

所有本体论信仰都在某种程度上有赖于认识论信仰。我们对于何为真实的认识，受到我们能够以何种方式知晓现实的认识的影响。在此，我列出近期自然地理学者争论的三个重要的认识论问题。首先，是关于到底是否“眼见为实”（通常被称为经验论）的追问。自然地理学者渐趋指出，现实远远超出眼睛之所见。尽管自然地理学倚重经验，但这并不意味着它是一门经验论的学科。受到先验（或者批判）实在论哲学思想影响的河流地貌学家非常有力地提出了这个论点（Richards，1990）。先验实在论者认为，如果希望准确理解现实，就需要一种“深度本体论”（depth ontology）。扁平的经验主义的本体论意味着现实仅仅由能被观察到的现象构成（并且这是一种实证主义的本体论）。与之对照，深度本体论则在结构、机制和事件中进行了区分。结构虽然不可见，但却是现实中真实存在的部分（如重力或者能量守恒），构成诸多现象、行为的基础。随后，这些结构作用于有生命的和无生命的事物之上，通过机制表达（如水的湍流、空气对流）。最终，这些机制导致可以被见到的作用（事件），自然地理学者则对其开展研究。对于先验实在论者而言，这一深度本体论逐渐削弱了经验论的根基，并确保研究者能够积极辨识出到底何为真实，而非仅仅去知晓可被观察到的现象。例如，一位对深潭—浅滩序列开展研究的河流地貌学家可能会推测，多种结构和机制相互交织造成了他所观察到的现象（参见图 4-7）。此外，因果过程的组合也可能受到所谓“或有条件”（如河床和河流剖面的形态）的影响，从
215 而使得相同的组合在其他地点可能导致不同的深潭—浅滩序列。这就意味着，研究者必须运用其经验、逻辑、创造力和想象力识别出所研究现象的多种原因，这一过程有时被称为“溯因推理”（参见框图 4.6）。对于先验实在论者而言，原因甚少独立发挥作用，因此原因和结果之间并不存在一一对应的关系（参见图 4-8）。相反，自然地理学者所面对的是一果多因（不同的过程会导致相同的结果）和一因多果（相同的过程会产生不同的结果）的共存。这就意味着，对于获取生物物理现实的知识而言，经验主义方法并非一种充分的认识论基础。

其次，对于主动对分析对象进行约束或圈合的方式，自然地理学者向来都比较敏感。圈合的“问题”可表述如下：当对生物物理世界的某一方面开展研究时，自然地理学者不可避免地会对其设置认识论和方法论的边界。

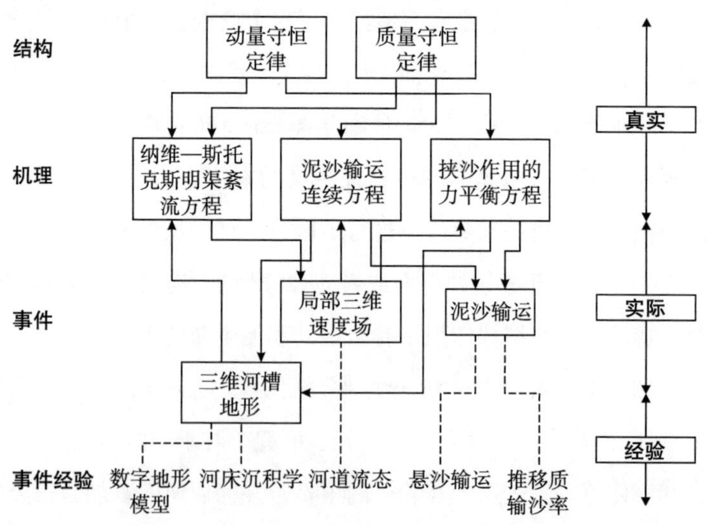


图 4-7 关于河流地貌学中真实、实际和经验之间关系的先验实在论概念[①]

① 援引自 Lane（2001）。

### 框图 4.6　溯　因 216

溯因指的是从所观察到的影响去追溯可能原因的过程。这是一种需要想象力的活动，要去揣测是何种原因导致了这一影响，即便原因无法被观察到，也无法被明确列出。因果过程往往是看不到的，它们与其他现象相互作用，以至于它们的存在难于被识别和确认。对于批判（或者先验）实在论思想而言，溯因非常重要，特别是在自然地理学研究中，它是不可或缺的。因为自然地理学家所研究的诸多现象都是多因复成的，意即同时有多种原因作用于其上，所以从结果去追寻原因通常并非易事。在大时空尺度上，这一点尤为正确，如对安第斯的地貌发育进行解释。我们可对此加以溯因。进行溯因推理时，需要在心中明确因果机制在现实中可能会在不同条件下发生不同的相互作用，产生相同（或者不同）的可见的影响。研究者挥动着思想上的手术刀，为了确认他所研究的构成要素，要从不同角度切断这个世界的结缔组织。因此，安第斯山脉出现与形成的重要过程，可能会对喜马拉雅山脉产生不同的影响。但是，这只能通过从明显证据到可能的因果机制的合理而严谨的溯因推理来确定。使用类似因果机制既有的知识，研究者就可以猜测它们在安第斯山脉中是否以及以何种方式发挥作用。随后，针对新证据开展分析，可能会确认或者驳倒经由溯因推理得到的解释（并通过猜想和经验验证的良性循环反复进行）。

例如，对干枯河道开展研究的干旱地貌学家把他的研究对象与广泛的地方和区域背景割裂，从而专注于对沟谷形成的深入研究。那么以下问题就产生了：上述地理学者做出的“切割”正确吗？在不考虑与周边景观其他要素关联的情况下，能否针对一条干枯河道开展研究？

217

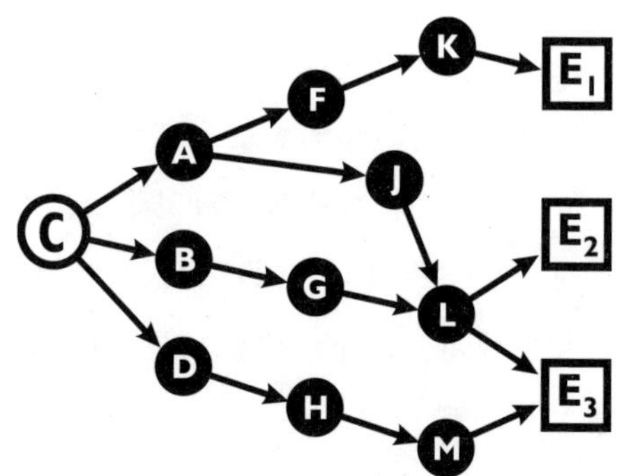


图 4-8 原因和结果之间的复杂关系①

一旦研究者确定了分析对象是什么，那他就已经预先假定它可以被当作研究对象，并且具有与其他对象或者其他分析尺度相对的独立性。这就引入了一种可能性，即自然地理学者在现象周围错误地设置了边界，而对这些现象开展恰当的分析需要一种不同的研究尺度（Lane，2001：249-253；Church，1996）。

最后，我们来关注自然地理学者是否应对所谓“名义种类”开展研究所引发的辩论。名义种类与上一小节讨论的自然种类是相对的。它们是由分析者创造出来的，而非“真实”的事物。例如，人们可能认为，加拿大地盾是一种名义种类。尽管它毋庸置疑是存在的，但却是一个复合的现象，包含多种过程、地貌、水域、土壤类型、植被群落等，并在广泛的时空范围内发生相互作用。因此，名义种类并非事物本身，也不能轻易从诸如大气等全球生物物理系统中分离出来。就此而论，有人认为，自然地理学者的分析对象实际上是由他们自行创建的。例如，维克·贝克（Vic Baker）指出，他和他的同事实际上算是实用主义者（或理想主义者）。按照贝克所指，实用主义是一种在精神上与本书类似的
218 哲学方法（Baker，1999）。贝克指出，我们使用词语、概念和图像创

① 相同的原因可能导致不同的结果或者相同的结果，这是由中间变量（黑色圈）决定的。改编自 Inkpen（2004）。

建对于世界的理解，而自相矛盾之处在于，这个世界是独立于这些词语、概念和图像的（Inkpen，2004：ch.2）。贝克颇具争议性的论点对大部分自然地理学者的实在论信仰提出了质疑，推动了德梅瑞特和费耶拉本德的观点。概括地说，这些论点与第三章讨论的“自然的话语建构”产生共鸣。因此，它们提供了人文地理学对自然开展研究的去自然化趋势和自然地理学者群体之间稀少的联系点之一。然而，有人可能会说，大部分自然地理学者都把贝克视为一个特立独行的人，认为不必把他的观点当真。不过德梅瑞特的研究表明，毫无疑问，贝克的观点对自然地理学者常规的自我理解带来了极大威胁。

## 六、一个分裂的学科

以上所讨论的本体论和认识论的争辩表明，自然地理学者无论如何都不算是天真的实在论者。同样，“生产真实的环境知识”一节针对方法开展的讨论，让我们获知自然地理学者如何自反（或者自我批评）地看待他们的研究程序。即便如此，大部分地理学者都理所当然地认为，生物物理世界是真实存在且客观可知的实体。无论是对“自然的”还是发生改变的环境开展研究，他们都认为自己的职责在于生产关于地球表面的准确知识。正如我们在前文中所见，他们乐于使用“科学”一词描述其研究过程以及结果，这正可作为这一事实的明证。除此之外，我们在“科学知识的社会建构”一节中看到，自然地理学者一般会忽略或者打消对生物物理世界的知识作为可以实现目标的可能性所提出的质疑。这无疑解释了为何在自然地理学界中，人们感兴趣的本体论争辩主要围绕生物物理世界的结构展开，而并非围绕它本身是否作为一个领域存在展开。

就自然地理学者和人文地理学者所生产的自然知识而言，人们很容易对其差异夸大其词。诸如“实在论”和“社会建构主义”等标签的频繁使用，暗示自然地理学者与人文地理学者并没有什么共同之处。显然，
219 他们的方法存在重大差异。但是，我们不可对其过分夸大或者进行错误表述。例如，我在第三章中对其研究加以讨论的人文地理学者全部都是实在论者。原因显而易见，在他们看来，他们对于所谓之“自然”的主张并非虚构。同样，在本章中我们还看到，尽管所使用的（关于“科学”的）语言与大部分人文地理学者有所不同，自然地理学者却并非具有这样一种头脑简单的信仰，即只要以“准确”的方式开展研究，环境就可“不言自明”。基于此，试试看你能否回答活动 4.4 中的问题。

### 活动 4.4

认真回想你在本章和第三章所学到的知识。依你之见，人文地理学者和自然地理学者关于“自然”的主要差异是什么？

对我来说，这一问题的答案包括三个方面。首先，正如前面所说，人文地理学者关注自然（包含人的身体与心智）的社会表达，以及自然被实质性地变成“非自然”的过程。自然地理学者则关注确定非人类世界的生物物理特征，无论其是否经由人类改变。其次，尽管人文地理学者在他们的“自然怀疑”主张中表明自己是认识论和本体论的实在论者，但无论是从认识论方面，还是从本体论方面，他们都广泛采用了建构主义的自然研究方法。自然地理学者则相反，他们坚持认为他们所生产的环境知识尽管是有条件性的，却是我们所获得的对于“外在”生物物理世界的最好的也是最为准确的解释。最后，大部分自然地理学者生产的

是关于环境的认知性知识。为了与“科学家”的自我认同保持一致，他们通常会把关于“事实”的问题与关于价值的问题进行区分。[13]相反，我在第三章中讨论的批判人文地理学者，通常会就我们所谓之“自然”进行分类或者对被实质性使用 / 改变的方式进行褒贬。他们研究中的去自然趋势，旨在对特定的社会表达、社会过程和社会实践加以探询。

自“地理尝试”开启以来已经过了一个多世纪，这种状况意味着什 220
么？首先，地理学这一学科的特征，不再追求把自然和社会置于同一个解释体系中。目前，仅有少量环境地理学者以及寥寥可数的应用自然地理学者深入研究人类和非人类世界之间的物质相互作用，这一学科中几乎无人持有人的身心本性固定不变，或者能够决定人的行为和价值这种观点。其次，地理学者所生产的关于自然的知识大致分为两种类型。最后，这些自然认同和自然怀疑立场的知识是地理学者借鉴了不同方法、理论和哲学思想而得到的。

简而言之，对于地理学者而言，自然的主题依然是一个问题，贯穿这一学科的历史。人们关于自然是什么以及如何开展自然研究并未达成学科共识，并且缺乏共识使人文地理学者与自然地理学者分成两个阵营。两者的差异如此巨大，以至于人文地理和自然地理出现会合的中间部分都甚少有研究者涉入。我自己的观点是，这并非坏事，因此也绝对算不上“问题”。若干地理学家感叹于人文地理学者和自然地理学者产生的隔阂。他们担心，在应当围绕人类对环境产生的影响开展研究达成统一时，地理学欠缺知识的完整性（Liverman，1999）。反对的论点在于（我本人也支持），在地理学科中，自然怀疑视角和自然认同视角共存，从知识的意义上看非常健康。就其本质而言，地理学是一门不守纪律的学科，它缺乏“基本路线”。我希望我在本章和第三章已经讲明白了，认为自然并非自然，以及相比之下，我们所谓的“自然”本身可被知晓，这两种主张各有优点（以及弱点）。重要的是，应避免全盘接受关于自然的某一主张，无论这是以社会建构主义的模式提出来的，还是以更自然主义的模式提出来的。正如我在本书中始终坚持的，我们需要细究到底是什么促使地理学者认定自然是或者不是其看上去的样子。

## 七、练　习

• 作为一名学生，为何你通常会相信你的自然地理学教授生产出的
221 环境知识都是可信而准确的？请列出所有原因。基于你在本章所学，你认为自己列出的原因中有多少经得起深究？

• 如果我们把众多人文地理学者的自然怀疑态度用于自然地理学者所生产的环境知识上，请列出可能引发的若干危险。

## 八、延伸阅读

伍尔加（1988）以及萨达尔（Sardar）和房龙（Sardar and van Loon，2002）撰写了两本关于科学的入门级著作。查尔默斯（1990）和奥长沙（Okasha，2002）提供了关于科学哲学和方法的相当不错的初级读本。尽管重点在于社会科学，但史密斯（2002）的著作也对本章所列众多问题提供了清晰讨论。库克拉（Kukla，2000）对科学实在论提出了来自社会建构主义的挑战。在自然地理学中，科学方法的最好概论来自海恩斯·杨和佩奇（1986）、英克彭（2004：chs 1-5）、舒姆（1991），马歇尔（1985）则为更多的地理学者提供了关于科学方法的

很好的解释。罗兹和索恩（1994）把这些方法论的争辩置于更为广阔的知识背景中。对于本章讨论的相互交错的本体论和认识论的争论，伯特（2005）、英克彭（2004：ch. 7）、雷恩（Lane，2001）、菲利普斯（1999）和索恩斯（Thorne，2003）也展开了深入的讨论。这样的争辩，在对梅西（1999）、哈里森和邓汉姆（1998）文章的回应中也脱颖而出，参见《英国地理学家学会会刊》[1999（24）2；2001（26）2]。《美国地理学者协会年刊》（1999）中关于自然地理学使用的方法的辩论同样也值得参考。

在某种意义上，当前自然地理学领域存在的本体论和认识论的争论表明，对于这一学科而言，非人类世界是一个“问题”。这一问题的另一种征兆在于自然地理学分化的特征，这是由以下事实造成的，即为了理解自然地理学者所面对的大量环境现象，专门化被视为不可或缺的。与之相对应，若干学者提出，全球环境问题为自然地理学者提供了一个机会，让他们能够重新关注大气圈、岩石圈、水圈、土壤圈和生物圈之间的相互联系（参见 Gregory et al.，2002；Gregory，2004；Slaymaker and Spencer，1998：ch.1）。

我在本章中指出，自然地理学者抵制了对于其所生产知识的建构主义批评。其表现在于，人们使用托马斯·库恩的观点的方式。库恩制造出了“范式”一词（参见框图 1.6），并认为，科学的进步是经由“思想的变革”而非知识的稳定积累实现的。地理学作为一个整体，（20 世纪 80 年代）专注于一个问题，即库恩关于科学革命的观点能否对这一学科中的知识改变提供最佳描述。然而，库恩做出的更为有趣的贡献是对科学的唯实论的凭据提出了挑战。范式不可通约性思想表明，不同的研究者实际上看到的是不同的世界，因为他们的范式对于如何认知现实产生了极为显著的影响。在自然地理学中，海恩斯·杨和佩奇（1986： 222

ch. 4）以及谢尔曼（Sherman,1996）非常重视库恩思想中的这一维度。巴西特（Bassett，1999）则关注了一个更为普遍的问题，即随着时间的推移，地理学是否会出现学术“进展”。

总体来看，自然地理学者认为自己是关于生物物理世界的认知性知识的生产者。然而，若干自然地理学者思考了价值是否能够以及如何进入其研究工作中。在其著作的最后一章，英克彭（2004）反思了社会网络自然地理学者研究的进展，以及这些进展对他们的研究对象和研究方法的影响。

地理学的知识多样性和一盘散沙的状态长期以来都是这一学科内部争论的焦点。人文地理学者和自然地理学者关于自然的不同理解，仅仅是导致其产生分异的原因之一。这个原因到底有多么重要呢？参见 Urban and Rhoads，2003；Viles，2004；Castree，2001b。

# 第五章
# 自然之后

> 弥补隔阂无比重要……找到用以弥补隔阂的语言无比重要。
>
> （Harvey and Haraway，1995：515）

## 一、引　言

本章篇幅较短。在这一章中，我会呈现被视为具有“后自然”思想 223
的地理学者的观点。这一群体日渐扩增，他们对社会—自然二元论提出了异议，而社会—自然二元论是前面两章所述及的大部分思想的基石。二元论在西方思想中根深蒂固，它让我们从本体论角度把世界分为两个部分。尽管这两个部分相互连接，但是我们倾向于对其区别对待。因此，在第三章中，我们看到了社会表达和社会力量是众多地理学者理解自然的关键。在第四章中，我们看到自然地理学者如何聚焦于环境“现实”。他们认为，即便“现实”会受到人类的话语或者物质实践的影响，但两者并不能被简单等同。尽管前面两章讨论的是研究自然的不同途径，但殊途同归。它们的重点或是被归类为“社会的”一系列现象，或是被归类为“自然的”（“第一自然”或“第二自然”）一系列现象。在每种情况下，所谓包含了我们全部现实的两个领域中的一个都得以凸显。

224 因此，我们可以认为，**本体论分裂**始终贯穿于当代地理学，少有人尝试对其提出质疑。

我在本章中述及的地理学者试图弥合这一分裂。有多种理由可提供解释，而以下三点最为突出。其一，毋庸置疑，世界是无缝的。二元本体论认为世界是一分为二的，世界的两个独立部分“相互作用”并“相互碰撞”，或者其中一部分的特征由另一部分“建构”和“决定”。但是，这种认识会带来风险，导致这两个假定的“不同部分”实际上密不可分的联系被割断。其二，可以说，“社会的”和“自然的”世界内部存在的本体论差异与导致其泾渭分明的相互之间存在的差异一样巨大。例如，我们可能会质疑，人类和猩猩都被归类为灵长类动物，但为何我们认为岩石和猩猩之间比猩猩和人类之间具有更多共性？其三，社会—自然二元论蒙蔽了我们的视线，忽视了为描述我们所栖居的世界而找寻新语汇的需求。这并非一种“纯粹形式”的语汇，而是能够捕获人类置身其中的混合、嵌合及混杂的世界的语汇。

鉴于上述原因（以及待解释的其他原因），少数坚定的地理学者避开了大部分人视为理所当然的社会—自然二元论。这些地理学者在自然—社会二元论以及其他相关的二元论（如主体—客体、城市—乡村、人—环境）之间穿凿出“第三条道路”。例如，他们不会提及社会建构自然，因为他们反对“社会”是一个自给自足的领域并且能够“建构”其外在的事物的观点。同样，他们也不会提及“非人类世界”或者“人类生物学”，因为这是在暗示它们是分立的领域，具有同样离散的性质或者外观，任由社会随意刻画。因此，对于本章论及的地理学者而言，“关系思想家”的称号恰如其分。关系思想家认为，现象自身并不具有特征，特征必须经由它们与其他现象的关系体现。这些关系是内在的而非外在的，因为使用外在关系这样的名称，暗示在相互关系达成之前现象就已经成立了。

这听起来可能同第四章提及的本体论与认识论之争一样抽象。但是，其意义却极为具体。正如我们将在本章中看到的，一群“后自然”地理学者希望提醒我们留意那个存在于我们眼皮子底下的世界。对于这样的 225
一个世界，如果我们把它一分为二为自然的和社会的两部分（或者二者的结合），那我们就无法看清它（毫不夸张地说）。

这些地理学者并不全然相同。例如，其中包括所谓的“行动者—网络理论者”以及若干马克思主义者，这两个群体在很多方面观点相左。然而，他们的研究却建立在广泛共性的基础之上。从知识上说，这些地理学者的目标在于，为我们展现一个“不仅社会的，而且并非只是自然的世界”，并由此对人们用以分析世界却被他们视为“力不能及”的语汇提出质疑。从道德上讲，他们的目标在于，让我们摆脱基于自然命令或者基于不同社会针对所谓“自然”的评价而提出的道德规范。一些读者会发现，本章讨论的材料令人困惑，因为本章否认了前面两章回顾的研究工作的思维定式。同前面一样，我的目的依然是提问。请思考：为何某些地理学者希望我们以本章所论及的方式看待自然？既然他们认为自然并不以社会建构的形式存在，也不以可被简单等同于社会表达和社会力量的方式存在，那么声称我们在“自然之后”，意图何在？

在开始本章讨论之前，我需要阐明两点。其一，我将在后文中提及其研究工作的众多地理学者对本书采用的分析框架存有异议。这一框架让我们采取如下方式对待这些地理学者的观点：关于世界的各种观点相互竞争，试图取得我们的关注。正如我们马上会看到的，上述某些地理学者不赞同我们用知识来呈现一个“外在的”世界。这是因为，他们抵制显然构成本书分析框架核心的主体—客体二元论。这种二元论把世界一分为二：一为事物本身，二为我们以语言、文字和图像等形式呈现的

关于这些事物的知识。其二，在对“后自然”地理学者的工作进行呈现
的过程中，规避极易犯的一个基本错误非常重要。这个错误就是，认为
过去人们持有的社会—自然二元论现今不复存在，因为“技术化科学”
已经突破了社会和自然之间的本体论鸿沟。为了反对这一“划时代”的
错误，下文所论及的地理学者坚持认为，我们一直生活在一个混杂的、
混合的、“不纯净的”世界中，难以把事物从它们的关系中分离出来。
在这些地理学者看来，诸如转基因猪、智能机器人和微芯片植入等技术
226 科学进展，只是社会—自然融合的漫长历史中出现的最新例子。本章将
从一个例子开始。这是一个关于后自然分析者通常如何看待世界的示例。
随后，我将就当代地理学中非二元论思维模式的主线开展讨论。接着，
我会聚焦于萨拉・沃特莫尔（Sarah Whatmore）的研究，并探寻其所
倡导的无缝本体论所具有的道德内涵。这会引导我们思考到底是什么促
使沃特莫尔等地理学者提出他们的论点。

## 二、既非自然，又非社会

在西方思维方式中，社会—自然二元论是如此根深蒂固，以至于我们都忘记了，这根本就与自然毫无瓜葛。诸多非西方社会并未以这种一分为二的方式看待世界。不仅如此，如果回顾历史，我们还会发现，即便是西方人，也是从 18 世纪起，即从所谓的“文艺复兴时期”起，才开始采用一分为二的方式的。

自然—社会二元论暗示两者之间的互斥性。只要我们仍在采用这种二元论，我们就不得不承认：社会与我们所称的“自然”不同，可以

对其分别开展研究；对社会—自然之关系开展的研究，必须诉诸“建构”“互动”“相关”等词语（参见图 2-1）。那么，摒弃社会—自然二元论意味着什么？质疑非自然的社会以及独立于社会表达和社会力量之外（或者是其产物的）的物质自然的观点，这又意味着什么？

为了回答上述问题，让我们来回顾第一章所列故事中的第二个。这是一则关于英国雨林的故事，该雨林曾经是一块具有生物多样性的棕地，现在拟供轻工业园开发建设。

### 活动 5.1

再次阅读第一章中的第二个故事。基于你在前两章所学，请列出人文地理学者可能会对故事中的“自然”做出何种解释以及自然地理学者可能会对这件事做出何种解释。

如果借助表达建构主义与物质建构主义之间的差异（如第三章所 227
列），我们就能够从“典型的”批判人文地理学者的视角为这个故事提供如下解释。首先，我们可能会指出，“生物多样性”这个观点是一种具有价值负载的建构，为昆虫的生命信托基金（Buglife）和英国自然委员会（English Nature）所使用。正如框图 1.8 中的解释，这一观点言称仅对物种多样性进行描述，但事实上，它把正面性，即“内在美善”，加诸生物多样性。作为表达的分析者，我们希望对昆虫的生命信托基金和英国自然委员会各自的价值与利益进行分析。我们可能会问：为何他们以这样的方式对物种多样性进行表述？其次，较少关注话语的分析可能认为，这块棕地是一种物质建构，尽管并非有意为之。较弱（weak）的建构主义观点可能会指出，在废弃的西方石油公司设施处发现的自然并非自然的，因为这是人类干扰的结果。当然，与杂交作物和转基因作物不同，严格意义上讲，它并非“生产出来的”，因为它并非由社会行动者和组织刻意设计而来。

那么，自然地理学者（在这一情况下应为生物地理学者）会如何对肯维岛上的自然进行解释呢？毋庸置疑，他们会承认人类带来的影响，但是他们也会坚持认为，云雀、熊蜂、獾以及类似生物都具有自身的特征和行为模式，从而使其独立于任一特定的人类表达和行动。他们可能同样关注物种之间的相互关系，但却不会去思考为何自 20 世纪 70 年代早期被废弃之后，这一场地转而为孩童所使用。最终，他们可能对生产出关于这一场地生物多样性的准确且价值中立的知识的可能性充满信心。随后，这些知识可以为此地能否进行工业开发的决策提供信息。

这一切都讲得过去。然而，我们也能以另一种方式看待肯维岛的场地，无须要么动用社会表达和实践之间的本体二元论，要么最终诉诸非社会的世界。如果我们把这个场地视为网络而非两个对立“领域”的汇集之地，将会怎样？网络的隐喻让我们审视多种不同现象之间存在的千丝万缕的关联。在这一网络中，任何一种现象的行动和影响都是另一种现象的一部分。任何事物都不会独立存在，因此，对不同种类的现象进行划分是错误的，比如，将自然分为“社会现象”和“自然现象”。所有这些都是具有紧密关联的“行动元”，其存在和影响有赖于这一网络
228 中过去和当前所有其他有生命和无生命事物的存在和影响。与“行动者”不同，行动元并不能自主行事。实际上，它们是与之相关联的所有其他实体的原因和结果。此外，任何两个网络都不会是相同的，这也正是为什么需要关注特定情况中现象的特定关联。

这听上去可能非常抽象，下面让我们用网络本体论分析肯维岛的场

地。显然，该场地并非一个“自然的生态系统”，因为如果没有泰晤士挖泥船、西方石油公司或者孩童玩耍的活动，它就不会以当前的形态存在。但是，它同样并非一种社会建构，因为非人类物种的生物物理特征和活动在一定程度上出离了人类行动者的意图。那么，这个场地到底是什么？从网络的视角来看，这是人类和非人类行动元的一种特定的结合。如果把其中任何一部分抛开，该场地都不会是它当前的状态。因此，尽管该场地中的野生物种肯定也在世界其他地点存在，但至关重要的是，它们并非以相同的方式存在，也不会对邻近的动植物产生相同的作用。倾倒在曾经的场地和沼泽中的淤泥、废弃的建筑和设备、游玩的孩童和骑车人造成的轨道和小路，加之种种其他干预，无意间为一种独特而多样的野生生物组合创造了机会。它们不仅并存，而且相互依赖。该场地的 1300 个物种，以多种多样的方式彼此依存。同时，凭借物质属性，它们多年来也为人类行动者提供了接触游玩与享受的机会。事实上，这些多种多样的行动元是完全缝合在一起的，因此把它们划分成两大类的做法堪称武断。设想一下，被一分为二的两个领域如同拼图的两部分一样“吻合”在一起。总而言之，以网络的方式看待世界，是“后自然的”，因为避开了本体论的大类划分，转而在微观层面上关注构成我们的世界的特定的行动者以及他们之间的关系。

## 三、从关系的角度思考

以上我所使用的网络的隐喻，涉及当前地理学后自然思想的四个重要流派之一（“行动者网络理论”，我将在下文中进行讨论）。在大部分情况下，这种思想都是由人文地理学者倡导的。有趣之处在于，自然地理学者并未充分利用复杂性理论、混沌理论以及生物物理世界中相关本
229 体论立场的潜力，从而在克服社会—自然二元论方面有所作为。总的来看，坚持这种立场的自然地理学者把他们的研究局限于环境系统之中，并且为了便于分析，人类影响亦被排除在外。原则上说，混沌理论和复杂性理论本应为地理学形成一种统一的本体论，正如同 20 世纪六七十年代，系统理论意在成为连通人文地理学和自然地理学的桥梁。同样，下列讨论的观点也可为地理学的沟壑搭建桥梁，但前提条件是，（人文地理学和自然地理学）两方都有足够多的地理学者对此深信不疑。不用说，我所列明的“后自然”关系思想四个主要流派的概要并未对它们做出任何评判。

### （一）非表象理论 / 施为性

非表象理论与英国人文地理学者奈杰尔·思瑞夫特（Nigel Thrift）的研究工作最为相关。“理论”一词用在这里其实相当不合适。思瑞夫特就表达及其备选方案提出了一系列普遍原则和论点，却并未就社会与自然如何交织提出特定的理论。为了理解思瑞夫特对于表达提出的评判，有必要重新阅读第三章“重塑自然”一节开篇的评论。我观察到，按照人类与非人类“自然”表达分析者的观点，无论虑及的是何种类型的特定表达（视觉的、书面的或者口头的），都需要考虑两个要素。其一，存在“代言”的行为，意即表达者成为被表达事物的代表。其二，存在并不那么明显的“评说”的行为，意即表达者主动“构想”了被表达的事物，但却声称是“按照其实际状态”进行的表达。在布劳恩针对克里阔特湾开展的研究中，上述两个要素全部被呈现了出来。你会记得，布

劳恩和其他自然表达的批评者提出的观点是，表达“建构”了原本仅仅要去描述的现实。

思瑞夫特（1996；2003）对诸多人文地理学者就自然（以及其他事物）的表达持有的成见提出了若干批评。其一，他认为，这样的成见错误地暗示了人与物质世界的关系主要通过视觉（或者眼睛）达成，从而产生出关于世界的图片、书面和语言表达。思瑞夫特提醒我们，人其实运用了一切感官参与物质世界（包括我们的身体），人是世界中实际的存在，而并不仅仅是智慧的人。按照思瑞夫特的观点，我们对于这个世界的理解以及对其采取的行动，并未得到正规的表达，或者说，根本无法被加以表达，因为这是默契的、感性的、习惯性的和预知的。其 230
二，思瑞夫特指出，对于表达的关注错误地暗示了人类置身于物质世界之外，就如同主体看待客体一般，而非栖居于这个世界的成员。其三，思瑞夫特指出，询问对于我们所谓之“自然”的表达是否包含了表达者隐藏的目的，或者是否包含了有关被表达对象的些许“真相”，这样的问题是错误的。他认为，表达只是我们用来理解这个世界的若干工具之一。对现实进行表达能帮助我们在这个世界中前行，这并不在于它们是“正确的”或者“错误的”，而在于它们对我们如何行动产生影响，其产生影响的程度又是我们能够接受的。此外，按照思瑞夫特的观点，所有表达都是在生物物理世界中产生的，并影响我们对于生物物理世界的实际参与——无论是“自然的”，还是经过人为改变的生物物理世界。

总之，思瑞夫特所坚持的世界观并不会把知晓的过程（认识论）与被知晓的对象（本体论）加以分离。思瑞夫特采用的是一种非表达的方法。在他所关注的世界中，人类是栖居者而非观察者，是调用了多感官的参与者而非疏离在外的观众。我们通过行动获得认知，而我们之所以采取行动，是因为已经从重复性过程中获得了认知，即物质世界对我们产生影响，我们也对它产生影响。在思瑞夫特的无缝现实的概念中，社会—自然二元论太过粗陋，不堪使用。他认为，我们并非“置于大缸之中的头脑”，对于自然的表达反映出我们自足的价值、愿望与偏见。相反，我们是这个“超出人类”（more than human）的世界的组成部分，如果没有这个世界，我们就无法在自己的生命历程中变成具有如此复杂思维和行为的人类。因此，思瑞夫特并不把这个世界当成先于人类和非人类实体而存在的，而是当成一系列相互构成的遭遇或者表现。他的目的在于为非专家表达和专家表达的分析者所展现的无生命的景观重新注入若干“生机”。思瑞夫特的研究迅速催生了一个非表象思想“学派”，这一学派在英国主要由思瑞夫特的研究生延续传承。现在，他们开始把思瑞夫特的大道理运用于特定的经验背景中。

## （二）行动者网络理论

行动者网络理论（ANT）与社会学家与科学人类学家布鲁诺·拉图尔（Bruno Latour）、米歇尔·卡龙（Michel Callon）和约翰·劳（John Law）的工作紧密相关。近来，这一理论与非表象理论一样对英国人文地理学产生了影响。在以英语为母语的人文地理学中，其影响也越发广
231 泛。卡迪夫大学的乔纳森·默多克（Jonathan Murdoch），是行动者网络理论的一位强有力却也并非不加批评的普及者（Murdoch，1997a；1997b）。与非表象理论相同，严格意义上讲，行动者网络理论也并非一种“理论”。相反，它是一系列重叠的主张，意在改变通常被人们视为“社会的”和“自然的”事物之间关系的常规思想和研究。从根本上讲，

它对第三章论及的社会建构主义的话语建构和物质建构观点的基础，即“两个领域”的假设，提出了质疑，同时还对第四章论及的“自然实在论”提出了质疑。

首先，行动者网络理论提出，社会—自然二元论对世界进行了不正确的简化，它比我们所认为的要混乱得多。这个世界并不能泾渭分明地一分为二，而是由千差万别却紧密相关的现象共同构成的。其次，行动者网络理论大量使用我在本章前一节中用到的网络隐喻。它认为世界由多种多样相互交织的网络组成。也就是说，人类和非人类事物的组合以近乎有序的方式排列。例如，如果不把“肿瘤鼠”（一种用于癌症药物实验的转基因老鼠）视为科学家和医药公司的“物质建构”，我们可以把它视为网络的一部分。其作为特定的“非自然”形式存在，并不能简单归因于有意的人类行为。它同样有赖于一整套高度具体的非人类工具，包括尖端而复杂的实验室设备、如何修改老鼠基因信息的科研论文，以及为“肿瘤鼠”的持续生产提供资助的电子货币流。在这个案例中，这些非人类工具对于人类意图的实现是非常重要的：它们是把“肿瘤鼠”和它的人类创造者加以联系的不可或缺的“中介”。最后，这个简单的例子让我们明白，为何行动者网络理论讨论的是行动者网络而非网络自身。在行动者网络理论中，人类和非人类现象的网络并不比它们的构成部分更多或者更少。每个部分所具有的功能（能动性），不仅由其内在属性决定，同样还由其相对于这一网络中其他行动者的位置决定。这也正是为何行动者网络理论使用新词“行动元”而不使用常规词“行动者”（“actor”或“agent”）来描述人类或者非人类现象的物质角色。

232

图 5-1 转基因老鼠及其“自然的”兄弟姐妹[①]

基于其“吝啬的”（stringy）的本体论，行动者网络理论并未就任何特定的行动者网络中哪些行动元发挥统领作用进行任何假设。它拒绝采用前两章所述及的社会建构主义和自然实在论的先验选择。行动者网络理论学者倾向于对自己专业领域中的行动者网络投以密切的经验性关注，以展示在某一特定情况下人类和非人类现象如何彼此互相构成。正如思瑞夫特的工作所展示的，行动者网络理论旨在尊重生命编织成的亲密网络，不会使用“非社会的自然”（人类或者非人类）或者“非自然的社会”等说法。行动者网络理论坚持认为，我们从来未能脱离“混合的”世界中的生活。在这个世界中，我们所谓之“社会的”和“自然的”事物紧密交织，从而使得这些标签毫无意义。

① 转基因老鼠到底是“非自然的”，还是一种社会建构，或者二者皆不是呢？它可否是网络中的一个行动元，在这个网络中，每个部分都发挥着作用，因此导致“自然的”和“社会的”分类开始显得不充分？（© Science Photo Library）

## （三）新辩证法

尽管行动者网络理论并未对不同的“社会自然”网络是否具有共性做出假设，但所谓“新辩证法”却在寻找构造起这些混合网络的重要过程。在这种过程视角中，大卫·哈维的观点最为出名，并在他的著 233
作《正义、自然和差异地理学》（*Justice,Nature and the Geography of Difference*，1996）中表达得非常明确。他对笛卡尔哲学、牛顿学说和新康德学派的世界观提出了质疑。在哈维看来，上述世界观主导了西方思维。这些世界观都认为，人类和非人类世界都是由离散而机械的事物构成的，人们能够在这些事物与其他事物之间达成任何依情况而定的关系之前对它们进行分析，并且可以把事物从这样的关系中分离出来。这种原子论观点（参见框图 4.3）把人类和非人类现象之间的关系视为外在关系，认为外在关系在这些现象的构成中并未发挥必要作用。哈维对此表示反对，他采用了我之前提及的所谓“内部关系”的视角，与马克思主义哲学家伯特尔·奥尔曼（Bertell Ollman，1993）以及马克思主义生物学家莱文斯和莱旺廷（Levins and Lewontin，1985）的思路一致。按照哈维的观点，导致特定事物与其他事物不同并且看上去毫无关联的原因，实际上在于它与这些事物之间的关系。在任一特定情况下，这些关系都是彼此相关的现象的组成部分，或者被包含在这些现象之内。

这与上面提及的过程直接相关。过程包括向某方向发生的变化，其中涉及把各种各样的现象联系在一起，从而达成特定的目标或者目的。这可能是偶然的，也可能是经由设计的。作为马克思主义者，哈维用来展示其内部关系视角的重要过程是资本主义。乍听上去，这可能有点奇怪。毕竟，资本主义是一种经济体系。为何说它是一个过程？重新阅读

第三章“重塑自然”一节对于资本主义的图示就能获知答案。我们发现，资本主义与商品（如货物和金钱）的流通以及财富的膨胀（以利润的形式）相关。哈维认为，正是这种“为了积累而积累”的概莫能外的冲动，使所有类型的人类和非人类现象紧密相连。从工厂化养殖的鸡到全球变暖，哈维认为，人（如赚取薪资的工人）以及非人事物成为“管道”，而永不停息的价值扩张的无形过程则从中流过。因为这一过程是无缝的，所以哈维指出，我们不应该错误地纠结于卷入其中的不同事物。尽管这些差异也很重要，但它们只在与把它们联系在一起的抽象过程相关联的情况下才重要。

整体上看，哈维把特定的人和非人类事物当作一般过程的表达。他
234 把这些事物称作一般过程赋予实物形态的“瞬间”。请注意，这与“社会建构”的观点不同，因为哈维认为，供人类过程使用的非人类事物的物质特征，其发挥的作用并非总可预测。它具有的“辩证的”因素在于，随着时间的变化，特定的瞬间（实物形态）会与过程逻辑置于其上的“需求”产生抵触。例如，按照哈维的马克思主义视角，大部分渔业养殖可被视为对公海过度捕捞所做的经济合理的回应。当世界众多地区的“自然”渔业面临赢利危机时，人工养殖的鱼就成为渔业公司获得利润的物质手段。然而，养殖鱼类与自然鱼类相比较，行为相去甚远。特别是大量的鱼被养在空间有限的水域中，这让差异更为明显。这常导致养鱼场中的鱼群爆发严重疾病，这是渔业作为相对崭新的技术实践未曾预料的后果。在这个案例中，这就成为一种存在于“资本逻辑”和逻辑得以表达的物质手段之间的内在矛盾。患病的鱼会导致利润降低，并且，如果未能得到适当控制，还会导致鱼类养殖无论从经济上看还是从生物学角度看都不能再作为公海捕鱼的“非自然的”替代途径。

哈维的新辩证法比旧有的马克思主义模式辩证思维更为精妙。这样

的思想也为其他马克思主义地理学者所采纳，如埃里克·斯旺戈多（Erik Swyngedouw）。但目前来看，其影响力并不如非表象理论和行动者网络理论高。这在一定程度上反映出当前马克思主义在人文地理学领域并不那么受欢迎。

## （四）新生态学

我希望简单讨论的第四种关于社会和自然的关系思维，被称为“新生态学”。这种思想由环境地理学者倡导，并产生了相当大的影响力。其代表人物之一是美国人卡尔·齐默尔（Karl Zimmerer），《自然的地理学：发展中国家的保护新经验》（*Nature's Geography: New Lessons for Conservation in Developing Countries*，1998）一书的合著者。在这本书以及一系列文章中，齐默尔（1994；2000）表达了他对新生态学的信念。新生态学是在过去 20 年里从生物学、动物学和植物学等学科中发展而来的。旧生态学有两个主要特征。其一，旧的生态学相信，物种存在于相对稳定和可预测的关系中。这样的关系既包括物种与物种之间的关系，也包括物种与周边生物物理环境之间的关系。其二，它倾 235
向于把人类视为更广泛的生态系统中适应良好的部分，或者视为未能对这些生态系统的完整性给予尊重的破坏力量。旧生态学的第二个特征在战后环境地理学中表现得尤为明显。正如第二章所解释的，众多人类生态学家致力于对从前和当今非工业社会可持续利用自然环境的多种方式进行描述和解释。继托马斯开创性的著作《人在改变地球面貌中发挥的作用》（*Man's Role in Changing the Face of the Earth*，1956）之后，对人—环境“和谐”关系的关注通过就“现代”人如何日趋干扰非人类世界平衡所开展的研究得到补充。

与之对照，由生物学家丹尼尔·波特金（Daniel Botkin，1990）和另外两位学者开创的新生态学提出了两项反对意见。首先，它质疑了旧生态学的均衡假说，同时“强调自然的和受到人类影响的生物物理环境中存在的不均衡、不稳定，甚至混沌起伏”（Zimmerer，1994：108）。其次，它由此得出推论，认为当人们对植物、动物和昆虫等自然生物群落造成大规模改变时，并不一定会“破坏”进化的和谐。正如齐默尔所指出的，这对于关于人和环境的关系以及环境管理所开展的地理学研究而言，意义重大。除了涉及“传统”社会的情况之外，持有旧生态学思想的环境地理学把人放置于自然环境之外，即与环境相对的位置上。相反，新生态学对于旧生态学“自然的平衡”假设提出了质疑，为环境地理学者，甚至可以说为所有地理学者开辟了空间，使他们能够把人类行动者永远当作复杂且不断变化的生物物理系统中既有的部分加以对待。就针对人类使用本地与非本地环境的方式进行管理而言，新生态学也对研究者长期持有的以下信仰提出了质疑，即明显稳定的生态系统因人为原因导致的变化是“不好的”，因此，必须以甚少甚至不施加人类干涉的方式对其进行保护。

总之，齐默尔以及受到新生态学影响的其他地理学者更倾向于讨论“自然—社会混合”而非两个互相作用的领域或者范围。新生态学即便没有在文字上，也在精神上与行动者网络理论产生了共鸣。它让我们得以把世界看作多尺度的网，网中偶有那些由人（具有不同的外观、开展不同的经济活动等），植物，动物，土壤，水，森林和其他事物构成的不稳定节点。因此，研究的目的并非对照非人类世界所施加的某种稳定
236 的永恒基准来对人类的行为做出判断。相反，其目的在于，追溯不同的人类活动（因其类型、频率和强度加以区分）对非人类领域产生的不同生态影响，反之亦然。与以上归纳的关系思维的三种模式相同，其目标也在于实现一个更加“协同的地理学”。

显而易见，非表象理论、行动者网络理论、新辩证法和新生态学之间存在非常强烈的家族相似性。活动 5.2 把上述内容与第一章列出的自然的常规定义加以联系，从而使得这四种思想是“后自然”思想的说法得以加强。

## 活动 5.2

通过前文所做归纳，你能否识别出地理学崭新的后自然思想如何对第一章中“自然”的三个常规定义提出异议？

前文所讨论的四种方法对第一章列出的“自然”的三个主要定义均提出了质疑，即自然是非人类世界，自然是事物的本质，以及自然是一种固有力。就第一种定义而言，以上论及的方法全都跨越了我们思想中的“社会—自然之分裂”，它们都指出，我们所谓之“社会”行动者、表达、制度以及诸如此类，全部依赖于我们所称之“自然”现象的存在和能动性（agency）。因此，它们在本体论上是“对称的”，甚少做出关于哪些社会的和非人类的现象能够（或者不能够）对其他现象施加影响的假设。它们基本上都是按照情况具体分析，并致力于识别出把相关行动者加以联系并产生制约的特定关系。对于第二种定义来说，上述四种方法全都是非本质主义。例如，行动者网络理论并不会认为在任何时间、任何地点发现的熊蜂都是相同的，他们会指出，熊蜂的行为及行为带来的影响有赖于环境的变化（尽管变化是有限的）。对于第三种定义来说，尽管上述任何一种方法都不否认诸如重力等万有引力贯穿于人类和非人类世界，但它们都质疑了存在某种掌控世界如何运转的唯一的先验原则（如平衡与均衡）。

## 四、自然之后的道德

237 显而易见，上述后自然方法对大部分专业地理学者的描述性和解释性习惯提出了挑战。它们试图打消以下企图：把“社会”和“自然”现象分离，对其分别加以研究，或者采用诸如“相互作用”“建构”等主题，以直接的方式为其建立因果联系。但是，除此之外，后自然方法还对大部分专业地理学者的道德和伦理习惯提出了质疑。这一点当然极为重要。无论是在学术界还是在更广泛的学术界之外，对于所谓非社会的“自然”的道德主张依然极为普遍。正如我们在前面各章中所看到的，在最广泛层面上，这些主张可被分为三种主要类型。其一，大部分自然地理学者认为（或者在他们的研究中暗示），关于自然（在这种情况下指的是非人类世界）的“事实”能够也应当与关于自然的道德主张在逻辑上保持区分。其二，大部分批判人文地理学者认为，第一种立场极为天真，因为现实世界的行动者总是不断在关于自然的话语中把事实与价值加以关联。詹姆斯·普罗克特（2001）提供了一个例子。他分析了一项有关北美洲淡水物种的科学研究（Ricciardi and Rasmussen，1999）如何被一个“亲环境的”新闻网站加以报道。报道的第一句这样写道：“根据加拿大最近开展的一项研究，北美地区的某些淡水物种正在灭绝。其灭绝速度等于甚至快于雨林种群，但是它们的困境却基本被忽视了。”根据普罗克特的观察，对于以带有强烈个人情感的方式对物种灭绝的事实进行的报道，大家已耳熟能详，并且把其带来的风险视为理所当然。报道含蓄表达的是，物种灭绝在道德上是无法被接受的，应当立即停止。框图 3.3 对“道德自然主义”的另一个例子进行了解释。其三，有鉴于此，大部分批判人文地理学者会指出，我们从未直接从自然（人类或者非人类）的事实中得出我们的道德观。相反，我们自行建构起自己的伦理规范，正因如此，这些规范因人而不同，因社会而不同。

尽管这些关于伦理和自然的立场存在差异，但我所列出的关系方法对所有立场都提出了异议。为何如此？原因之一在于，所有的立场都致力于把自己置于某一种本体论领域中。例如，道德自然主义和道德建构主义都宣称，我们关于“自然”的伦理立场，或是由自然自身赋予，或是由特定的社会和文化赋予。原因之二在于，这三种立场为我们提供了 238
道德绝对主义和道德任意性的极端选择。前者是把我们的道德观建立在自然所谓“注定的”事实基础之上的诸多努力所具有的特征之一。这是一种“自然知晓一切”的道德观，让人类行动者别无选择，只能服从。在《自然的地理学：发展中国家的保护新经验》中，齐默尔和杨（Zimmerer and Young，1998）令人信服地展示了这种道德观所带来的风险。他们表明，就在不久之前，诸多发展中国家的环境保护“智慧”仍然反映出旧生态学的价值，同时还反映出 19 世纪末以来殖民统治者和科学家所传播的非人类世界的浪漫主义观点。这种“人与公园对抗”的智慧，为频频出现的把农民、部落和土著社区从他们的土地上驱离，从而保护那些据称受到了人类土地利用实践威胁的“自然景观”的行为提供辩护。与之相反，就以上所列的三个伦理立场中的第一个和最后一个而言，道德任意性是其潜在的弱点。这样的话，我们关于“自然”的道德视角的基础就被认为并不比人们决定采纳这些视角时的依据更为牢靠，无论针对的是自然中的哪种物质“现实”。

那么，关系伦理学又如何呢？在这样一种伦理观中，“自然”既不被视为不具有独立道德地位的社会建构，也不被视为我们应当给予它道德考量的单独领域。目前为止，持有关系思想的地理学者并未给出具体的答案。总体来看，他们仅仅提供了后自然伦理学的哲学纲要，并未对实质性的道德原则加以讨论（如公平、权利和义务）。即便如此，细究萨拉·沃特莫尔针对这一问题的思考，我们也能获知这种截然不同的道德世界是何种样貌。

萨拉·沃特莫尔是《混合地理学》（*Hybrid Geographies*，2003）以及关于后自然思想数篇颇具影响力的文章的作者（Whatmore，1997）。沃特莫尔是牛津大学的环境地理学教授，她借鉴了行动者网络理论、女性主义若干流派以及德勒兹（Deleuze）、伽塔利（Guattari）、斯唐热（Stengers）等人的思想，描绘出关系伦理学的轮廓。这样一种道德观是如何认识“自然”的？按照沃特莫尔的观点，显而易见，并不能说某一离散的种类的实体（人类和非人类）值得或者不值得得到人类的道德考量。她认为，我们必须摒弃环境保护主义者（其关注的重点在于非人类世界）和生物伦理学家（其关注的重点在于人类的生理和心理）
239 所持有的典型道德规则。与思瑞夫特相同，她提醒我们，人类是**具体化**和**有形**的：我们之所以是人类，正是因为我们与数不胜数的非人类事物之间的联系（比如，食物的摄取和排泄）。因此，她认为，无论就任何道德体系而言，我们都有必要对某一特定的“不仅由人所构成的”网络中的诸多或者全部行动元加以考虑。我们别无选择，必须承认每个人都连接在本地和全球“错综复杂的纠葛”中，其中，所有“组成部分”都发挥着各自的作用。因此，沃特莫尔提出，道德产生于或者适用于某一组实体的观点是毫无意义的。同样，如果我们认为关于“自然”的道德是（由外部事实）赋予我们的，或者是由我们自身（凭借自我信念、价值观与假设）设定的，我们的道德就会出现扭曲。总之，沃特莫尔所倡导的道德非常“慷慨”，并未就特定情况下到底是谁或者到底哪些事物应当被予以道德考虑做出任何设定。这样一种普适的道德观，目的在于为我们提供微妙的伦理技巧，从而拒绝在社会操纵的道德观与自然赋予的道德观之间做出非此即彼的选择。这样一种道德观是与“亲密无间的世界”（companioned world）的混合性、杂糅性和现实性相适应的 [ 关于沃特莫尔的更多观点，参见期刊《对极》（*Antipode*，2005）；与《混合地理学》相似的书，可参见欣奇利夫（Hinchliffe，2006）的著作 ]。

## 五、后自然思想的动机是什么?

关于本章所讨论的后自然思想，我们可以很轻易地做出两点推测。其一，正如前文所质疑的，因为认为这种思想能够反映诸如使用了异种移植器官的人这种崭新混合“现实”的现象，所以得到社会建构主义或者自然实在论的青睐。其二，因为当前众多地理学者认为关系性思维（relational thinking）是必不可少和贴近前沿的，所以它势必比公认的前辈们的更好。我对上述两个推论持反对意见。我认为，我们当前需要去做的事情是对后自然思想进行反思：到底是何动机促使其提出这样的主张？在摆脱了社会—自然二元论之后，他们希望达成何种目的？

循着上述问题，我们要去探究思瑞夫特、齐默尔和沃特莫尔等地理学者的兴趣与雄心。这样，我们就能够从对这些学者所呈现的无缝的社会—自然现实的关注中脱离出来。当然，并不是说这些地理学者不认为
他们自己从事的是讲述真相的职业。作为学者，他们相信自己所揭示的 240
正是采用惯常思想和行动方式无法获知的真相——无论是地理学者还是普通市民，都不能避免（Murdoch and Lowe，2003；他们的研究提供了一个清晰的例子）。但这并非其全部目的。他们同样还会出于特定的理由做出刻意的智力干预（conscious intellectual interventions）。可能的理由是什么？第一，智力创新的冲动是西方学术界必不可少的一部分，这些地理学者也难以置身其外。正如大卫·哈维（1990：431）所

指出的，学者之间、其所在院系及大学之间存在的竞争关系，使得那些能够对当前的智慧成功提出专业批评的人有利可图。第二，如果不这么愤世嫉俗，我们也可以推测，我们所看到的是让这个相当分裂的学科得以复合的努力，并试图以崭新的、富有成效的方式重启“地理学尝试”，从而最终让大部分地理学者获益。第三，我们可以认为，他们在此表达的是对世界复杂性和流动性崭新的尊重。在一篇引人深思的文章中，史蒂夫·欣奇利夫（2001）向我们表明了由之带来的风险。他有关科学家如何寻求捕获朊病毒的本体论“本质”的分析表明，假定朊病毒具有一种本质（也就是它们是“自然种类”）对 20 世纪 90 年代英国“疯牛病危机”的解除造成了阻碍而非带来了帮助。如果当时这些科学家能够更适应朊病毒的活动性，疯牛病就能够得到更加有效的应对。第四，我们可以对其表达的真正的道德焦虑加以推测。其焦虑之处在于，我们用来描述、解释以及对世界做出判断的二分法，为人类和非人类事物带来了同样惨重的后果。例如，齐默尔针对“无人自然保护区”提出的批评，正是试图公平对待流离失所的社区，同时谨慎关照生物物理世界的物质性和道德权利。

值得指出的是，本章所讨论的关系性思维（relational thought）与本体整体论（ontological holism）具有明显的相似之处（参见框图 4.4）。在地理学之外，整体论是环境伦理学中一个重要的组成部分，无论是在学术界（如专业的环境哲学），还是在广泛的世界中（如极端环保主义者）。最著名的表达莫过于英国科学家和环境保护主义者詹姆斯·洛夫洛克（James Lovelock）提出的“盖娅假说”（Gaia hypothesis）。洛夫洛克认为，我们的星球是一个庞大且具有高度整体性的系统，其各个系统和子系统中存在着有序化的内在倾向。若干环保主义者采用“盖娅”
241 （“地球母亲”）这一观点，指出如果人类不善待地球，将在随之而来的生物物理自我调节的“盲”机制（“blind” mechanisms）的作用下成为灭绝物种。本章讨论的任何一种关系方法，都并非这种超有机和稳态的意义上的整体论。实际上，他们全都反对这种类型的整体论，因为它可能会为权威主义伦理学发放通行证。这种伦理学早在 1974 年就受到大卫·哈维的批评，因为它假借所谓的“自然命令”来要求人们可以做什么以及不可以做什么。因此，这种类型的整体论不仅未能克服“人类/非人类”的一分为二，还应被看作为了训导人们对地球自然环境系统采取行动的方式而刻意维持的工具。

## 六、结　论

我在第一章和第四章的结尾都指出，“地理学尝试”（geographical experiment）已经名存实亡。即便如此，前文所讨论的后自然思想也可以被视为少数人的尝试，他们试图恢复这种实验，同时替换在麦金德所处时代支撑于其下的“社会”和“自然”的语汇。如果能得到重视，后自然思想会对地理学以及外界关于自然的日常认识带来意义深远的挑战。其中所涉及的，无非是对当前对地理学学科研究和教学进行组织的学术分工提出质疑。若追寻其逻辑结论，那就意味着，人文地理学者不应当仅就“人类”现象开展研究，自然地理学者也不应当仅就生物物理现象开展研究。实际上，环境地理学（目前是地理学三个主要分支中最小的一个）能够占据这一学科的全部空间，但其开展研究的方式应当与当前大不相同。各个方向的地理学者都必须研究那些绝非纯粹属于社会的“社会”现象，以及那些既不与社会无关，也并非社会表达和行动单纯产物的自然现象。出于种种原因，这样的地理学，即适应于被视为混杂的、不纯的、杂乱的和混合的世界的地理学，不大可能出现。尽管地理学科中也有少量学者加以倡导，即便其优点不言而喻，但它仍然不大可能改变大多数地理学者的研究与教学实践。不过，我们仍有理由保持乐观。目前，无论是公众还是研究资助机构、大学生，他们都迫切想知道人类和非人类在哪些方面的融合既非常显著又非常重要。例如，在西
242 方国家中，人们对于用有机食品或者“慢食”取代快餐，包装食品，规模化、大量使用化学制品的农业，兴趣日趋高涨。这种更有益健康的食物包含了消费者、食物供应者、食物零售商、农民、种子、传统农畜品种以及长长的商品链之外更多其他方面的复杂互动，绝不是“自然的”。关于这一问题以及其他问题，环境地理学者在地理学内部占据比当前更多的学科空间，这样的前景指日可待。

## 七、练　习

• 你认为放弃社会—自然二元论是否会带来一些问题？设想你是一位专业地理学者，希望开展一项具有实践和道德意义的实证研究。如果你不能区分“社会的”与“自然的”事物，这是否会导致无法实现对世界进行描述、解释和评价的目标？

• 以相互关联的视角看待世界，意即把世界视为由不同实体构成的毫无罅隙的连续统一体，具有何种优势？你可以从本体论、描述性、解释性和道德等角度分别列出其优势。

• 努力把自己视为时空延伸的网络中的“行动元”。你所嵌入的是何种网络？与你共处同一网络的还有哪些实体？你内化（internalised）这些实体的特征的途径有哪些？对这个问题的思考，可以以你每次摄食

都牵涉其中的食物网作为起点。

## 八、延伸阅读

本章所讨论的四种方法被当前特定地理学者团体热烈讨论和积极使用。在批判人文地理学者中，行动者网络理论无疑得到了最为广泛的讨论，并且最具争议。关于其中的重要问题与分歧，参见卡斯特利和麦克米伦（Castree and Macmillan，2001）的研究。

# 第六章

# 结论：地理学的本质

> 如此之多的参照系叠加于自然之上。但是，并没有任何一个参照系是“天然注定”从而毋庸置疑、不可辩驳的。
>
> （Foster，1997：10）

在第一章中，我断言地理学这门学科并不存在任何“本性”，意即 243
没有任何本质的连贯特征，部分原因在于地理学者采取多样的方式去
理解自然。我希望其后各章中的讨论足以让这一断言变得充实且令人信
服。我已经向读者表明，地理学者所遵循的原则是，无人理解自然是什
么，无人理解自然到底如何运转，以及无人理解我们应当拿自然怎么办。
我也已经向读者表明，自然往往借助从属概念出现在地理话语中。在这
样的话语中，自然被表述为一个虽然真实却如同幽灵一般的存在。我已
经向读者表明，不同的地理学者对我们碰巧称之为“自然”的事物的不
同方面采用不同的方式开展研究，从人的身心到非人类世界都被囊括在
内。我提出，众多人文地理学者渐趋从社会角度对所谓“自然”现象进
行解释，自然地理学者却仍专注于自然的和被改变的环境的“现实”。
环境地理学者或采用建构主义方法，或采用实在论方法研究自然，力图
做到最好。与此同时，另有少量地理学者试图超越社会—自然二元论， 244

而这种二元论恰恰是地理学科不同部分的学者所喜爱的不同自然研究方法的根基。其带来的后果，正如我在前文中所列，是一百多年前所开创的“地理实验”的终结。当前，关于如何把社会与自然放置到同一个解释框架中，人们并未达成任何学科共识。萨拉·沃特莫尔、奈杰尔·思瑞夫特和乔纳森·默多克等学者对二元论提出了驳斥，但是二元论却是这一实验的基础，因此它所产生的分歧尤为明显。

这样一来，地理学就生产出了关于自然的多样化知识。我想说的是，这种多样性实在非同一般。这样的知识纵深可以回溯到 19 世纪末地理学作为一门“架起桥梁的学科”被创立出来。为了与我在第一章中提出的“根本就没有自然这种东西”的观点保持一致，地理学中关于自然的知识应当被视为对这一概念（或者其从属概念之一）所表示的事物追根溯源的广泛过程的一部分。我在第一章中指出，至关重要的是，不要被这些知识的外观迷惑。人们太容易认为自然（和诸多环境）地理学者生产的是关于环境的“客观的”知识，因为他们是科学家。同样重要的是，需要思考为何如此多人文和环境地理学者都坚持我们所谓之“自然”往往是一种社会的产物。我们还需要弄清楚，那些声称“自然”既非社会建构也非相对独立领域的人的动机到底是什么。因此，我在第五章中用了一节来讨论这个问题。显而易见，地理学中各个不同的研究领域都相信自己生产的关于自然的知识告诉人们的是重要且值得被知道的东西。但是，如果把这些知识视为受到高等教育的大学研究学者不同群体的“专业知识”，从而一概奉为圭臬，那就太天真了。相反，我们需要去探究这些专业知识如何被用来推进关于什么是（或者什么不是）自然的特定主张。顺便说一句，这种观点也适合于本书。我已经在书中表达了我对于自然的观点，并且是以专业学者的身份来表达的。但是，如果我在细察其他地理学者关于自然的观点时并不承认自己的观点同样有待推敲，那我无疑是个前后矛盾的人。

最后的评论直接针对本书的学生读者。如果你已经读到了这里，那么我希望你关于地理学者如何研究自然以及他们为什么研究自然的理解已经受到了挑战。很多学生之所以选择读取地理学学位，或者是出于对自然的热爱，或者是出于对环境问题的痴迷，或者是出于对环境恶化的忧虑。我希望，《自然》一书能告诉你，地理学者对于自然的兴趣已 245
经扩展到生物物理环境之外。更为重要的是，我希望这本书能引导你捕捉到一个事实，即地理学者仅仅是世界各地努力去对“自然”是什么以及人们应当以何种方式对待“自然”一词所指代的事物加以界定的诸多群体之一。为了能够让自己的声音在竞争中被人知晓，地理学者和其他学者相同，都有赖于让他人感觉到自己的专业性。在第四章中，我们可以非常形象地了解到这一点，其中展示的是自然地理学者如何孜孜不倦地把自己描述为科学家（并且具有这个意义丰富的词语所包含的一切内涵）。然而，这样的斗争并不仅限于在大学之外（如在环境政策制定领域）进行。它同样在高等教育内部，在学科之间和学科之内发生着。教学正是这种斗争的重要组成部分。地理学的学生在攻读学位过程中内化了的关于自然的知识，正是让社会对自然的理解得以形成和塑造的广泛过程的一部分——无论他们是否意识到。尽管看上去这些知识是无可辩驳的，因为这是由你们的教授提供的，但我已经告诉你们，应当换种方式来看待你们的教授。我认为，教育是另外一种政治手段。正是因为未能意识到这一点，学生被禁锢于“导师—弟子”的教学模式中，他们的思辨能力也受到了束缚。

在名为《教学越界》（*Teaching to Transgress*）的著作中，文化评

论家格洛丽亚·沃特金斯[Gloria Watkins，她还使用笔名贝尔·胡克斯（Bell Hooks）]指出，教育过程中的双方经常会忘记，二者的相遇（无论是在报告厅中、在研讨室里，还是在当前情况下，即在一本书的某一页中）会带来何种风险。

如果把教育错误地理解为只是由一方（教师）向另一方（学生）传输信息，教学双方就无法获知教育真正的重要性。沃特金斯认为，教育让学生脱胎换骨，无论他们自己是否意识到这一点。有一句家喻户晓的名言："苗弯树不直。"教育体系以及家庭、电视等若干其他重要事物，在把孩童这样的小树苗压弯或使其挺拔、对青少年和年轻人这样生长中的枝条进行塑形方面发挥着关键作用。毕竟，在 21 岁或者 22 岁之前（取得第一个学位的典型毕业年龄），西方国家大部分学生都会把他们有生以来约 80% 的时间用于接受全日制教育。在这漫长的时间里，学生所吸收的知识并不仅仅是"添加于"完全成型的品性之上，譬如蛋糕上
246 的糖霜或者房屋的扩建。相反，这些知识帮助把学生塑造成特定类型的人。简而言之，正规教育不可能不对受教育者的品性加以塑造。

在我看来，对这个无法规避的问题的清醒认识，能够让教育体系各个层次的教师和学生都获得解脱。这就意味着，即便不一定在实践中，那么至少在理论上，"教育是什么""如何开展教育""为何开展教育"这些问题会一直充满争论。并不存在学生应当知晓的一套"正确的"东西，并不存在任何一种"恰当的"学习方式，并不存在任何"不言而喻的"教育目标。相反，只有关于应当教授什么、如何开展教学以及达到何种目的的若干选择。也就是说，当做出这些选择并且得到足够多教师的认可之后，它们就倾向于成为"常识"。事实上，在我们这样的社会中，教学的内容、方式以及目的倾向于在很长时期内"一成不变"。沃特金

斯的著作试图提醒教师（和他们的学生）事情可能并非如此：我们共同肩负着“重大责任”（Hooks，1994：206），要充满思辨精神地时时反思大学（以及大学之前）的教育应当何去何从。

我希望《自然》为学生读者提供工具，从而让他们能够辨识出关于自然的知识是经过建构的，并且是可以提出争论的。我希望他们现在认识到（如果以前并未认识到），不应当认为教授是在通向真实的知识的大道上前行，从而对他们（也包括我）言听计从。尽管我看上去“置身事外”，并呈现出关于这一主题全面的地理学理解，但我对于自然的观点绝对不中立。例如，非表象理论者会全盘反对我的方法，因为我仅仅把知识作为插入我们自己和社会—自然世界之间的表象“层”而加以关注。地理学内部自然知识的多样性，足以表明并没有唯一的理解自然的“正确方式”。然而，我们必须去理解自然。正如本书开篇的七个小故事所显示的，“自然”这一话题在我们的生活中无处不在。这也正可解释为何自然知识如此重要。说出“这就是自然”“自然是这样运转的”或者“这是我们对待自然应当采取的方式”的权力，实在是令人敬畏的权力。开展自然研究是如此重要，这绝非只是地理学者的使命。然而，作为地理学者，我们更加有资格去开展这样的研究，前提是我们必须承认自然的知识只是对这些知识所描述的现象加以界定并施加影响的永无休止的斗争中的一部分。关于自然的知识，我们必须随时询问自己和他人
以下问题：这些知识如何被它们的倡导者加以合法化？他们试图达成何 247
种类型的现实？为什么他们采用这样的方式描述自然？认真回答这些问题，我们就能够获得可以帮助我们做出以下真正合理决定的工具：自然到底是什么？自然如何运转？如何管理自然？在当下以及未来应当如何与自然相处？

关于地理教育政治学的讨论，请参见卡斯特利（2005b）的研究，其中有一节很值得阅读。

# 课程作业和考试问答题

以下问答题，可供在考试中使用或者作为学期报告任务。本书的阐 248
述以及各章结尾的推荐阅读书目，可供学生参考，再结合任课教师的指导，这些足以帮助你回答大部分题目。在有些情况下，课程教师需要提供推荐阅读材料。在另外一些情况下，可对下列问题进行修改调整，从而与教师的教学偏好相适应。我并未对这些问题进行分类，因为大部分问题都是开放式的，目的是让学生自行选择内容斟酌作答的机会得以最大化。

- “自然的观点是大规模分散注意力的武器。”[①] 请讨论这一观点。
- 我们是否需要自然?
- “自然无法先于其建构而存在”（Braun，2002：17）请思考上述观点的含义。
- “自然已死！自然永存！”请讨论这一观点。
- 自然是否是一个必要的错误概念？
- “导致环保主义具有如同流行运动一样深入人心的道德权威性，大部分原因在于它把自然当作与人无关的价值的一种稳定的外部来源。以之为对照，我们可以毫不含糊地对人的行为做出评判。”（Cronon，1996：26）克罗农所做出的这一评价是否合理?
- “自然这种东西并不存在。”请批判性地评价这一表述。

---

① “a weapon of mass distraction”乍看很像“a weapon of mass destraction”（大规模杀伤性武器），此处译为“大规模分散注意力武器”。——译者注

249 •“无论是谁说出‘自然’二字，都需要追问一下：是哪种自然？”（Beck，1995：342）请解释并评价贝克的说法。

•“自然是一个混沌的概念。”你在何种程度上认同这种表述？

•“棍棒和石头能打断我的骨头，但称呼却对我毫发无伤。”请评价这句校园歌谣的歌词对于“自然”一词的适用性。

•“社会建构主义有助于对人体仅仅是‘自然的’或者‘生物的’这一人们长期持有的观念提出挑战。”（Longhurst，2000：23）请就社会建构主义者对人类身体的理解做出思辨式评价。

•“人的性别身份并非由他们的生殖解剖特征赋予，而是由他们的性偏好决定。”（Wade，2002：42）你是否赞同这一观点？

•“地理学是一个分裂的学科，因为自然地理学者和人文地理学者关于自然的理解完全不同。”请对比加以讨论。

•“自然并不是自然的。”（Soper，1995：7）这种说法在何种程度上是合情合理的？

•地理学作为一门学科的本质与地理学者所研究的自然之间有何关系？

•“关于自然，如果你不是实在论者，那就必定是相对主义者。”请对这一观点进行点评。

•“那些持有实在论信条的人，往往能够从建构主义的箭筒中拔取利箭。”（Gergen，2001：16）请对这一表述加以解释。

•设想你是一位专业的自然地理学者。如果持有“自然怀疑论”态度的人文地理学者对你所生产的环境知识的可靠性提出了质疑，你将以何种方式反驳和辩护？

•“与所有……强有力的观点类似，把自然视为荒野，意即视为某种独立、原始、永恒、和谐之物的观点，在很多方面变得比自然所描述的现实更为重要。”（Budiansky，1996：21）请评价这一观点。

• “从某种意义上讲，自然的自然性是其固有且不言自明的。”（Adams，1996：82）这一观点是否正确？ 250

• 请采用来自人类世界或者动物世界的例子，解释生物本质主义观点的若干问题。

• 在对性偏好或者肥胖进行解释时，最为重要的因素到底是自然本性还是后天养成？

• “为某事物命名就为其赋予了一种事实。名称从字面意义上为某一对象提供了含义。”（Unwin，1996：20）请联系种族或者性别，对这一观点进行讨论。

• “意义可以对物理响应加以塑造，但是它们也会因此受限。”（Eagleton，2000：87）请思考，自然的思想能够在何种程度上导致它们声称仅仅去描述的物质现实的出现。

• 请比较和对照自然地理学者为了理解自然环境所采用的主要的本体论。

• “下定义就是在行使……权力。”（Livingstone，1992：312）请结合自然的定义，对这一说法加以分析。

• “它们无法自我表达，它们必须被他人表达。”（Marx，1852）请结合那些惯常被称为“自然”的事物，对这句话的含义进行分析。

• “自然知晓一切。”请讨论这一观点。

• “只有在对其加以使用的社会和知识环境中，我们才能理解概念。”（Agnew et al.，1996：10）请结合基因的概念就此展开讨论。

• 科学知识社会学对于我们理解自然地理学者所生产的环境知识而言有何种意义？

• “自然世界并不会把自己组织成各种相对立之物。”[①]（Cronon，1996：50）你是否赞同这一观点？

• “生物性即命运。”请从女性主义地理学者或者反种族主义地理学者的视角评价这一说法。

• “人类具有特定的生物差异，这些差异本身在现实中不具有任何社会意义。”（Wade，2002：43）请举例解释，为何人与人特定的生物差异变得具有如此重要的社会意义。

• “如果某人……有权力……说‘这就是文化’……并证明这一含义能够成立……此时文化作为一种无比强大的思想就成为现实，如同其他的权力一样现实。”（Mitchell,2000：76）如果把其中的“文化”替换为“自然”，米切尔的说法是否仍然正确？

• “自然的价值有赖于其并非人类这一事实。”（Adams，1996：101）请讨论这一观点。

• 设想你拥有以下身份之一：深生态主义者，人类基因组计划的研究人员，种植转基因作物的农民。你如何评价以下主张：“自然知晓一切”？

• “自然灾害”在何种程度上是自然的？

• 自然地理学者所生产的环境知识在何种程度上是真实的？

• 请解释自然的概念拥有如下作用时采用的方式：一种意识形态，一种霸权，话语的一部分。请在作答时讨论相关理论框架，并阐明你的论点。

• 能否基于“自然需求”的观点建立一种道德准则？

• 自然地理学者做到了“在关节之处切分自然”吗？抑或他们自行

---

① 原文为“parables”，其含义为寓言、比喻。译者翻译时，认为应当是对书中二元论的呼应，所以采取了曲译。——译者注

创造出了自己的研究对象？

• 我们基于何种理由能够信任自然地理学者所生产的环境知识？

• 请选定一部电影，就影片如何对自然进行道德表达进行思辨分析：《侏罗纪公园》、《绿巨人》、《千钧一发》（*Gattaca*）、《冲出人魔岛》（*The Island of Dr. Moreau*）、《弗兰肯斯坦》（*Frankenstein*）、《雾锁危情》（*Gorillas in the Mist*）、《人猿星球》（*Planet of the Apes*）。

• 地理学者从“索卡事件”（Sokal affair）[①] 中能够学到什么？

• “在完全去自然化的自然中……自然的能动性……被否认了。”（Wolch and Emel，1998：xv）这一观点是否适用于近期自然地理学就自然开展的研究？

• 针对下列某本书撰写一篇思辨性的书评：《钟形曲线》《禁忌：为何黑人运动员称霸体坛而我们却惮于就此讨论》《强奸的自然史》。

• “地理学并不具有‘自然’（这种研究对象），因为地理学者研究的自然扩展到了非人类世界之外。”请讨论这一观点。

• “为了把握地理学者对于自然的理解不断变化的历史，必须跳出地理学科来审视。”请评价这一观点。

• 人文地理和自然地理，暂时分居还是永久离婚？

• “自然的概念是另一种政治手段。”请举例对这一说法加以讨论。

• 请就下列概念之一提供思辨分析：荒野、人种、农村。

• “地貌具有认识论价值，因为它们促成了关于地球自然景观的知识的生产。然而，问题在于，地貌是否具有本体论地位。也就是说，地貌是否包含超出物理、化学和生物学特性以及这些特性之间相互关系的

---

① 1996 年，纽约大学量子物理学家艾伦·索卡（Alan Sokal）向著名的文化研究杂志《社会文本》投稿，并故意在文中制造了一些常识性的科学错误，目的是检验编辑们的学术鉴别能力。结果，5 位主编都未能发现错误，一致同意发表该文。后来，索卡在《大众语言》杂志上发表了另一篇文章《曝光：一个物理学家的文化研究实验》。——译者注

组合的某种事物。例如，如果可以令人信服地证明地貌是人为建构的，其目的只是提供方法上的便利性，事实上地球表面就形态学而言是一个连续体，受控于化学、物理学和生物学性能无缝的空间分布，那么一门专注于‘地貌’的独立学科是否有必要存在就会受到质疑。”（Rhoads，1999：766）自然地理学者是否研究“自然类型”？

• “环境的本质”为更加统一的自然地理学带来的是问题，还是机遇？

• 在对以下情况之一进行解释时，请评价“自然本性”和“后天养成”二者哪个是更为重要的因素：生理缺陷、性行为、精神障碍。

253 • “由于一方面，人文地理学家把生物物理环境视为同解决社会问题无关的领域；另一方面，他们仅仅诉诸人文过程的解释维度，于是他们采用了自然—社会的二分法。”（Urban and Rhoads，2003：224）请对这种说法加以点评，并评价其对整个地理学的意义。

• “在西方，我们习惯于把正常的和自然的当成同一种东西。”（Holloway and Hassard，2001：5）请使用人类本性或者非人类世界的例子来评价这一观点。

• “我们太容易忘记人类本身就是自然的一部分……并非脱离于自然之外。”（“The Prince of Wales”，2002）这一说法是否正确？是否重要？

• 请使用真实的或者虚构的例子，批判地评价行动者网络理论。

• 人文地理学者和自然地理学者能否围绕对于物质世界崭新的“后自然”的理解达成统一？

• 动物地理学者所开展的崭新研究，如何对地理学科内部和外部关于“自然”的常规理解带来挑战？

# 注 释

## 前 言

1 也就是说，地理学者对就人类和非人类自然开展研究的其他学科产 *254*
生的影响甚微。例如，一本关于重要环境思想者的新书，所列的 50 人名单里并无任何一位地理学者（Palmer, 2001）。这或能反映出地理学者关于自然的思想的非独创性！但这同样能够反映出非地理学者持有的难以撼动的偏见，即地理学是一门纯粹的经验性学科，只能够生产描述性或者分类性知识。

## 第一章 奇怪的自然

1 Source：“IVF Mix-Up and the Wrong Dad”, *the Guardian*, 23 August 2003.

2 Source：“A Bleak Corner of Essex is Being Hailed as England’s Rainforest”, *the Guardian*, 3 May 2003.

3 Source：R. Thornhill and C. Palmer（2000），*A Natural History of Rape*（Cambridge, Mass：MIT Press）.

4 Source：“Cloned Foal Romps into Record Books”, *the Guardian*, August 2003; “How Noah Could Clone a New Ark”, *the Observer*, 7 January 2001.

5 Source：“Fish Don’t Scream”, *the Guardian*, 31 July 2001;

Stephen Wise (2000), *Rattling the Cage* (New York: Profile Books).

6 Source: "Southern Ocean Hunt for Ship", *the Guardian*, 19 August 2003; "Kazakh Dam Condemns Aral Sea", *the Guardian*, 29 October 2003; "Ice Retreats to Open North-West Passage", *the Guardian*, 11 September 2000; "Vanishing Herbal Remedies in Need of Cure", *the Guardian*, 14 August 2001; Bjorn Lomborg (2001), *The Skeptical Environmentalist* (Cambridge: Cambridge University Press).

7 Source: "Revealed: The Secret of Human Behaviour", *the Observer*, 11 February 2001; "The Science Behind Racism", *the Guardian*, 10 May 2000; John Entine (2000), *Taboo* (Washington, DC: Public Affairs Publications).

255 8 在第四章中，我将对科学以及自然研究有更多涉及，特别是关于自然地理学。

9 我将在第三章中对布劳恩的研究开展更为深入的讨论。

第二章 地理学的“自然”

1 这种类型的后戴维斯（post-Davis）自然地理学，可让人回想起戴维斯同时代的一位学者 G. K. 吉尔伯特所开展的研究。通常人们认为，吉尔伯特是以证据为基础的“科学的”自然地理学的先驱者，聚焦于较小时空尺度。

2 我之所以插入这一句，是因为很多人质疑这个时期的地理学者是否采用了统一的方法，用以替代对现实世界开展研究的“适当”方法的松散理解。

3 在第四章中，我会对科学方法有更多讨论。

4 文化生态学同样对第三世界政治生态学的形成产生了影响，对北美洲而言更为显著，参见罗宾斯（Robbins，2004a）的研究。

5 当我在社会建构中使用“社会”一词时，其含义与施加作用于所谓“自然”的事物之上的经济、文化和政治活动通用。正如读者将在第三章中看到的，在社会建构中“社会”一词的准确含义对于不同地理学者而言是有所变化的，会因各自的理论视角和研究的经验关注点的不同而发生变化。

6 牛津大学出版社出版了一系列浅显易读的“极简版入门读物”，其中涵盖了分别由克里斯·巴特勒（Chris Butler）、凯瑟琳·贝尔西（Catherine Belsey）和罗伯特·杨（Robert Young）引领的三个“后”（posts）研究。

7 请注意，人文地理学的“文化左翼”“社会左翼”和社会与文化地理学中的分支并不等同。相反，它们几乎与人文地理学的所有分支都有交叉。

8 我在此使用了“实在论者”（realist）一词。它并不仅有本章前文所论及的“先验实在论”这一专门含义，而是更为泛指，指的是对不同于且不能被简单等同于社会表达和操纵的非人类世界的信仰。

## 第三章 去自然化：让自然“回归”

1 坦白讲，我之前就“自然”这一主题撰写的著作，在特征上可能应当被归类为“去自然化的”。实际上，我在本章后文中援引了一篇我自己的文章，作为对非人类世界物质（或者实体性）建构开展讨论的一部分。

2 然而贾雷德·戴蒙德（Jared Diamond）是证明这一规则的为数寥

寥的当代知名地理学者之一。

3 用科学真相对抗虚假的最为直言不讳的地理学捍卫者可能是生物地理学者菲利普·斯各特（Phillip Stott）。他的个人主页揭露了他认为的环境保护论者的谎言。

256 4 地理学界甚少有人使用福柯的观点去解释非人类世界是如何被话语建构的。达里耶（Darier）担任编辑的著作（1999）对环境话语加以审视，然而并没有地理学者参与撰写。布劳恩（2000）近期的一部著作，更加明显地借鉴了福柯的观点，德梅瑞特则在针对森林如何成为“科学管理”对象开展的分析中使用了他的观点（Demeritt，2001a）。

5 总体来看，批判人文地理学者针对自然的物质建构所开展的研究，援引了政治经济学提供的理论灵感。“政治经济学”这一词语指的是为经济如何运行提供批判性理解的一系列理论，聚焦于权力、财富以及其他（资源）的不均等分配（Caparaso and Levine，1992）。无论是在人文和环境地理学内部还是在其外，马克思主义都是最为重要的政治经济理论。我之所以特别提到这一点，是因为批判人文地理学者在对自然开展的研究中基本都忽略了社会理论。社会理论指的是从特征性社会关系、重要社会群体、权力和阻力的主要形式等方面对社会构成开展分析的一系列方法。尽管政治经济学和社会理论有所重叠，但二者并非同义（Goldblatt，1996）。在地理学之外，批判研究学者已经把社会理论用于环境问题（特别是在社会学之中），至于批判地理学者为何忽略了这些研究学者的工作，原因尚不明。

尽管我在本章这一节对物质建构主义加以阐述，但地理学界少数马克思主义学者已经从表达建构和物质建构两个层面对自然的建构开展了分析。这并不是说表达并不具有物质性（毕竟这是我在本书中的主要论点）。我的意思是，若干马克思主义地理学者寻求把对于自然的表达与它们所指的“真实自然”如何为了特定经济阶层的利益而加以转变的理解相关联。例如，采用“规制理论”的框架，加文·布里奇展示了在资本主义社会中，企业和国家机构如何为利用自然环境的方式设置了极具针对性的“操控”（Bridge，1998；Bridge and McManus，2000）。与此同时，乔治·亨德森（George Henderson）使用了“意识形态”这一特定的概念（参见框图 3.1）来分析 20 世纪早期加利福尼亚州环境发生的转变如何通过这一时期的小说、手册和其他纸质传媒得到反映（Henderson，1999）。

第四章　两个自然？：地理学的分与合

1 除非另行注明，我在使用“实在论”一词时不会采用先验实在论者或者批判实在论者赋予这个词的具有高度特异性的含义（如第二章开展的讨论）。

2 在本章就自然地理学开展的讨论中，我并不希望让读者产生错误印象，即该学科在研究和理解非人类世界时采用了连贯的或者统一的方法。当代自然地理学是多样的，甚至有人说是分裂的研究和教学 257
领域（Gregory et al.，2002）。限于篇幅，我无法在此详述其多样性和分异性。

3 这并非暗示自然地理学者从不在实验室开展实验研究，或者对现场采集到的数据进行实验室分析。他们经常会开展这两种工作，但是其最终目的在于通过实验室研究来理解真实的环境。

4 尽管这一时机非常重要，但是自然地理学者常常会感觉到，其他自然科学家对他们所开展研究的严谨性持怀疑态度。一些自然地理学者认为，存在这样一种认识，即自然地理学研究比不上物理、化学等学科所具有的“科学性”。

5 例如，索恩斯和麦格雷戈（Thornes and McGregor，2003）针对气候研究提出了这一观点。

6 尽管目前为止并未对自然地理学者和自然地理学开展研究（德梅瑞特的工作除外）。

7 科学家也频频就“是什么”提问，与原因和结果较少关联（也就是解释），更多与对所知甚少的现象本质进行描述相关。

8 海恩斯·杨和佩奇（1986：ch. 1）在自然地理学语境下为“模型”“理论”和“定律”这几个词语提供了定义，比我在此处所提供的更为精确。

9 正如同弗塞思在喜马拉雅地区所开展的研究，请回顾第三章“重塑自然”一节。

10 “逆推”（retroduction）一词也可用以描述在当前证据的基础上辨识过去的事件和过程。所谓“溯因”（abduction），同样也是众多自然地理学者所开展的研究的一个重要方面。框图 4.6 就这一点有所讨论。

11 费耶拉本德经常被视为为科学知识社会学提供灵感的人之一。

12 关于非人类世界如何运转的这四种思想尽管存在很大差异，但却都强调了生物物理现象在多个时空尺度上的非线性、不可预测性和不规则性。

13 自然地理学界针对这一学科如何或者应当如何做到价值中立开展了有趣的争论（比如，可参见 1998 年的《美国地理学者协会年刊》）。除此之外，若干自然地理学者还呼吁把伦理争辩正式纳入其研究，如理查兹（2003b）。

# 参考文献

Abramovitz, J. ( 2001 ) 'Averting unnatural disasters' in L. Brown ( ed. ) *State of the* 258
*World* ( London: Earthscan ) pp. 123–143.

Ackerman, E. ( 1945 ) 'Geographic training, wartime research and immediate professional interests', *Annals of the Association of American Geographers* 35: 121–143.

Adams, W.M. ( 1996 ) *Future Nature: A Vision for Conservation* ( London: Earthscan ) .

Adams, W.M. and M. Mulligan ( 2002 ) ( eds ) *Decolonising Nature: Strategies for Conservation in a Postcolonial Era* ( London: Earthscan ) .

Agnew, J., D. Livingstone and A. Rogers ( eds ) ( 1996 ) *Human Geography* ( Oxford: Blackwell ) .

Anderson, K. ( 2001 ) 'The nature of "race"' in N. Castree and B. Braun ( eds ) *Social Nature* ( Oxford: Blackwell ) pp. 64–83.

*Annals of the Association of American Geographers* ( 1998 ) 'Science, policy and ethics forum', 88, 2: 277–310.

*Antipode* ( 2005 ) 'Symposium on Hybrid Geographies', 37, 5.

Bagnold, R.A. ( 1941 ) *The Physics of Blown Sand and Desert Dunes* ( London: Methuen ) .

Baker, V. ( 1999 ) 'The pragmatic roots of American Quaternary geology and geomorphology', *Geomorphology* 16, 2: 197–215.

Bakker, K. and G. Bridge ( 2003 ) 'Material worlds? Revisiting the matter of nature', unpublished paper, available from the authors.

Banton, M. ( 1998 ) *Racial Theories* ( Cambridge: Cambridge University Press ) .

Barker, C. ( 2000 ) *Cultural Studies* ( London: Sage ) .

Barrett, L. ( 1999 ) 'Particulars in context', *Annals of the Association of American Geographers* 89, 4: 707–712.

Barrett, M. ( 1992 ) *The Politics of Truth* ( Cambridge: Polity ) .

Barrows, H. ( 1923 ) 'Geography as human ecology', *Annals of the Association of*

*American Geographers* 13, 1: 1–4.

Barry, J. （1999）*Environment and Social Theory* （London: Routledge）.

Bartram, R. and S. Shobrook （2000）'Endless/end-less natures', *Annals of the Association of American Geographers* 90, 2: 370–380.

259 Bassett, K. （1999）'Is there progress in human geography?', *Progress in Human Geography* 23, 1: 27–47.

Bassett, T. and K.B. Zueli （2000）'Environmental discourses and the Ivorian savanna', *Annals of the Association of American Geographers* 90, 1: 67–95.

Bateman, I. and R.K. Turner （1994）*Environmental Economics: An Elementary Introduction* （London: Harvester Wheatsheaf）.

Battarbee, R., R. Flower, J. Stevenson and B. Rippey （1985）'Lake acidification in Galloway', *Nature* 314: 350–352.

Baudrillard, J. （1995）*The Gulf War Did Not Take Place* （Sydney: Power Books）.

Bauer, B. （1999）'On methodology in physical geography: a forum', *Annals of the Association of American Geographers* 89, 4: 677–778.

Beaumont, P. and C. Philo （2004）'Environmentalism and geography: the great debate?' in J. Matthews and D. Herbert （eds）*Unifying Geography* （London: Routledge）pp. 94–116.

Beck, U. （1992）*Risk Society* （London: Sage）.

Bennett, J. and W. Chaloupka （eds）（1993）*In the Nature of Things: Language, Politics, and the Environment* （Minneapolis, Minn.: University of Minnesota Press）.

Bennett, R. and R. Chorley （1978）*Environmental Systems: Philosophy, Analysis and Control* （London: Methuen）.

Benton, T. （1994）'Biology and social theory in the environmental debate' in T. Benton and M. Redclift （eds）*Social Theory and the Global Environment* （London: Routledge）pp. 28–50.

Bird, E.A. （1987）'Social constructions of nature', *Environmental Review* 11, 2: 255–264.

Bird, J. （1989）*The Changing Worlds of Geography* （Oxford: Oxford University Press）.

Blaikie, P. （1985）*The Political Economy of Soil Erosion in Developing Countries* （London: Longman）.

Blaikie, P. and H. Brookfield （1987）*Land Degradation and Society* （London: Longman）.

Blaikie, P., T. Cannon, I. Davis and B. Wisner （1994）*At Risk: Natural Hazards,*

*People's Vulnerability, and Disasters* ( London: Routledge ) .

Blunt, A. and J. Wills ( 2000 ) *Dissident Geographies* ( Harlow: Pearson ) .

Botkin, D. ( 1990 ) *Discordant Harmonies* ( Oxford: Oxford University Press ) .

Boyd, W., W.S. Prudham, and R. Schurman ( 2001 ) 'Industrial dynamics and the problem of nature', *Society and Natural Resources* 14, 4: 555–570.

Bradbury, I., J. Boyle and A. Morse ( 2002 ) *Scientific Principles for Physical Geographers* ( Harlow: Prentice Hall ) .

Bradley, P.N. ( 1986 ) in R.J. Johnston and P. Taylor ( eds ) ( 1986 ) *A World in Crisis?* ( Oxford: Blackwell ) pp. 89–106.

Braithewaite, R.B. ( 1953 ) *Scientific Explanation* ( Cambridge: Cambridge University Press ) .

Braun, B. ( 2000 ) 'Producing vertical territory', *Ecumene* 7, 1: 7–46.

Braun, B. ( 2002 ) *The Intemperate Rainforest* ( Minneapolis, Minn: Minnesota University Press ) .

Braun, B. ( 2004 ) 'Nature and culture: on the career of a false problem' in J. Duncan *260*
et al. ( eds ) *A Companion to Cultural Geography* ( Oxford: Blackwell ) pp. 150–179.

Braun, B. and J. Wainwright ( 2001 ) 'Nature, poststructuralism and politics' in N. Castree and B. Braun ( eds ) *Social Nature* ( Oxford: Blackwell ) pp. 41–63.

Bridge, G. ( 1998 ) 'Excavating nature: environmental narratives and discursive regulation in the mining industry' in A. Herod, G. O'Tuathail and S. Roberts ( eds ) *An Unruly World?* ( New York: Routledge ) pp. 219–244.

Bridge, G. ( 2000 ) 'The social regulation of resource access and environmental impact: cases from the U.S. copper industry', *Geoforum* 31, 2: 237–256.

Bridge, G. and P. McManus ( 2000 ) 'Sticks and stones: environmental narratives and discursive regulation in the forestry and mining sectors', *Antipode* 32, 1: 10–47.

Brunsden, D. and J. Thornes ( 1979 ) 'Landscape sensitivity and change', *Transactions of the Institute of British Geographers* 4, 4: 463–484.

Budiansky, S. ( 1996 ) *Nature's Keepers* ( London: Orion Books ) .

Bunce, M. ( 2003 ) 'Reproducing rural idylls' in P. Cloke ( ed. ) *Country Visions* ( Harlow: Prentice Hall ) pp. 14–28.

Bunge, W. ( 1962 ) *Theoretical Geography* ( Lund: C. Gleerup ) .

Burgess, J. ( 1992 ) 'The cultural politics of nature conservation and economic development' in K. Anderson and F. Gale ( eds ) *Inventing Places* ( Sydney: Longman ) pp. 235–252.

Burgess, J., C. Harrison and P. Filius ( 1998 ) 'Environmental communication and the cultural politics of environmental citizenship', *Environment and Planning* A 30, 10: 1445–1460.

Burley, J.C. and J. Harris（eds）（2002）*A Companion to Genetics: Philosophy and the Genetic Revolution*（Oxford: Basil Blackwell）.

Burningham K. and G. Cooper（1999）'Being constructive: social constructionism and the environment', *Sociology* 33, 2: 297–316.

Burr, V.（1995）*An Introduction to Social Constructionism*（London: Routledge）.

Burt, T.P.（2003a）'Realms of gold, wild surmise and wondering about physical geography' in S. Trudgill and A. Roy（eds）*Contemporary Meanings in Physical Geography*（London: Arnold）pp. 49–61.

Burt, T.P.（2003b）'Upscaling and downscaling in physical geography' in S. Holloway et al.（eds）*Key Concepts in Geography*（London: Sage）pp. 209–227.

Burt, T.P.（2005）'General/particular' in N. Castree, A. Rogers and D. Sherman（eds）*Questioning Geography*（Oxford: Blackwell）pp. 185–200.

Burt, T.P. and D. Walling（eds）（1984）*Catchment Experiments in Fluvial Geomorphology*（Norwich: Geobooks）.

Burt, T.P., L. Heathwaite and S. Trudgill（eds）（1993）*Nitrates: Processes, Patterns and Control*（Chichester: Wiley）.

Burton, I.（1963）'The quantitative revolution and theoretical geography', *The Canadian Geographer* 7: 151–162.

Butler, R. and H. Parr（eds）（1999）*Mind and Body Spaces*（London: Routledge）.

*261* Callicott, J.B. and M. Nelson（eds）（1998）*The Great New Wilderness Debate*（Athens, Ga.: University of Georgia Press）.

Caparaso, J. and D. Levine（1992）*Theories of Political Economy*（Cambridge: Cambridge University Press）.

Carson, R.（1962）*Silent Spring*（London: Hamilton）.

Castree, N.（1997）'Nature, economy and the cultural politics of theory: the "war against the seals" in the Bering Sea, 1870–1911', *Geoforum* 28, 1: 1–20.

Castree, N.（2000）'The production of nature' in E. Sheppard and T. Barnes（eds）*A Companion to Economic Geography*（Oxford: Blackwell）pp. 269–275.

Castree, N.（2001a）'Marxism, capitalism and the production of nature' in N. Castree and B. Braun（eds）*Social Nature*（Oxford: Blackwell）pp. 189–207.

Castree, N.（2001b）'Socializing nature' in N. Castree and B. Braun（eds）*Social Nature*（Oxford: Blackwell）pp. 1–21.

Castree, N.（2005a）'Is geography a science?' in N. Castree, A. Rogers and D. Sherman（eds）*Questioning Geography*（Oxford: Blackwell）pp. 110–125.

Castree, N. ( 2005b ) 'Whose geography?' in N. Castree, A. Rogers and D. Sherman ( eds ) *Questioning Geography* ( Oxford: Blackwell ) pp. 240–252.

Castree, N. and B. Braun ( 2001 ) *Social Nature* ( Oxford: Blackwell ) .

Castree, N. and T. Macmillan ( 2001 ) 'Dissolving dualisms' in N. Castree and B. Braun ( eds ) *Social Nature* ( Oxford: Blackwell ) pp. 208–225.

Castree, N. and B. Braun ( 2004 ) 'Constructing rural natures' in P. Cloke et al. ( eds ) *Handbook of Rural Studies* ( London: Sage ) pp. 161–172.

Chalmers, A. ( 1999 ) *What is This Thing Called Science?* 3rd edn ( Buckingham: Open University Press ) .

Chamberlin, T.C. ( 1965 ) [1980] 'The method of multiple working hypotheses', *Science* 148: 754–759.

Chisholm, G. ( 1889 ) *Handbook of Commercial Geography* ( London: Longman, Green & Co. ) .

Chorley, R. ( ed. ) ( 1969 ) *Water, Earth and Man* ( London: Methuen ) .

Chorley, R. and B. Kennedy ( 1971 ) *Physical Geography: A Systems Approach* ( London: Prentice Hall ) .

Church, M. ( 1996 ) 'Space, time and the mountain: how do we order what we see?' in B. Rhoads and C. Thorne ( eds ) *The Scientific Nature of Geomorphology* ( Chichester: Wiley ) pp. 147–170.

Clements, F. ( 1916 ) *Plant Succession* ( Washington, DC: Carnegie Institution ) .

Clifford, N. ( 2001 ) 'Physical geography – the naughty world revisited', *Transactions of the Institute of British Geographers* 26, 4: 387–389.

Cloke, P., C. Philo and D. Sadler ( 1991 ) *Approaching Human Geography* ( London: Paul Chapman ) .

Collingwood, R.G. ( 1945 ) *The Idea of Nature* ( Oxford: Clarendon Press ) .

Collins, H. ( 1985 ) *Changing Order* ( London: Sage ) .

Conley, V.A. ( 1997 ) *Ecopolitics: The Environment in Poststructuralist Thought* ( London: Routledge ) .

Cooke, R. ( 1992 ) 'Common ground, shared inheritance', *Transactions of the Institute of British Geographers* 17, 2: 131–151.

Cosgrove, D. ( 1984 ) *Social Formation and Symbolic Landscape* ( London: Croom 262
Helm ) .

Cosgrove, D. and S. Daniels ( 1988 ) *Iconography of Landscape* ( Cambridge: Cambridge University Press ) .

Cosgrove, D. and P. Jackson ( 1987 ) 'New directions in cultural geography', *Area* 19, 2: 95–101.

Cox, K. and R. Golledge ( eds ) ( 1969 ) *Behavioural Problems in Geography* ( Evanston, Ill.: Northwestern University ) .

Cronon, W. ( 1996 ) 'In search of nature' in W. Cronon ( ed. ) *Uncommon Ground* ( New York: W.W. Norton ) pp. 23–68.

Cronon, W. ( 1996b ) 'The trouble with wilderness; or, getting back to the wrong nature' in W. Cronon ( ed. ) *Uncommon Ground* ( New York: W.W. Norton ) pp. 69–90.

Cumberland, K. ( 1947 ) *Soil Erosion in New Zealand* ( Wellington: Whitcomb & Tombs ) .

Darier, E. ( ed. ) ( 1999 ) *Discourses of the Environment* ( Oxford: Blackwell ) .

Davidson, D. ( 1978 ) *Science for Physical Geographers* ( London: Arnold ) .

Davis, W.M. ( 1906 ) 'An inductive study of the content of geography', *Bulletin of the American Geographical Society* 38: 67–84.

Demeritt, D. ( 1996 ) 'Social theory and the reconstruction of science and geography' *Transactions of the Institute of British Geographers* 21, 4: 484–503.

Demeritt, D. ( 1998 ) 'Science, social constructivism, and nature' in B. Braun and N. Castree ( eds ) *Remaking Reality: Nature at the Millennium* ( London: Routledge ) pp. 177–197.

Demeritt, D. ( 2001a ) 'Scientific forest conservation and the statistical picturing of nature's limits', *Society and Space* 19, 4: 431–460.

Demeritt, D. ( 2001b ) 'Being constructive about nature' in N. Castree and B. Braun ( eds ) *Social Nature* ( Oxford: Blackwell ) pp. 22–40.

Demeritt, D. ( 2001c ) 'The construction of global warming and the politics of science', *Annals of the Association of American Geographers* 91, 3: 307–337.

Demeritt, D. ( 2001d ) 'Science and the understanding of science', *Annals of the Association of American Geographers* 91, 2: 345–349.

Demeritt, D. ( 2002 ) 'What is "the social construction of nature?"', *Progress in Human Geography* 26, 6: 767–790.

Dickens, P. ( 2000 ) *Social Darwinism* ( Buckingham: Open University Press ) .

Duncan, J., N. Johnson and R. Schein ( eds ) ( 2004 ) *A Companion to Cultural Geography* ( Oxford: Blackwell ) .

Duncan, N. ( ed. ) ( 1996 ) *BodySpace: Destabilizing Geographies of Gender and Sexuality* ( London: Routledge ) .

Duster, T. ( 1990 ) *Backdoor to Eugenics* ( London: Routledge ) .

Eagleton, T. ( 2000 ) *The Idea of Culture* ( Oxford: Blackwell ) .

Earle, C., K. Mathewson and M. Kenzer ( eds ) ( 1996 ) *Concepts in Human*

*Geography* ( Lanham: Rowman & Littlefield ) .

Eckholm, E. ( 1976 ) *Losing Ground* ( New York: W.W. Norton ) .

Eden, S. ( 1996 ) 'Public participation in environmental policy', *Public Understanding* 263
*of Science* 5, 2: 183–204.

Eden, S. ( 2003 ) 'People and the contemporary environment' in R. Johnston and M. Williams ( eds ) *A Century of British Geography* ( Oxford: Oxford University Press ) pp. 213–243.

Edgar, A. and P. Sedgwick ( 2002 ) *Cultural Theory: The Key Thinkers* ( London: Routledge ) .

Ehrlich, P. ( 1970 ) *The Population Bomb* ( New York: Ballantine Books ) .

Emel, J. and R. Peet ( 1989 ) 'Resource management and natural hazards' in R. Peet and N. Thrift ( eds ) *New Models in Geography* Vol. I ( Boston, Mass.: Unwin Hyman ) pp. 49–76.

Endfield, G. ( 2004 ) *Environment* ( London: Routledge ) .

Entine, J. ( 2000 ) *Taboo: Why Black Athletes Dominate Sports and Why We're Afraid to Talk About It* ( Washington, DC: Public Affairs Publications ) .

Entrikin, N. ( 1976 ) 'Contemporary humanism in geography', *Annals of the Association of American Geographers* 66, 4: 615–632.

Entrikin, N. ( 1979 ) 'Philosophical issues in the scientific study of regions' in D.T. Herbert and R.J. Johnston ( eds ) *Geography and the Urban Environment* Vol. IV ( Chichester: Wiley ) pp. 1–27.

Fairhead, J. and M. Leach ( 1996 ) *Misreading the African Landscape* ( Cambridge: Cambridge University Press ) .

Favis-Mortlock, D. and D. de Boer ( 2003 ) 'Simple at heart?' in S. Trudgill and A. Roy ( eds ) *Contemporary Meanings in Physical Geography* ( London: Arnold ) pp. 127–172.

Feyeraband, P. ( 1975 ) *Against Method* ( London: Verso ) .

Findlay, A. ( 1995 ) 'Population crises?' in R.J. Johnston et al. ( eds ) *Geographies of Global Change* ( Oxford: Blackwell ) pp. 152–174.

Fitzsimmons, M. ( 1989 ) 'The matter of nature', *Antipode* 21, 2: 106–120.

Fleure, H. ( 1919 ) 'Human regions', *Scottish Geographical Magazine* 35: 31–45.

Fleure, H. ( 1926 ) *Wales and Her People* ( Wrexham: Hughes & Son ) .

Forsyth, T. ( 1996 ) *'Science, myth and knowledge', Geoforum* 27, 3: 375–392.

Forsyth, T. ( 2003 ) *Critical Political Ecology* ( London: Routledge ) .

Foster, J. ( ed. ) ( 1997 ) *Valuing Nature?* ( London: Routledge ) .

Foucault, M. ( 1979 ) *The History of Sexuality* ( London: Allen Lane ) .

Fuss, D. ( 1989 ) *Essentially Speaking: Feminism, Nature and Difference* ( London and New York: Routledge ) .

Gardner, R. ( 1996 ) 'Developments in physical geography' in E. Rawling and R. Daugherty ( eds ) *Geography into the 21st Century* ( Chichester: Wiley ) pp. 26–38.

Gergen, K. ( 2001 ) *Social Construction in Context* ( London: Sage ) .

Gibbs, D. ( 2000 ) 'Ecological modernisation, regional economic development and Regional Development Agencies', *Geoforum* 31, 9–19.

Gieryn, T. ( 1983 ) 'Boundary work and the demarcation of science from non-science', *American Sociological Review* 48, 5: 781–795.

Gifford, T. ( 1996 ) 'The social construction of nature', *Interdisciplinary Studies in Literature and Environment* 3, 1: 27–36.

264 Gilbert, E.W. ( 1960 ) 'The idea of the region', *Geography* 45, 2: 157–175.

Glacken, C. ( 1967 ) *Traces on the Rhodian Shore* ( Berkeley, Calif.: University of California Press ) .

Goldblatt, D. ( 1996 ) *Environment and Social Theory* ( Cambridge: Polity Press ) .

Goldsmith, E., R. Allen, M. Allaby, J. Davoll and S. Lawrence ( 1972 ) *Blueprint for Survival* ( Harmondsworth: Penguin ) .

Goodman, D. and M. Watts ( eds ) ( 1997 ) *Globalising Food* ( New York: Routledge ) .

Goodman, N. ( 1978 ) *Ways of Worldmaking* ( Hassocks: Harvester Press ) .

Goudie, A. ( 1984 ) *The Nature of the Environment: An Advanced Physical Geography* ( Oxford: Blackwell ) .

Gould, P. ( 1979 ) 'Geography 1957–77: the Augean period', *Annals of the Association of American Geographers* 69, 1: 139–151.

Graf, W. ( 1979 ) 'Catastrophe theory as a model for change in fluvial systems' in D.D. Rhodes and G. Williams ( eds ) *Adjustment of the Fluvial System* ( Dubuque, Ia.: Hunt ) pp. 13–32.

Graf, W. ( 1992 ) 'Science, public policy and western American rivers', *Transactions of the Institute of British Geographers* 17, 1: 5–19.

Gramsci, A. ( 1995 ) *Further Selections from the Prison Notebooks* ( London: Lawrence & Wishart ) .

Greenblatt, S. ( 1991 ) *Marvellous Possessions* ( Chicago, Ill.: Chicago University Press ) .

Gregory, D. ( 1978 ) *Ideology, Science and Human Geography* ( London: Hutchinson ) .

Gregory D.（1994）'Social theory and human geography' in D. Gregory, R. Martin and G. Smith（eds）*Human Geography*（London: Macmillan）pp. 78–112.

Gregory K.（2000）*The Changing Nature of Physical Geography*（London: Arnold）.

Gregory, K.（2004）'Valuing physical geography', *Geography* 89, 1: 16–25.

Gregory, K., A. Gurnell and G. Petts（2002）'Restructuring physical geography', *Transactions of the Institute of British Geographers* 27, 2: 136–155.

Gregory, S. and D. Walling（1973）*Drainage Basin: Process and Form*（London: Arnold）.

Gregory, S. and D. Walling（eds）（1974）*Fluvial Processes in Instrumented Catchments*（London: Institute of British Geographers）.

Greider, T. and L. Garkovich（1994）'Landscapes: the social construction of nature and the environment', *Rural Sociology* 59, 1: 1–24.

Gross, P.R. and N. Levitt（1994）*Higher Superstition: The Academic Left and its Quarrels with Science*（Baltimore, Md. and London: Johns Hopkins University Press）.

Grosz, E.（1992）'Bodies-cities' in B. Colomina（ed.）*Sexuality and Space*（New York: Princeton Architectural Press）pp. 45–61.

Guha, R.（1994）'Radical American environmentalism and wilderness preservation: a Third World critique' in H. Gruen and D. Jamieson（eds）*Reflecting on Nature*（Oxford: Oxford University Press）pp. 241–251.

Guyer, J. and P. Richards（1996）'The invention of biodiversity', *Africa* 66, 1: 1–13.

Habgood, J.（2002）*The Concept of Nature*（London: Darton, Longman & Todd）.

Hacking, I.（1996）'The disunities of the sciences' in P. Galison and D. Stump（eds）*The Disunity of Science*（Stanford, Calif.: Stanford University Press）pp. 37–74.

Haggett, P.（1965）*Locational Analysis in Human Geography*（London: Edward 265
Arnold）.

Haines-Young, R. and J. Petch（1986）*Physical Geography: Its Nature and Methods*（London: Harper & Row）.

Halfon, S.（1997）'Overpopulating the world' in P. Taylor et al.（eds）*Changing Life*（Minneapolis, Minn.: Minnesota University Press）pp. 121–148.

Haraway, D. and D. Harvey（1995）'Nature, politics and possibilities', *Society and Space* 13, 4: 507–527.

Hardin, G.（1974）'The ethics of a lifeboat', *Bioscience*, 24, October, 1–18.

Harrison, S.（2001）'On reductionism and emergence in geomorphology', *Transactions of the Institute of British Geographers* 26, 3: 327–339.

Harrison, S. and P. Dunham ( 1998 ) 'Decoherence, quantum theory and their implications for the philosophy of geomorphology', *Transactions of the Institute of British Geographers* 23, 4: 501–514.

Hartshorne, R. ( 1939 ) *The Nature of Geography* ( Lancaster, Pa.: Association of American Geographers ) .

Harvey, D. ( 1969 ) *Explanation in Geography* ( London: Arnold ) .

Harvey, D. ( 1973 ) *Social Justice and the City* ( London: Arnold ) .

Harvey, D. ( 1974 ) 'Population, resources and the ideology of science', *Economic Geography* 50, 2: 256–277.

Harvey, D. ( 1990 ) 'Between space and time', *Annals of the Association of American Geographers* 80, 3: 418–434.

Harvey, D. ( 1996 ) *Justice, Nature and the Geography of Difference* ( Oxford: Blackwell ) .

Harvey, D. and D. Haraway ( 1995 ) 'Nature, politics and possibilities', *Society and Space* 13, 4: 507–527.

Heffernan, M. ( 2003 ) 'Histories of geography' in S. Holloway, S. Rice and G. Valentine ( eds ) *Key Concepts in Geography* ( London: Sage ) pp. 3–22.

Heisenberg, W. ( 1958 ) *Physics and Philosophy* ( New York: Harper & Row ) .

Henderson, G. ( 1994 ) 'Romancing the sand: constructions of capital and nature in arid America', *Ecumene* 1, 3: 235–255.

Henderson, G. ( 1999 ) *California and the Fictions of Capital* ( Oxford: Oxford University Press ) .

Herbertson, A.J. ( 1899 ) [1920] *Man and His Work* ( London: A. & C. Black ) .

Herbertson, A.J. ( 1905 ) 'The major natural regions', *Geographical Journal* 25, 4: 300–312.

Herbst, J. ( 1961 ) 'Social Darwinism and the history of American geography', *Proceedings of the American Philosophical Society* 105, 6: 538–544.

Hernstein, R.J. and C. Murray ( 1996 ) *The Bell Curve: Intelligence and Class Structure in American Life* ( London and New York: Free Press ) .

Hess, D. ( 1997 ) *Science Studies* ( New York: New York University Press ) .

Hewitt, K. ( ed. ) ( 1983 ) *Interpretations of Calamity* ( Boston, Mass.: Allen & Unwin ) .

Hinchcliffe, S. ( 2001 ) 'Indeterminacy in-decisions', *Transactions of the Institute of British Geographers* 26, 2: 182–204.

Hinchcliffe, S. ( 2006 ) *Spaces for Nature* ( London: Sage ) .

Holliday, R. and J. Hassard ( eds ) ( 2001 ) *Contested Bodies* ( London: Routledge ) .

Hollis, G.E. ( 1975 ) 'The effect of urbanization on floods', *Water Resources Research* 11, 4: 431–434. 266

Hollis, G.E. ( 1979 ) *Man's Impact on the Hydrological Cycle in the UK* ( Norwich: Geobooks ) .

Holt-Jensen, A. ( 1999 ) *Geography: History and Concepts* 3rd edn ( Sage: London ) .

Holton, G. ( 1993 ) *Science and Anti-science* ( Cambridge, Mass.: Harvard University Press ) .

Hooks, B. ( 1994 ) *Teaching to Transgress* ( London: Routledge ) .

Horton, R.E. ( 1945 ) 'Erosional development of streams and their drainage basins', *Bulletin of the Geological Society of America* 56: 275–370.

Hubbard, P., R. Kitchin, B. Bartley and D. Fuller ( 2002 ) *Thinking Geographically* ( London: Continuum ) .

Hudson, R. ( 2001 ) *Producing Places* ( New York: Guilford ) .

Huntington, E. ( 1924 ) *The Character of Races* ( New York: Scribner's ) .

Huxley, T.H. ( 1877 ) *Physiography* ( London: Macmillan ) .

Imrie, R. ( 1996 ) *Disability and the City* ( London: Paul Chapman ) .

Inkpen, R. ( 2004 ) *Science, Philosophy and Physical Geography* ( London: Routledge ).

Jacks, G. and R. Whyte ( 1939 ) *Rape of the Earth* ( London: Faber & Faber ) .

Jackson, P. ( 1987 ) *Race and Racism* ( London: Allen & Unwin ) .

Jackson, P. ( 1989 ) *Maps of Meaning* ( London: Unwin Hyman ) .

Jackson, P. ( 1994 ) 'Black male: advertising and the cultural politics of masculinity', *Gender, Place and Culture* 1, 1: 49–59.

Johnston, R.J. ( 1986 ) *Philosophy and Human Geography* ( London: Edward Arnold ) .

Johnston, R.J. ( 2003 ) 'Geography and the social sciences tradition' in S. Holloway et al. ( eds ) *Key Concepts in Geography* ( London: Sage ) pp. 51–72.

Johnston, R.J. and J. Sidaway ( 2004 ) *Geography and Geographers* 6th edn ( London: Arnold ) .

Johnston, R.J., D. Gregory, G. Pratt and M. Watts ( eds ) ( 2000 ) *The Dictionary of Human Geography* 4th edn ( Oxford: Blackwell ) .

Jones, O. ( 2000 ) ' ( Un ) ethical geographies of human–nonhuman relations' in C. Philo and C. Wilbert ( eds ) *Animal Spaces, Beastly Places* ( London: Routledge ) pp. 268–291.

Kennedy, B. ( 1979 ) 'It's a naughty world', *Transactions of the Institute of British*

*Geographers* 4, 4: 550–558.

Kennedy, B. ( 1994 ) 'Requiem for a dead concept', *Annals of the Association of American Geographers* 84, 4: 702–705.

Keylock, C. ( 2003 ) 'The natural science of geomorphology?' in S. Trudgill and A. Roy ( eds ) *Contemporary Meanings in Physical Geography* ( London: Arnold ) pp. 87–101.

Kirk, R. ( 1999 ) *Relativism and Reality* ( London: Routledge ) .

Kitchin, R. ( 2000 ) *Disability, Space and Society* ( Sheffield: Geographical Association ) .

Kloppenburg, J. ( 1988 ) *First the Seed* ( Cambridge: Cambridge University Press ) .

Kolodny, A. ( 1984 ) *The Land Before Her* ( Chapel Hill, NC: University of North Carolina Press ) .

267 Kuhn, T. ( 1962 ) *The Structure of Scientific Revolutions* ( Chicago, Ill.: Chicago University Press ) .

Kukla, A. ( 2000 ) *Social Constructivism and the Philosophy of Science* ( London: Routledge ) .

Lane, S. ( 2001 ) 'Constructive comments on Massey', *Transactions of the Institute of British Geographers* 26, 2: 243–256.

Lane, S. and A. Roy ( 2003 ) 'Putting the morphology back into fluvial geomorphology' in S. Trudgill and A. Roy ( eds ) *Contemporary Meanings in Physical Geography* ( London: Arnold ) pp. 103–125.

Latour, B. ( 1993 ) *We Have Never Been Modern* ( Cambridge, Mass.: Harvard University Press ) .

Leach, M. and R. Mearns ( eds ) ( 1996 ) *The Lie of the Land* ( New York: Heinemann ) .

Lechte, J. ( 1994 ) *Fifty Key Contemporary Thinkers* ( London: Routledge ) .

Leighly, J. ( 1955 ) 'What has happened to physical geography?', *Annals of the Association of American Geographers* 45, 3: 309–318.

Leopold, L., M. Wolman and J. Miller ( 1964 ) *Fluvial Processes in Geomorphology* ( San Francisco, Calif.: Freeman ) .

Levins, R. and R. Lewontin ( 1985 ) *The Dialectical Biologist* ( Cambridge, Mass.: Harvard University Press ) .

Lewis, G. ( 2001 ) 'Welfare and the social construction of race' in E. Saraga ( ed. ) *Embodying the Social* ( London: Routledge ) pp. 91–138.

Light, A. and H.R. Rolston III ( eds ) ( 2003 ) *Environmental Ethics: An Anthology* ( Oxford: Blackwell ) .

Liverman, D. ( 1999 ) 'Geography and the global environment', *Annals of the Association of American Geographers* 89, 1: 107–120.

Livingstone, D. ( 1992 ) *The Geographical Tradition* ( Oxford: Blackwell ) .

Lomborg, B. ( 2001 ) *The Skeptical Environmentalist* ( Cambridge: Cambridge University Press ) .

Longhurst, R. ( 2001 ) *Bodies* ( London: Routledge ) .

Low, N. ( ed. ) ( 1999 ) *Ethics and the Global Environment* ( London: Routledge ) .

Low, N. and B. Gleeson ( 1998 ) *Justice, Society and Nature* ( London: Routledge ) .

Lyotard, J.-F. ( 1984 ) *The Postmodern Condition* ( Minneapolis, Minn.: University of Minnesota Press ) .

Lynn, W. ( 1998 ) 'Animals, ethics and geography' in J. Wolch and J. Emel ( eds ) *Animal Geographies* ( London: Verso ) pp. 280–297.

McGuigan, J. ( 1999 ) *Modernity and Postmodern Culture* ( Buckingham: Open University Press ) .

McKibben, R. ( 1990 ) *The End of Nature* ( New York: Vintage ) .

Mackinder, H. ( 1887 ) 'On the scope and methods of geography', *Proceedings of the Royal Geographical Society* 9: 141–160.

Mackinder, H. ( 1902 ) *Britain and the British Seas* ( Oxford: Clarendon Press ) .

Maclaughlin, J. ( 1999 ) 'The evolution of modern demography and the debate on sustainable development', *Antipode* 31, 3: 324–343.

Macnaughten, P. and J. Urry ( 1998 ) *Contested Natures* ( London: Sage ) .

Magnusson, W. and K. Shaw ( 2003 ) *A Political Space* ( Minneapolis, Minn.: 268
University of Minnesota Press ) .

Malanson, G. ( 1999 ) 'Considering complexity', *Annals of the Association of American Geographers* 89, 4: 746–753.

Malik, K. ( 1996 ) *The Meaning of Race* ( London: Macmillan ) .

Malthus, T. ( 1798 ) *Essay on the Principle of Population* ( London: J. Johnson ) .

Mann, S. and J. Dickinson ( 1978 ) 'Obstacles to the development of a capitalist agriculture', *Journal of Peasant Studies* 5, 4: 466–481.

Marbut, C.F. ( 1935 ) *The Great Soil Groups of the World and their Development*, trans. K. D. Glinka ( Ann Arbor, Mich.: Edward Bros ) .

Marsh, G.P. ( 1864 ) [1965] *Man and Nature*, ed. D. Lowenthal ( Cambridge, Mass.: Harvard University Press ) .

Marshall, J. ( 1985 ) 'Geography as a scientific enterprise' in R.J. Johnston ( ed. ) *The Future of Geography* ( London: Methuen ) pp. 113–128.

Massey, D. ( 1999 ) 'Space-time, "science" and the relationship between physical and human geography', *Transactions of the Institute of British Geographers* 24, 3: 261–277.

Mayr, E. ( 1972 ) 'The nature of the Darwinian revolution', *Science* 176: 981–989.

Meadows, D., J. Randers, W.W. Behrens ( 1972 ) *Limits to Growth* ( New York: Universe Books ) .

Merton, R. ( 1942 ) [1973] 'Science and technology in a democratic order' in N. Storer ( ed. ) *The Sociology of Science* ( Chicago, Ill.: University of Chicago Press ) pp. 267–278.

Middleton, N. ( 1995 ) *The Global Casino* ( London: Arnold ) .

Mikesell, M. ( 1974 ) 'Geography as the study of environment' in I. Manners and M. Mikesell ( eds ) *Perspectives on Environment* ( Washington, DC: Association of American Geographers ) pp. 66–80.

Miles, R. ( 1989 ) Racism ( London: Routledge ) .

Miller, A. ( 1931 ) *Climatology* ( London: Methuen ) .

Mitchell, B. ( 1979 ) Geography and Resource Analysis ( London: Longman ) .

Mitchell, D. ( 1995 ) 'There's no such thing as culture', *Transactions of the Institute of British Geographers* 20, 1: 102–116.

Mitchell, D. ( 2000 ) *Cultural Geography: A Critical Introduction* ( Oxford: Blackwell ) .

Mitchell, T. ( 1988 ) *Colonising Egypt* ( Cambridge: Cambridge University Press ) .

Moeckli, J. and B. Braun ( 2001 ) 'Gendered natures' in N. Castree and B. Braun ( eds ) *Social Nature* ( Oxford: Blackwell ) pp. 112–132.

Moore, D. ( 1996 ) 'Marxism, culture and political ecology' in R. Peet and M. Watts ( eds ) *Liberation Ecologies* ( New York: Routledge ) pp. 125–147.

Murdoch, J. ( 1997a ) 'Inhuman/nonhuman/human: actor-network theory and the prospects for a nondualistic and symmetrical perspective on nature and society', *Environment and Planning* D15, 6: 731–756.

Murdoch, J. ( 1997b ) 'Towards a geography of heterogeneous associations', *Progress in Human Geography* 2, 3: 321–337.

Murdoch, J. and P. Lowe ( 2003 ) 'The preservationist paradox', *Transactions of the Institute of British Geographers* 28, 3: 318–333.

269 Myers, N. ( 1979 ) *The Sinking Ark: A New Look at the Problem of Disappearing Species* ( Oxford: Pergamon ) .

Nash, R. ( 1989 ) *The Rights of Nature: A History of Environmental Ethics* ( Madison, Wisc.: University of Wisconsin Press ) .

Nash, R. ( 2001 ) *Wilderness and the American Mind* 4th edn ( New Haven, Conn.: Yale University Press ) .

Nast, H. and S. Pile ( eds ) ( 1998 ) *Places Through the Body* ( London: Routledge ) .

Neuhaus, R. ( 1971 ) *In Defense of People* ( New York: Macmillan ) .

Neumann, R. ( 1995 ) 'Ways of seeing Africa', *Ecumene* 2, 2: 149–167.

Neumann, R. ( 1998 ) *Imposing Wilderness* ( Berkeley, Calif.: University of California Press ) .

Nietschmann, B. ( 1973 ) *Between Land and Water* ( New York: Seminar Press ) .

Norton, B. ( 2000 ) 'Population and consumption: environmental problems as problems of scale', *Ethics and the Environment* 5, 1: 23–45.

Norwood, V. and J. Monk ( eds ) ( 1987 ) *The Desert is No Lady* ( New Haven, Conn.: Yale University Press ) .

Oelschlaeger, M. ( 1991 ) *The Idea of Wilderness* ( New Haven, Conn.: Yale University Press ) .

Okasha, S. ( 2002 ) *Philosophy of Science* ( Oxford: Oxford University Press ) .

Ollman, B. ( 1993 ) *Dialectical Investigations* ( New York: Routledge ) .

Olwig, K. ( 1996 ) 'Nature: mapping the ghostly traces of a concept' in C. Earle, K. Mathewson and M. Kenzer ( eds ) *Concepts in Human Geography* ( Lanham, Md.: Rowman & Littlefield ) pp. 63–96.

O'Riordan, T. ( 1976 ) *Environmentalism* ( London: Pion ) .

O'Riordan, T. ( 1989 ) 'The challenge for environmentalism' in R. Peet and N. Thrift ( eds ) *New Models in Geography* Vol. I ( London: Unwin Hyman ) pp. 77–104.

Palmer, J. ( ed. ) ( 2001 ) *Fifty Key Thinkers on the Environment* ( London: Routledge ) .

Panelli, R. ( 2004 ) *Social Geographies* ( London: Sage ) .

Peet, R. ( 1999 ) *Modern Geographical Thought* ( Oxford: Blackwell ) .

Peet, R. and M. Watts ( eds ) ( 1996 ) *Liberation Ecologies* ( New York: Routledge ) .

Pelling, M. ( 2001 ) 'Natural hazards?' in N. Castree and B. Braun ( eds ) *Social Nature* ( Oxford: Blackwell ) pp. 170–188.

Pelling, M. ( ed. ) ( 2003 ) *Natural Disaster and Development in a Globalizing World* ( Routledge: London ) .

Penrose, J. ( 2003 ) 'When all the cowboys are Indians: The nature of race in all-Indian rodeo', *Annals of the Association of American Geographers* 93, 3: 687–705.

Pepper, D. ( 1984 ) *The Roots of Modern Environmentalism* ( London: Croom Helm ) .

Peterson, A. (1999) 'Environmental ethics and the social construction of nature', *Environmental Ethics* 21, 3: 339–357.

Petrucci, M. (2000) 'Population: time-bomb or smoke screen?', *Environmental Values* 9, 3: 325–352.

Phillips, J.D. (1999) *Earth Surface Systems: Complexity, Order and Scale* (Blackwell: Malden).

Philo, C. (2001) 'Accumulating populations: bodies, institutions and space', *International Journal of Population Geography* 7, 4: 473–490.

270 Philo, C. and C. Wilbert (eds) (2000) *Animal Spaces, Beastly Places* (London: Routledge).

Pickering, K. and L. Owen (1997) *An Introduction to Global Environmental Issues* (London: Routledge).

Pile, S.(1996) *The Body and the City: Psychoanalysis, Subjectivity and Space*( London: Routledge).

Pile, S. and N. Thrift (eds) (1995) *Mapping the Subject* (London: Routledge).

Pinker, S. (2002) *The Blank Slate: Denying Human Nature in Modern Life* (Harmondsworth: Penguin).

Popper, K. (1974) *Conjectures and Refutations* 5th edn (London: Routledge & Kegan Paul).

Pratt, G. and S. Hanson (1994) 'Geography and the construction of difference', *Gender, Place and Culture* 1, 1: 5–29.

Proctor, J. (1998) 'The social construction of nature', *Annals of the Association of American Geographers* 88, 3: 351–376.

Proctor, J. (2001) 'Solid rock and shifting sands' in N. Castree and B. Braun (eds) *Social Nature* (Oxford: Blackwell) pp. 225–240.

Proctor, J. and D.M. Smith (eds) (1998) *Geography and Ethics* (London: Routledge).

Pulido, L. (1996) *Environmentalism and Economic Justice: Two Chicano Struggles in the Southwest* (Phoenix, Ariz.: University of Arizona Press).

Raper, J. and D. Livingstone (2001) 'Let's get real: spatio-temporal identity and geographic entities', *Transactions of the Institute of British Geographers* 26, 2: 237–242.

Rees, J. (1990) *Natural Resources: Allocation, Economics and Policy* 2nd edn (London: Routledge).

Relph, E. (1976) *Place and Placelessness* (London: Croom Helm).

Rhoads, B. (1999) 'Beyond pragmatism: the value of philosophical discourse for physical geography', *Annals of the Association of American Geographers* 89, 4: 760–771.

Rhoads, B. and C. Thorn ( 1994 ) 'Contemporary philosophical perspectives in physical geography', *Geographical Review* 84, 1: 90–101.

Rhoads, B. and C. Thorn ( eds ) ( 1996 ) *The Scientific Nature of Geomorphology* ( Chichester: Wiley ) .

Ricciardi, A. and J. Rasmussen ( 1999 ) 'Extinction rates of North American freshwater fauna', *Conservation Biology* 13: 1220–1222.

Richards, K. ( 1990 ) 'Real geomorphology', *Earth Surface Processes and Landforms* 15, 2: 195–197.

Richards, K. ( 2003a ) 'Geography and the physical sciences tradition' in S. Holloway et al. ( eds ) *Key Concepts in Geography* ( London: Sage ) pp. 23–50.

Richards, K.( 2003b ) 'Ethical grounds for an integrated geography' in S. Trudgill and A. Roy ( eds ) *Contemporary Meanings in Physical Geography* ( London: Arnold ) pp. 233–258.

Robbins, P. ( 2004a ) 'Cultural ecology' in J. Duncan et al. ( eds ) *A Companion to Cultural Geography* ( Oxford: Blackwell ) pp. 180–193.

Robbins, P. ( 2004b ) *Political Ecology* ( Oxford: Blackwell ) .

Roberts, R. and J. Emel ( 1992 ) 'Uneven development and the tragedy of the 271
commons', *Economic Geography* 68, 2: 249–271.

Rogers, A. ( 2005 ) 'The "nature" of geography?' in N. Castree, A. Rogers and D. Sherman ( eds ) *Questioning Geography* ( Oxford: Blackwell ) pp. 12–25.

Rose, G. ( 1993 ) *Feminism and Geography* ( Oxford: Blackwell ) .

Rose, G., V. Kinnaird, M. Morris and C. Nash ( 1997 ) 'Feminist geographies of environment, nature and landscape' in Women and Geography Study Group *Feminist Geographies* ( Harlow: Longman ) pp. 146–190.

Rose, S. and R. Lewontin ( 1990 ) *Not in Our Genes: Biology, Ideology and Human Nature* ( London: Penguin ) .

Ross, A. ( 1994 ) *The Chicago Gangster Theory of Life* ( London: Verso ) .

Ross, A. ( ed. ) ( 1996 ) *Science Wars* ( Durham, NC: Duke University Press ) .

Rothenberg, D. ( ed. ) ( 1995 ) *Wild Ideas* ( Minneapolis, Minn.: University of Minnesota Press ) .

Rowles, G. ( 1978 ) *The Prisoners of Space* ( Boulder, Colo.: Westview ) .

Russell, R.J. ( 1949 ) 'Geographical geomorphology', *Annals of the Association of American Geographers* 39, 1: 1–11.

Saarinen, T. ( 1966 ) *Perception of the Drought Hazard on the Great Plains* ( Chicago,

Ill.: Chicago University Press ).

Said, E. ( 1978 ) *Orientalism* ( New York: Vintage ).

Saraga, E. ( 2001 ) 'Abnormal, unnatural and immoral? The social construction of sexualities' in E. Saraga ( ed. ) *Embodying the Social* ( London: Routledge ) pp. 139–188.

Sardar, Z. and B. van Loon ( 2002 ) *Introducing Science* ( Lanham. Md.: Totem Books ).

Sauer, C. ( 1925 ) 'The morphology of landscape', *University of California Publications in Geography* 2, 19–53.

Sauer, C. ( 1956 ) 'The agency of man on earth' in W.I. Thomas ( ed. ) *Man's Role in Changing the Face of the Earth* ( Chicago, Ill.: Chicago University Press ) pp. 49–69.

Sayer, A. ( 1984 ) *Method in Social Science* ( London: Hutchinson ).

Sayer, A. ( 1993 ) 'Postmodernist thought in geography: a realist view', *Antipode* 25, 3: 320–344.

Schaefer, F. ( 1953 ) 'Exceptionalism in geography', *Annals of the Association of American Geographers* 43, 3: 226–249.

Scheidegger, A.E. ( 1961 ) *Theoretical Geomorphology* ( Berlin: Springer-Verlag ).

Schneider, S. ( 2001 ) 'A constructive deconstruction of deconstructionists', *Annals of the Association of American Geographers* 91, 2: 338–345.

Schumm, S. ( 1979 ) 'Geomorphic thresholds', *Transactions of the Institute of British Geographers* 4, 4: 485–515.

Schumm, S. ( 1991 ) *To Interpret the Earth* ( Cambridge: Cambridge University Press ).

Schumm, S. and R.W. Lichty ( 1965 ) 'Time, space and causality', *American Journal of Science* 263: 110–119.

Seamon, D. and R. Mugerauer ( eds ) ( 1985 ) *Dwelling, Place and Environment* ( Dordrecht: Martinus Nijhoff ).

272 Segal, L. ( 1997 ) 'Sexualities' in K. Woodward ( ed. ) *Identity and Difference* ( London: Sage ) pp. 183–238.

Semple, E. ( 1911 ) *Influences of Geographic Environment* ( New York: Henry Holt ).

Sherman, D. ( 1996 ) 'Fashion in geomorphology' in B. Rhoads and C. Thorn ( eds ) *The Scientific Nature of Geomorphology* ( Chichester: Wiley ) pp. 87–114.

Shilling, C. ( 1997 ) 'The body and difference' in K. Woodward ( ed. ) *Identity and Difference* ( London: Sage ) pp. 63–120.

Shilling, C. ( 2003 ) *The Body and Social Theory* 2nd edn ( London: Sage ) .

Simmons, I.G. ( 1990 ) 'No rush to grown green', *Area* 22, 4: 384–387.

Simpson, G. ( 1963 ) 'Historical science' in C. Albritton ( ed. ) *The Fabric of Geology* ( Reading, Mass.: Addison-Wesley ) pp. 24–48.

Sims, P. ( 2003 ) 'Trends and fashions in physical geography' in S. Trudgill and A. Roy ( eds ) *Contemporary Meanings in Physical Geography* ( London: Arnold ) pp. 3–24.

Sismondo, S. ( 2003 ) *An Introduction to Science and Technology Studies* ( Oxford: Blackwell ) .

Slaymaker, O. and T. Spencer ( 1998 ) *Physical Geography and Global Environmental Change* ( Harlow: Longman ) .

Smith, J.R. ( 1913 ) *Industrial and Commercial Geography* ( New York: Henry Holt & Co. ) .

Smith, M.J. ( 2002 ) *Social Science in Question* ( London: Sage ) .

Smith, N. ( 1984 ) *Uneven Development* ( Oxford: Blackwell ) .

Smith, N. ( 1996 ) 'The production of nature' in G. Robertson, M. Mash, L. Tickner, J. Bird, B. Curtis and T. Putnam ( eds ) *Future Natural* ( London: Routledge ) pp. 35–54.

Smith, N. ( 1987 ) 'Academic war over the field of geography', *Annals of the Association of American Geographers* 77, 2: 155–172.

Smith, R. ( 2003 ) 'Baudrillard's non-representational theory', *Environment and Planning D: Society and Space* 21, 1: 67–84.

Snyder, G. ( 1996 ) 'Nature as seen from Kitkitdizze is no "social construction"', *Wild Earth* 6: 8–9.

Somerville, M. ( 1848 ) *Physical Geography* ( London: Murray ) .

Soper, K. ( 1995 ) *What Is Nature?* ( Oxford: Blackwell ) .

Soper, K. ( 1996 ) 'Nature/nature' in G. Robertson, M. Mash, L. Tickner, J. Bird, B. Curtis and T. Putnam ( eds ) *Future Natural* ( London: Routledge ) pp. 22–34.

Soule, G. and G. Lease ( eds ) ( 1995 ) *Reinventing Nature? Responses to Postmodern Deconstruction* ( Washington, DC: Island Press ) .

Spedding, N. ( 2003 ) 'Landscape and environment' in S. Holloway et al. ( eds ) *Key Concepts in Geography* ( London: Sage ) pp. 281–304.

Sugden, D. ( 1996 ) 'The east Antarctic ice sheet: unstable ice or unstable ideas?', *Transactions of the Institute of British Geographers* 21, 4: 443–454.

Sugden, D., M. Summerfield and T. Burt ( 1997 ) 'Linking short-term processes and landscape evolution', *Earth Surface Processes and Landforms* 22, 2: 193–194.

Stamp, D. (1957) 'Major natural regions', *Geography* 42, 3: 201–216.

Stoddart, D. (1986) *On Geography and its History* (Oxford: Blackwell).

273 Strahler, A.N. (1952) 'Dynamic basis of geomorphology', *Bulletin of the Geological Society of America* 63: 923–937.

Sullivan, S. (2000) 'Getting the science right, or introducing science in the first place?' in P. Stott and S. Sullivan (eds) *Political Ecology: Science, Myth and Power* (London: Arnold) pp. 15–44.

Takacs, J. (1996) *The Idea of Biodiversity* (Baltimore, Md.: Johns Hopkins University Press).

Taylor, P. and R. Garcia-Barrios (1999) 'The dynamics of socio-environmental change and the limits of neo-Malthusian environmentalism' in M. Dore and T. Mount (eds) *Global Environmental Economics* (Oxford: Blackwell) pp. 139–167.

Thomas, D. and A. Goudie (eds) (2000) *The Dictionary of Physical Geography* 3rd edn (Oxford: Blackwell).

Thomas, D.S.G. and N.J. Middleton (1994) *Desertification: Exploding the Myth* (Chichester: Wiley).

Thomas, W.L. (ed.) (1956) *Man's Role in Changing the Face of the Earth* (Chicago, Ill.: Chicago University Press).

Thompson, M., M. Warburton and M. Hatley (1986) *Uncertainty on a Himalayan Scale* (London: Milton Ash Publications).

Thorne, J. (2003) 'Change and stability in environmental systems' in S. Holloway et al. (eds) *Key Concepts in Geography* (London: Sage) pp. 131–150.

Thornes, J. and G. McGregor (2003) 'Cultural climatology' in S. Trudgill and A. Roy (eds) *Contemporary Meanings in Physical Geography* (London: Arnold) pp. 173–198.

Thornhill, R. and C. Palmer (2000) *A Natural History of Rape* (Cambridge, Mass.: MIT Press).

Thrift, N. (1996) *Spatial Formations* (London: Sage).

Thrift, N. (2003) 'Summoning life' in P. Cloke et al. (eds) *Envisioning Human Geography* (London: Arnold) pp. 65–77.

Thrift, N. and S. Pile (eds) (1995) *Mapping the Subject* (London: Routledge).

Trigg, R. (1988) *Ideas of Human Nature: An Historical Introduction* (Oxford: Basil Blackwell).

Tuan, Y.-F. (1974) *Topophilia: A Study of Environmental Perception, Attitudes and Values* (Englewood Cliffs, NJ: Prentice Hall).

Turner II, B.-L., W.C. Clark, R.W. Kates, J.F. Richards, J.T. Matthews and W.B.

Meyer ( 1990 ) *The Earth as Transformed by Human Action* ( Cambridge: Cambridge University Press ) .

Turner II, B.-L. ( 2002 ) 'Contested identities: human-environment geography and disciplinary implications in a restructuring academy', *Annals of the Association of American Geographers* 92, 1: 52–74.

Twidale, C. ( 1983 ) 'Scientific research – some methodological problems', *The New Philosophy* 86, 1: 51–66.

Unwin, T. ( 1992 ) *The Place of Geography* ( Harlow: Longman ) . 274

Unwin, T. ( 1996 ) 'Academic geography: key questions for discussion' in E. Rawling and R. Daugherty ( eds ) *Geography into the 21st Century* ( Chichester: Wiley ) pp. 18–25.

Urban, M. and B. Rhoads ( 2003 ) 'Conceptions of nature' in S. Trudgill and A. Roy ( eds ) *Contemporary Meanings in Physical Geography* ( London: Arnold ) pp. 211–232.

Valentine, G. ( 1996 ) ' ( Re ) negotiating the heterosexual street' in N. Duncan ( ed. ) *Bodyspace* ( London: Routledge ) pp. 51–63.

Valentine, G. ( 2001 ) *Social Geographies* ( Harlow: Prentice Hall ) .

Viles, H.( 2005 ) 'A divided discipline?' in N. Castree, A. Rogers and D. Sherman( eds ) *Questioning Geography* ( Oxford: Blackwell ) pp. 80–102.

von Engelhardt and J. Zimmerman ( 1988 ) *Theory of Earth Science* ( Cambridge: Cambridge University Press ) .

Wade, P. ( 2002 ) *Race, Nature and Culture* ( London: Pluto ) .

Wark, M. ( 1994 ) 'Third nature', *Cultural Studies*, 1: 115–132.

Watts, M. ( 1983 ) 'On the poverty of theory' in K. Hewitt ( ed. ) ( 1983 ) *Interpretations of Calamity* ( Boston, Mass.: Allen & Unwin ) pp. 231–262.

Weale, S. ( 2001 ) 'Grey area', *the Guardian* 23 January, 2–3.

Weeks, J. ( 1991 ) *Against Nature: Essays on History, Sexuality and Identity* ( London: Rivers Oram ) .

Whatmore, S. ( 1997 ) 'Dissecting the autonomous self', *Society and Space* 15, 1: 37–53.

Whatmore, S. ( 1999 ) 'Culture-nature' in P. Cloke, P. Crang and M. Goodwin ( eds ) *Introducing Human Geographies* ( London: Arnold ) pp. 4–11.

Whatmore, S. ( 2003 ) *Hybrid Geographies* ( London: Sage ) .

White, G. ( 1945 ) *Human Adjustment to Floods* ( Chicago, Ill.: University of Chicago, Dept. of Geography Research Paper ) .

Willems-Braun, B. ( 1997 ) 'Buried epistemologies: the politics of nature in ( post- )

colonial British Columbia', *Annals of the Association of American Geographers* 87, 1: 3–31.

Williams, R. ( 1977 ) *Marxism and Literature* ( Oxford: Oxford University Press ) .

Williams, R. ( 1980 ) *Problems of Materialism and Culture* ( London: Verso ) .

Williams, R. ( 1983 ) *Keywords* 2nd edn ( London: Flamingo ) .

Wilson, A. ( 1992 ) *The Culture of Nature* ( Oxford: Blackwell ) .

Wilson, E.O. ( ed. ) ( 1988 ) *Biodiversity* ( Washington, DC: Smithsonian Institute ) .

Winch, P.( 1958 ) *The Idea of a Social Science and its Relation to Philosophy* ( London: Routledge & Kegan Paul ) .

Wise, S. ( 2000 ) *Rattling the Cage* ( New York: Profile Books ) .

Wittgenstein, L. ( 1922 ) *Tractatus Logico-Philosophicus* ( London: Routledge & Kegan Paul ) .

Wolch, J. and J. Emel ( eds ) ( 1998 ) *Animal Geographies* ( London: Verso ) .

Woods, R. ( 1986 ) 'Marx, Malthus and population crises' in R. J. Johnston and P. Taylor ( eds ) *A World in Crisis?* ( Oxford: Blackwell ) pp. 127–149.

Woods, M. ( 1998 ) 'Mad cows and hounded deer: political representations of animals
275 in the British countryside', *Environment and Planning A* 30, 9: 1219–1234.

Woolgar, S. ( 1988 ) *Science: The Very Idea* ( Chichester: Ellis Horwood ) .

Women and Geography Study Group ( 1984 ) *Geography and Gender* ( London: Hutchinson ) .

Wright, J.K. ( 1947 ) 'Terrae incognitae: the place of the imagination in geography', *Annals of the Association of American Geographers* 37: 1–15.

Yatsu, E. ( 1988 ) *The Nature of Weathering* ( Tokyo: Sozosha ) .

Young, I.M. ( 1990 ) *Throwing Like A Girl* ( Bloomington, Ind.: Indiana University Press ) .

Young, O.R. ( 1994 ) *International Governance: Protecting the Environment in a Stateless Society* ( Ithaca, NY: Cornell University Press ) .

Zimmerer, K. ( 1994 ) 'Human geography and the "new ecology" ', *Annals of the Association of American Geographers* 1: 108–125.

Zimmerer, K. ( 1996 ) 'Ecology as cornerstone and chimera in human geography' in C. Earle, K. Mathewson and M. Kenzer ( eds ) *Concepts in Human Geography* ( Lanham, Md.: Rowman & Littlefield ) pp. 161–188.

Zimmerer, K. ( 2000 ) 'The reworking of conservation geographies: non-equilibrium landscapes and nature-society hybrids', *Annals of the Association of American Geographers* 90, 2: 356–370.

Zimmerer, K. and K.R. Young ( eds ) ( 1998 ) *Nature's Geography: New Lessons for Conservation in Developing Countries* ( Madison, Wisc.: University of Wisconsin Press ) .

Zimmerer, K. and T. Bassett ( eds ) ( 2003 ) *Political Ecology: An Integrative Approach to Geography and Environment-Development Studies* ( New York: Guilford ) .

# 作者索引①



① 条目中页码系原书页码、中译页边码。——译者注

# 主题索引[1]



[1] 条目中页码系原书页码、中译页边码。——译者注

# 译后记

诺埃尔·卡斯特利教授在《自然》一书的正文前写道:“撰写此书,既是一项艰巨的任务,又是一项充满惊喜且颇有成就感的工作。”作为本书译者,我深感在此处援引这句话也是贴切无比的,因为翻译此书,“既是一项艰巨的任务,又是一项充满惊喜且颇有成就感的工作”。

作者思维开阔又跳脱,无论句段篇章,还是全书框架,无不意趣充盈并激发思辨。翻译时,我屡屡纠结“为何会这样”,数日之后,又往往豁然开朗,叹服“原来是这样”!作为译者,我很荣幸在全书逐字逐句的翻译中完成了与作者细致而漫长的对话,更有幸是我把如此不落窠臼、极富启发的《自然》一书翻译成中文呈现给读者。

《自然》的大部分翻译工作都是在西南大学中心图书馆四楼完成的。我在一个落地窗旁的座位上伏案工作,抬头就能看到缙云山或云雾弥漫,或苍翠如屏,窗外恰好是葱茏的银杏树、香樟树的树冠。在与自然如此亲近的氛围之中翻译《自然》一书,即便工作艰巨又充满挑战,却又使我得以在专注工作之余,格外敏锐地感知“中图”及步行往返路途中的春夏秋冬。时有花草香气弥漫,时有晚归明月在天,时有恰到好处的微微细雨,时有岁末年尾四顾无人的清寂。倘从书中拈来一词,即“自然自在”。不同的人或有不同的理解,于我而言,对《自然》一书的细读和翻译促使我以更为谦卑的态度去尊崇自然。

“中图”窗外,隔湖相对的是我工作了 15 年的西南大学地理科学学院，这恰好对应了《自然》的另外一条脉络——地理学的分与合。这一脉络围绕人文地理学和自然地理学这两大分支学科如何理解和认识自然而展开。人文地理与自然地理之分由来已久，它们在何处会合，又在何处分道扬镳？它们终将交汇，又或是渐行渐远？这是我时时思考的问题。我的专业背景是环境科学，即书中提及的地理学“中间地带”，但又在地理学院工作，因此，我始终以“局外人”的视角观察和比较自然地理和人文地理的同事各自开展的工作和研究。我相信这样的疑问不仅是我个人的疑问，也是诸多地理和非地理专业学习者、研究者的疑问。《自然》一书尝试把这一问题放置于地理学发展历程之中剖析和展开。读者不一定能从中找到自己所期待的明确答案，却必定可以获得关于地理学学科产生与发展历程、特征与地位、机会与挑战，乃至未来前景的较为全面深入的理解。

此外，作为大学教师，我对《自然》多次提及的一个观点深表叹服。本书一再提醒读者，应当把一切知识（包括课本和教师传输的知识）视为有待判定的“关于知识的主张”而非理所当然的事实，并提醒读者思考：这些知识对自然做出了何种断言？这些知识把什么当作“自然”？这些不同的知识主张具有何种道德、审美或者现实的后果？当学生、专业地理学者和社会中的其他群体开始相信某些或者全部知识是“正确的”“有效的”或“真实的”时，其目的是什么？作者诺埃尔·卡斯特利教授特别希望这能对学生读者有所启发，帮助他们摆脱窠臼。这促使我反思自己的教学，并努力基于此进行调整。希望《自然》的这一观点，也能为学生和高等教育同仁带来启发和参考。

即将迎来新的一年，《自然》的中译本也将在新的一年出版，我要借此对提供帮助的各位表达感激之情。感谢“人文地理学译丛”的主编周尚意教授，她为我开篇的译文提供了严谨、细致的修改批注，为后续翻译设定了可供遵循的基准。感谢我的同事刘苏老师，他是该译丛中《家园》一书的译者，正是经由他的引荐我才承担了《自然》的翻译工作。刘苏老师严谨治学，温良端方，是我非常赞赏的同事和朋友。感谢北京师范大学出版社尹卫霞和梁宏宇两位编辑。从最初的联系，到翻译过程中的沟通，到我申请翻译延期，再到初稿交送及后续种种流程，都离不开卫霞认真又贴心的帮助和工作。她时时的鼓励，更是增加了我的信心和动力。梁宏宇编辑对译文提供了严谨又专业的校验、修改和编辑。感谢我的同事李廷勇教授，我在翻译过程中就自然地理学的多处细节向他请教，得到他诸多帮助。感谢我的朋友刘锦春博士，她作为生物学专家，为书中杂交玉米图注部分的翻译提供了专业严谨的帮助。感谢我的朋友张美华博士，她是《自然》译稿的第一位读者，并完成了译文的第一遍校验。在此，对上述诸位表达由衷的谢意！

囿于译者的专业和翻译水平，译文中必有诸多疏漏，恳请读者不吝赐教。

相欣奕

2018 年 12 月 26 日于重庆北碚

Nature, 2005
By Noel Castree / 9780415339056

北京市版权局著作权合同登记号：图字 01-2017-2669

**图书在版编目（CIP）数据**

自然／（英）诺埃尔·卡斯特利著；相欣奕译．—北京：北京师范大学出版社，2020.3
（人文地理学译丛／周尚意主编）
ISBN 978-7-303-24514-7

Ⅰ.①自… Ⅱ.①诺… ②相… Ⅲ.①自然地理 Ⅳ.①P9

中国版本图书馆 CIP 数据核字（2019）第 004126 号

营销中心电话 010-57654738 57654736
北师大出版社高等教育与学术著作分社 http://xueda.bnup.com

ZIRAN
出版发行：北京师范大学出版社 www.bnup.com
北京市西城区新街口外大街 12-3 号
邮政编码：100088
印　　刷：北京玺诚印务有限公司
经　　销：全国新华书店
开　　本：787 mm×1092 mm 1/16
印　　张：22.75
字　　数：300 千字
版　　次：2020 年 3 月第 1 版
印　　次：2020 年 3 月第 1 次印刷
定　　价：89.00 元

策划编辑：尹卫霞　　责任编辑：梁宏宇
美术编辑：李向昕　　装帧设计：李向昕
责任校对：康　悦　　责任印制：马　洁